개정판

식품성분에 대한 올바른
이해와 선택

식품학

강갑석 · 김덕희 · 김성옥 공저

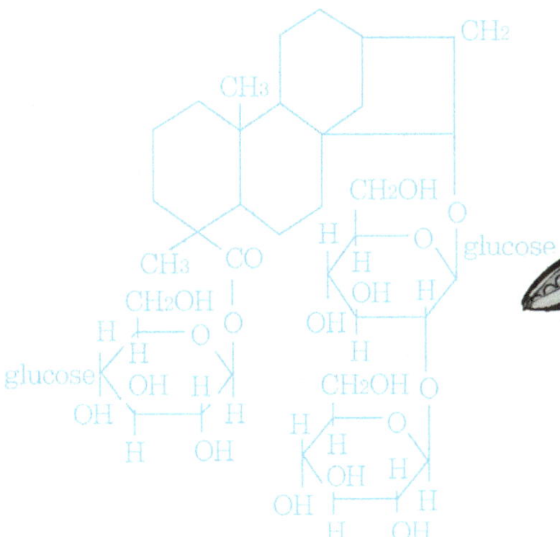

백산출판사

책을 내면서

인간은 의(衣)·식(食)·주(住), 이 세 가지 욕구가 기본적으로 해결되어야 한다. 선사시대에는 인구의 반이 20년 정도 살았다고 한다. 이는 주기적인 영양실조로 인한 영양의 결핍, 비타민 부족, 오염된 식품, 정제되지 않은 식물(食物) 및 주거와 생활환경의 열악함 때문이라고 볼 수 있다. 그 후 생활방법과 주거환경의 발달로 인간의 건강이 증진되었고 수명도 날로 늘어나서 현재에 이르게 되었다. 인간은 불을 이용함으로써 요리 전 소화하기 어려웠던 식품을 먹을 수 있게 되었고, 이로 인해 여러 가지 식품들의 영양가가 향상되었으며, 단백질과 당질이 가용화되어 영양소의 이용이 향상되었다. 미국의 인류학자 칼턴 쿤은 "요리법의 도입은 원초적 동물상태의 인간을 보다 완전한 인간으로 만드는 데 결정적인 요인이 되었다"고 하였다. 음식이 건강과 생명에 밀접한 관련이 있음은 주지의 사실이다. 급속한 산업사회의 발달로 경제활동의 선진화, 여가문화의 다양화, 외식산업의 국제화 등으로 식품의 가공·조리를 통한 참살이 문화도 긍정적인 방향으로 진행되고 있는 추세이다. 현대와 같이 복잡하고 과도한 정보를 소화하고 사회의 구성원으로서 당당한 지위를 차지하기 위해서는 식품을 잘 선택하고 선택된 식품을 건강식으로 가공·조리한 식물(食物)을 잘 섭취하는 방법에 신경을 써야 한다. 자료에 의하면 암 발병의 약 30% 이상은 식품에 의해 좌우된다는 사실이 이를 증명하고 있다. 자연계에 존재하는 식품은 인간의 관리 소홀과 잘못 처리된 먹거리로 인하여 건강을 위협할 수 있음을 항상 명심해야 한다. 건강한 사회생활은 건강한 식품 섭취로부터 시작되어야 하며, 현대인의 건강에 대한 정의는 육체적·정신적 건강 및 사회적 건강이 수반되어야 한다.

이 책은 식품을 전공하고자 하는 학생은 물론 조리에 관심이 많은 분들에게 도움을 주었으면 하는 마음으로 식품의 일반성분 및 특수성분에 대한 기본적인 지식을 설명하였으며 가공·조리 중에 일어나는 성분들의 변화과정과 조리에의 활용방법 등을 설명하였다.

이 책이 식품 성분에 대한 올바른 이해와 함께 좋은 성분들을 올바르게 선택하는 데 일조하여 건강을 지키는 데 도움이 되기 바란다. 좀 더 많은 자료와 지식을 드리려고 노력하였으나 독자들의 요구를 충분히 채워드리지 못하여 죄송스런 마음이다. 앞으로도 끊임없는 관심과 지도편달 바랍니다.

저자

차 례

단원 1 서론 / 9

단원 2 식품의 일반성분 / 19

단원 3 특수성분 / 169

단원 1 서론

단원 1 서론

1-1 식품과 조리

선사시대에 인간의 수명은 매우 짧았다. 네안데르탈인의 반 정도가 20년도 못 살았고, 나머지 90% 정도가 40세 이전에 죽었다고 한다. 여기에는 주기적인 영양 결핍, 독성물질 및 오염식품 등이 복합적으로 작용하였으리라 짐작된다. 미국의 인류학자 칼턴 쿤(Carleton Coon)은 “요리법의 도입은 원초적 동물상태의 인간을 보다 완전한 인간으로 만드는 데 결정적 요인이 되었다.”고 하였다. 우리 인간의 삶에서 의(衣) · 식(食) · 주(住)는 가장 기본이면서 중요한 가치를 부여한다. 우리가 섭취하는 음식은 식물성 · 동물성 · 광물성 식품으로부터 얻어지는데, 이들의 질과 양에 따라 우리의 건강이 좌우되고 있다. 이들 물질은 다시 영양적 가치, 기호적 가치 및 감정적 가치를 느끼게 한다. 이들의 섭취는 바로 건강과 밀접한 관계를 가지며, 건강에는 형태적 건강인 체위, 체격 및 발육과정, 기능적 건강인 근력, 대사, 적응능력 및 면역능력, 행동적 건강인 사회활동과 생활행동이 해당된다. 그 외에도 정신적 · 유전적인 건강 등이 잘 조화를 이루어야 참살이(well-being)라고 할 수 있다. 현대를 살아가는 우리 인간은 암 발병이 큰 문제점으로 인식되고 있는데, 암 발생의 약 90% 이상은 식품과 외부환경에 좌우된다는 사실이 이를 잘 증명하고 있다. 인간은 생명에 대한 존엄성을 유지하고 그 가치를 향상시키기 위해 건강을 극대화하는 삶을 이어가야 한다.

한편 조리(調理)에서 조(調)는 '고를 조'자로 고르다, 어울리다, 익히다의 뜻이고, 리(理)는 '다스릴 리'자로 다스리다, 손질하다, 처리하다, 구별하다의 뜻이다. 즉 식생활의 만족을 위하여 식품재료를 조작, 가공하여 가치를 높여주는 모든 방법과 과정이라고 규정할 수 있다. 유사하지만 요리(料理)에서 료(料)는 '되질할 료'자로 곡식 따위를 되로 되는 일의 의미인 되질하다, 세다의 뜻이고, 理는 '다스릴 리'자로, 맛있는 음식을 만드는 일 또는 음식으로 규정할 수 있다. 따라서 조리의 목적은 다음과 같다.

① 풍미(風味)를 주어야 한다. 풍미는 음식의 맛 · 냄새 · 색 · 온도 · 질감 등으로 맛의 종합적인 감각이다.

② 음식은 소화율과 흡수율을 중시해야 한다. 소화율은 음식의 내용물도 중요하지만 조리방법, 식사의 양, 감정, 건강 상태 등이 고려대상이다.

③ 조리상태의 위생도 중요하다. 음식이 건강을 해치는 자연독소, 병원균, 화학약제로 오염된 것을 먹을 때, 그 후 우려 사항은 심각할 수도 있다.

④ 경제성이 있어야 한다. 즉 조리를 하는 데 가격이 적당해야 한다.

1-2 식품학이란

식품학이란 식품 가공이나 조리할 재료들이 함유하고 있는 여러 가지 성분 또는 이들을 적당히 처리하는 과정에서 발생하는 식품성분의 영양적 가치 · 기호적 가치 · 위생적 가치 · 경제적 가치를 기본으로 하여 이화학적 성질, 물성, 관능성 및 상품성 등의 내용을 이론적 측면에서 종합적으로 다루는 학문이다. 식품재료들이 원래 포함하고 있는 성분을 가공 · 조리하여 섭취하려면 먼저 그 식품을 구성하고 있는 성분의 종류, 함량, 화학적 이해 및 가공 중의 변화와 특징을 알아야 한다.

즉 그 식품의 생산, 저장, 가공 및 조리할 때의 식품성분, 또는 각각의 성분 상호 간에 반응하여 어떻게 변하는지를 알 필요가 있다. 이처럼 식품을 보다 과학적으로 가공하거나 조리 시의 유익한 방법을 찾아서 먹을 때까지를 다루는 과정이라고 할 수 있다.

식품학에서 다루어지는 주요 내용은 일반성분과 특수성분이다. 첫째, 일반성분(一般成分)이란, 탄수화물(炭水化物)·지방(脂肪)·단백질(蛋白質)·무기질(無機質)·비타민이며, 물과 공기도 중요하지만 영양소로는 포함시키지 않고 물에 대해서만 식품에서 차지하는 비중이 높고 물성에 지대한 영향을 미치므로 다루도록 한다.

둘째, 특수성분(特殊成分)이란, 맛·색깔·향기·효소(酵素)·독성(毒性) 등으로 나눈다. 참고로 영양학(chemistry of nutrition)은 우리가 식품을 섭취하여 배설할 때까지를 다루는 과학이다. 그리고 이 두 학문은 생물체를 다루는 것이기 때문에 생화학(biochemistry)을 공통 기초학문으로 요구하고 있다.

1-3 식품의 분류

일반적으로 영양소(nutrients)를 한 가지 이상 포함하여 유해물질을 포함하지 않는 천연물 또는 그 가공품을 식품(食品, food material)이라 하고, 식품을 적당히 처리하여 먹기 알맞게 조절한 상태의 것을 식물(食物, food, diet)이라 하여 식품과 구별하는 경우도 있다. 예를 들면, 쌀은 식품이고 밥은 식물이며, 과일은 식품인 동시에 식물이다. 우리나라 「식품위생법」 제2조 ①에서는 "식품이라 함은 모든 음식물을 말한다"라고 규정되어 있다. 우리가 먹고 있는 식품은 300여 종 이상인데, 대체로 다음과 같이 분류할 수 있다.

1-3-1 공급원에 따른 분류

① 식물성 식품 : 곡류, 서류, 두류, 채소류, 과일류, 해조류, 버섯류

② 동물성 식품 : 식육류, 유(乳)류, 어패류, 난류

③ 광물성 식품 : 소금

1-3-2 생산양식에 따른 분류

① 농산식품 : 곡류, 두류, 서류, 과일류, 채소류 등

② 축산식품 : 식육류, 가금류, 유류, 난류 등

③ 수산식품 : 어류, 갑각류, 조개류, 해조류 등

④ 발효식품 : 주류, 장류, 김치류 등

1-3-3 영양성에 따른 분류

① 열량 식품 : 곡류, 서류, 전분류, 설탕류, 유지류, 견과류 등으로 인체의 대사 과정 중 에너지를 만드는 영양소를 말한다.

② 단백질 식품 : 두류, 어패류, 수조육류, 유류, 난류 등으로 주로 단백질의 함량이 높은 식품이다.

③ 비타민과 무기질 식품 : 채소류, 과일류, 해조류 등

④ 기호식품 : 차류, 커피류, 주류, 과자류, 향료, 조미료 등

1-3-4 소비성에 따른 분류

① 영양 강화식품 : 식품에 부족한 영양을 보충한 식품

② 인스턴트식품 : 즉석조리를 통해 섭취 가능한 식품

③ 구황식품 : 주식의 대용식품

④ 질병치료 및 예방식품 : 식이 조절용으로 만든 식품

⑤ 진공동결식품 등

1-4 식품의 구비조건

우리가 먹는 식품은 다음과 같은 고려사항을 참고하여 섭취해야 한다.

1-4-1 영양성

우리가 섭취하는 식품은 각종 영양소를 함유하고 있고, 동시에 소화(消化, digestion), 흡수(吸收, absorption), 동화(同化, assimilation)가 잘되어 영양가(營養價, nutritive value)가 높은 것이 좋다. 그러나 아무리 좋은 식품이라도 완전한 영양을 함유하기란 거의 불가능하므로 여러 가지 식품을 골고루 섭취하는 식습관이 필요하다.

1-4-2 위생성

식품에는 식중독을 일으키는 유독물질 · 병원균 · 기생충 · 농약성분 등의 유해물과 흙 · 먼지 · 모래 등의 협잡물이 없는 상태로 위생성을 구비해야 한다.

1-4-3 기호성

식품을 섭취하면 우리의 식욕을 만족시켜 만족감을 주어야 하므로 식품의 맛, 냄새, 빛깔 및 조직감 등의 기호성이 요구된다. 기호성이 좋으면 식욕이 높아지고 결국은 소화액이 잘 분비되어 건강에도 유익하다.

1-4-4 경제성

소비자의 측면에서 가격이 적당해야 한다.

1-5 영양소

우리 몸은 외부에서 음식물을 섭취하여 이것을 소화·흡수시킨 후 체내에서 생활에 필요한 형태로 변화시켜 생명을 유지시키고 신체를 건강하게 만든다. 이러한 몸 성분의 분해, 소모 및 보충의 생리작용을 총칭하여 영양(nutrition)이라고 한다.

또 영양을 유지하기 위하여 외부로부터 섭취해야 하는 물질은 약 40여 종이며 이를 영양소(nutritents)라고 한다.

영양소는 크게 5가지로 나누는데, 이를 5대 영양소라고 한다.

① 탄수화물 ② 지질 ③ 단백질 ④ 무기질 ⑤ 비타민

현대에는 물의 중요성이 강조되어 6대 영양소로 분류하기도 한다. 한편 사람이 생존하기 위해서는 체온의 유지, 혈액의 순환, 호흡, 물질의 운반 등을 위해 에너지가 필요하다. 인간은 식물이 태양에너지를 광합성하여 얻은 에너지를 간접적으로 이용한다. 또 사람이 성장하기 위해서는 세포성분의 합성·증식을 위해 그 구성성분을 섭취해야 하는데, 성장이 끝난 성인의 경우에도 신체구성 성분은 항상 바뀌므로 성인 또한 이를 섭취해야 한다. 영양소는 그 작용기능에 따라 다음과 같이 나눈다.

1-5-1 열량소

인체 내에서 산화연소하여 에너지를 공급하는 영양소를 말하며, 탄수화물, 지질 및 단백질이 해당된다.

1-5-2 구성소

체내에서 분해·소모되는 구성분을 보충하여 생체조직을 구성하는 영양소를 말하며, 탄수화물, 지질, 단백질 및 무기질이 여기에 해당한다.

1-5-3 조절소

생활기능을 조절하는 영양소이며, 무기질과 비타민이 이에 해당된다.

단 원 정 리

① 식품학이란 식품가공이나 조리할 재료들이 함유하고 있는 여러 가지 성분 또는 이들을 적당히 처리하는 과정 중 식품성분의 영양적 가치 · 기호적 가치 · 위생적 가치 · 경제적 가치를 기본으로 이화학적 성질, 물성, 관능성 및 상품성 등의 내용을 이론적 측면에서 종합적으로 다루는 학문이다.

② 식품학에서 주로 다루어지는 내용은 탄수화물, 지질, 단백질, 무기질, 비타민, 물의 일반성분과 맛, 색깔, 향기, 효소, 독성 등의 특수성분이다.

③ 식품이란 영양소를 한 가지 이상 포함하여 유해물질을 포함하지 않는 천연물 또는 그 가공품을 말하며 공급원, 생산양식, 영양성, 소비성에 따라 분류한다.

④ 식품은 영양성, 위생성, 기호성, 경제성을 고려하여 섭취해야 한다.

⑤ 체성분의 분해, 소모 및 보충의 생리작용을 총칭하여 영양이라 하며, 영양을 유지하기 위하여 외부로부터 섭취해야 하는 필요 물질인 탄수화물, 단백질, 지질, 무기질, 비타민을 영양소라 하다.

단원 2

식품의 일반성분

제1장 수분

제2장 탄수화물

제3장 지질

제4장 단백질

제5장 비타민

제6장 무기질

제 1 장 수분(moisture, water)

수분(水分)과 공기(空氣)는 영양소(營養素)에는 포함시키지 않지만 모든 생명체(生命體)의 생명을 유지하기 위한 필수적(必須的)인 인자(因子)이다. 수분은 식품 내 수용성 영양소 및 색소성분을 녹이는 용매로 작용하며, 단백질과 전분 등의 물질 입자를 분산시키는 작용도 한다. 다시 말해서, 물은 영양소와 노폐물의 운반체, 분산매, 반응매체 및 단백질의 반응성에 영향을 준다. 식품에서 물은 구조, 형태, 맛 등에 큰 영향을 미치며, 수분의 함량 또한 식품의 저장, 가공, 수송에도 중요한 역할을 한다. 미생물과 수분은 식품의 저장에 가장 큰 영향을 미친다. 수분은 모든 조직에서 기본성분일 뿐 아니라 인체조직의 구성성분 중 체중의 $\frac{2}{3}$ 정도를 차지하며 체내 수분의 20%를 상실하면 생명이 위험하다. 한편 신선한 과일과 채소 등은 수분함량이 높기 때문에 아삭아삭한 질감을 가지며, 육류나 수산물도 수분이 다량 존재하기 때문에 탄성이 유지된다. 이렇게 바람직한 경우도 있지만 때로는 수분이 식품과 화학적인 변화나 미생물적인 부패를 야기하여 식품을 변질시키는 바람직하지 못한 작용을 하기도 한다.

1-1 물분자의 구조

물은 수소(H)원자 2개와 산소(O)원자 1개가 공유결합을 하고 있으며, 산소원자를 중심으로 2개의 수소원자가 104.5°의 각도를 이루고 있다. 한 개의 물분자(H_2O)의 산소(O)원자가 인접한 물분자의 수소(H)원자를 전기적으로 끌어당기고 있는데 이것을 수소결합이라고 한다.

식품에서는 -OH기를 갖는 당질과 -NH기를 갖는 단백질 등의 성분이 물분자의 수소(H)원자와 수소결합을 하고 있다.

1-2 수분의 존재상태

식품 중에 존재하는 물은 유리수(자유수; 自由水, free water)와 결합수(수화수; 水和水, bound water, water of hydration)의 두 가지 형태로 존재한다. 한 식품 속의 유리수와 결합수는 서로 독립적으로 존재하는 것이 아니며, 극히 일부는 가역적으로 자유수는 결합수로 결합수는 자유수로 전환되기도 한다.

1-2-1 유리수

염류(salts), 당류(sugars), 수용성 단백질 등을 용해하는 용매(溶媒, solvent)로 작용하는 물을 말하며 다음과 같은 성질이 있다.

① 전해질을 잘 녹인다. 가용성 물질인 염류, 당류, 수용성 단백질을 잘 녹이고, 전분, 단백질, 지질 등의 불용성 물질을 분산시켜 교질(colloid)상태로 만든다.

② 끓는점(boiling point)과 녹는점(melting point)이 매우 높다. 물분자끼리 수소결합을 하고 그 분자운동이 저해된다.

③ 비열(specific heat)이 크다. 끓이기와 식히기가 어렵다는 뜻이다.

④ 비중은 4℃에서 최고이다. 물의 표면부터 언다.

⑤ 점성이 크다. 물분자는 서로 인력이 있기 때문에 점성이 크다.

⑥ 건조하면 쉽게 수분이 제거된다. 식품 속에 유리상태로 존재하기 때문이다.

⑦ 0℃ 이하에서 동결된다. 유리상태로 식품에 존재하므로 얼음이 된다.

⑧ 미생물이 이용한다. 미생물이 이용하여 생육, 번식할 수 있다.

⑨ 표면장력이 크다. 물이 액체 중에서 표면장력이 가장 크다. 모세관 현상에 의한 상승효과, 식물이 키가 큰 높이에까지 수분이 올라간다.

1-2-2 결합수

유리수와는 다른 특성이 있다. 결합수는 식품 중의 탄수화물이나 단백질 분자들과 결합되어 있기 때문에 자유롭지 못하다. 대체로 자유수와 반대 개념이다.

1-3 수분활성도

식품 중의 수분은 주위의 환경조건에 항상 변화하므로, 식품의 함수량을 %로 표시하지 않고 대기 중의 상대습도까지 고려한 수분활성도로 표시한다. 즉 어떤 식품은 완전 밀폐된 용기에 장기간 방치하면 결국은 식품 중의 수분함량과 대기 중의 수분함량이 평형상태가 된다. 이 평형일 때의 식품의 수분함량은 대기 중의 수분함량, 즉 상대습도(relative humidity; RH)와 식품자체의 특성 등에 의하여 정해진다. 보통 식품 중의 수분함량은 %로 표시하는 경우가 많으나 식품의 수분함량은 대기 중의 상대습도에 의하여 크게 영향을 받으므로 대기 중의 상대습도까지 고려한 수분함량으로 표시하는 것이 바람직하다. 수분활성도(水分活性度, Aw, water activity)는 '어떤 임의의 온도에서 식품이 나타내는 수증기압(p)에 대한 그 온도에 있어서의 순수한 물의 수증기압(P)의 비'로 정의된다.

$$Aw = p/Po = Nw / Nw + Ns$$

p : 식품의 수증기압　　Po : 같은 온도에서의 순수한 물의 수증기압
Nw : 물의 몰수　　Ns : 용질의 몰수

상대습도와 수분활성도의 관계는 상대습도(RH) = Aw × 100 = $\frac{P}{P_0}$ × 100이다.

보통 식품에서 수분활성도의 값은 항상 1.0 미만이다. 과일, 채소, 육류 및 어패류 등은 수분이 많아서 Aw가 0.98~0.99 정도이며, 곡물과 같은 건조식품은 수분이 적어서 Aw가 0.60~0.64 정도이다.

수분활성도(Aw)의 값이 크다는 것은 미생물이 이용하기 쉽다는 뜻이며, 최저의 수분활성을 보면 일반세균 0.91, 일반효모 0.88, 일반곰팡이 0.80, 내건성 곰팡이 0.65이다.

- 식품가공이나 조리된 음식의 저장방법에서 수분활성도를 응용한 예는 다음과 같다.
  ① 잼과 젤리에서처럼 고농도의 당(糖)을 이용하여 수분활성도를 낮춘다.
  ② 소금절임, 탈수, 냉동 등은 조직 내의 수분활성도를 아주 낮춘다.

문제 1

10%의 소금물의 Aw는 얼마인가?

풀이 소금은 10%이며 물은 90%이다. 단, 물(H_2O)의 분자량은 18, 소금(NaCl)의 분자량은 58.45

Aw = Nw /Nw + Ns = (90/18) / (90/18 + 10/58.45) = 0.96

문제 2

25% 수분과 20% 설탕을 함유한 식품의 Aw는 얼마인가?

풀이 단, 물(H_2O)의 분자량은 18, 설탕($C_{12}H_{22}O_{11}$)의 분자량은 342이다.

Aw = Nw / Nw + Ns = (25/18) / (25/18 + 20/342) = 0.96

1-4 등온흡습곡선 또는 등온탈습곡선

식품 중의 수분함량은 상대습도와 평형에 이르며, 그때의 수분함량을 평형수분함량이라 한다. 상대습도(relative humidity; RH)와 평형수분함량(equilibrium moisture contents)과의 관계를 표시한 곡선을 등온흡습곡선(moisture sorption isotherms) 또는 등온탈습곡선(moisture desorption isotherms)이라 하며, 이를 도표로 표시하면 [그림 1-4a~b]와 같다. 이와 같이 대부분의 식품에서는 수분의 흡습 및 탈습곡선이 일치하지 않는다. 이런 현상을 이력현상(hysteresis effect)이라고 한다. 상대습도와 평형수분함량 사이의 관계를 표시한 곡선을 등온흡습(탈습)곡선이라 부르며 대부분의 등온흡습(탈습)곡선은 S형 곡선을 나타낸다. 식품 중 수분함량이 5~10% 정도인 물분자들이 단분자층을 형성하는 A영역과 등온곡선에서 상대습도의 증가에 따라 수분함량이 급격히 증가하는 영역, 즉 다분자층을 형성하는 B영역 및 식품 속의 수분이 여러 식품성분에 대해서 용매로 작용하는 모세관응고인 C영역을 말한다.

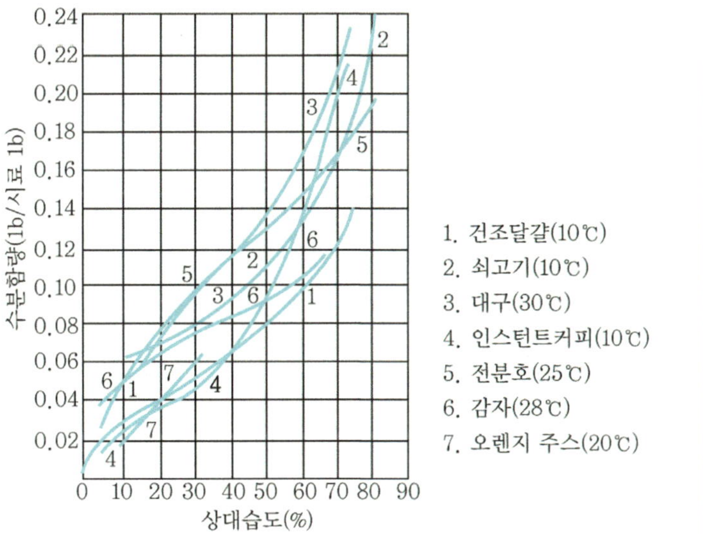

[그림 1-4a] 각종 식품의 등온흡습곡선

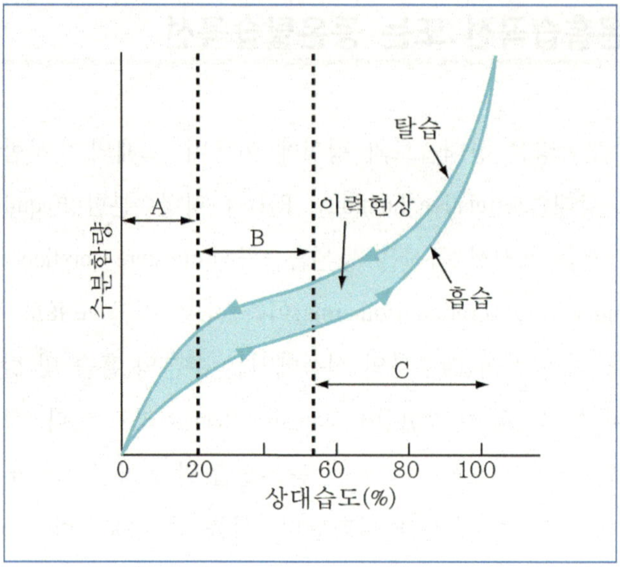

[그림 1-4b] 식품의 등온흡습곡선

단 원 정 리

① 물은 수소원자 2개와 산소원자 1개가 공유결합을 하고 있으며, 물분자의 산소는 인접한 물분자의 수소원자와 수소결합을 하고 있다.

② 식품 중에 존재하는 수분은 세포 내에서 자유롭게 이동하며 증발, 동결이 용이하게 이루어지는 물인 자유수와 조직 내의 탄수화물, 지질, 단백질 등의 성분과 결합하여 증발 등이 잘 이루어지지 않는 물인 결합수의 두 가지 형태로 존재한다.

③ 식품 중의 수분함량은 %로 표시하는 경우가 많으나 식품의 수분함량은 대기 중의 상대습도에 의하여 크게 영향을 받으므로 상대습도까지 고려한 수분함량으로 표시하는 것이 바람직하다. 수분활성도는 임의의 온도에서 식품이 나타내는 수증기압에 대한 그 온도에 있어서의 순수한 물의 수증기압의 비로 정의되는데, 미생물의 최저 수분활성은 일반세균 0.91, 일반효모 0.88, 일반곰팡이 0.80, 내건성 곰팡이 0.65이다.

④ 당장법, 염장법, 건조, 냉동 등은 조직 내의 수분활성도가 저하되어 저장성이 증가된다.

⑤ 식품 중의 수분함량은 상대습도와 평형에 이르며, 그때의 수분함량을 평형수분함량이라 한다. 상대습도와 평형수분함량과의 관계를 표시한 곡선이 등온흡습곡선 또는 등온탈습곡선으로, 이는 역S형곡선을 나타내며, 대부분 식품에서는 수분의 흡습 및 탈습곡선이 일치하지 않는데 이를 이력현상이라 한다.

제 2 장 탄수화물

2-1 탄수화물의 생성

자연계에 다량 존재하는 탄수화물(carbohydrate)은 탄소(C), 산소(O), 그리고 수소(H)를 포함한 유기물로써 에너지 공급 면에 있어서 중요한 역할을 한다. 탄수화물은 주로 식물체에 의해 공기 중의 이산화탄소(CO_2) 및 토양 중의 물(H_2O), 그리고 햇빛을 이용하여 녹색식물에 존재하는 엽록소(chlorophyll)에서 광합성작용(photosynthesis)을 통하여 합성된다. 이와 같이 합성된 탄수화물은 식사 중 총 섭취열량의 65%를 차지하는 주 열량 영양소이다.

$$6CO_2 + 6H_2O \xrightarrow[\text{엽록소}]{\text{태양에너지}} C_6H_{12}O_6 + 6O_2$$

이산화탄소	물	포도당	산소

탄수화물은 탄소원자에 수소와 산소가 2 : 1의 비율로 구성되며, 일반적인 구조식은 $(CH_2O)n$이며, n은 3부터 7까지 있을 수 있다. 이 중 식품으로는 5탄당(pentose)과 6탄당(hexose)이 해당된다. 그리고 탄수화물의 정의는 1개의 카르보닐(carbonyl)기(−CHO 또는 =C=O)와 2개 이상의 수산기(−OH)를 갖는 화합물 또는 그 축합물이다.

2-2 탄수화물의 일반성질

① 결정성 무색 또는 백색의 결정을 형성한다.

② 용해성 물에는 잘 녹으나 유기용매에는 잘 녹지 않는다.

③ 감 미 일반적으로 단맛이 있으나 종류에 따라 다르다.

④ 선광성 부제탄소를 가지므로 선광성이 있다.

⑤ 환원성 자신은 산화되고 다른 화합물은 환원시키는 환원성을 가진다. 그러나 설탕 등의 비환원당은 제외된다.

⑥ 발효성 대부분의 당은 효모에 의해 발효되어 알코올(alcohol) + 이산화탄소(CO_2)가 된다. 일부의 다당류와 갈락토스(galactose)는 발효가 어렵다.

⑦ 에스테르(ester) 형성 당은 수산기(−OH)를 가지므로 산과 에스테르를 만든다.

⑧ 배당체 형성 '당-O-비당질'의 구조를 만든다. 배당체의 종류는 당이 포도당(glucose)이면 글루코사이드(glucoside), 갈락토스이면 갈락토사이드(galactoside)라고 한다. 천연에는 배당체 종류가 많으며 여러 가지 약리성을 가지고 있다.

⑨ 단당류의 유도체 형성 ㉮ 당산화물, ㉯ 당 알코올, ㉰ 아미노당, ㉱ 티오당(thio sugar) 등을 형성할 수 있다.

⑩ 당의 갈변화 반응 ㉮ 아미노-카르보닐(amino-carbonyl) 반응성, ㉯ 캐러멜(caramel)화 반응 등으로 음식에 식욕을 촉진시키는 색깔을 부여한다.

2-3 탄수화물의 구조와 특성

2-3-1 단당류의 카르보닐기

6탄당에는 포도당(글루코스, glucose), 갈락토스(galactose), 만노스(mannose) 및 과당(프룩토스, fructose)이 있다. 앞의 세 가지는 첫 번째 탄소가 알데히드기(aldehyde group, −CHO)이며, 과당은 두 번째 탄소가 케톤기(ketone group, =C=O)를 가진 탄수화물이다. 이 두 가지를 카르보닐기(carbonyl group)라고 한다. 이 카르보닐기들은 이당류 이상의 탄수화물에서 물리적·화학적 성질을 좌우하는 중요한 구조이다. 즉 탄수화물의 환원성 유무, 당류의 환상 등에 영향을 미친다.

- 알도스와 케토스

  알도스(aldose) : 당분자 중에 알데히드기(−CHO)를 가지며 이런 당을 알도스라 한다. 6탄당일 경우 알도헥소스(aldohexose)라 하고 포도당, 갈락토스, 만노스가 해당된다.

  케토스(ketose) : 당분자 중 케톤기(=C=O)를 가지며 이런 당을 케토스라 한다. 6탄당일 경우 케토헥소스(ketohexose)라 하고 과당이 해당된다.

glyceraldehyde	dihydroxy acetone
CHO	CH_2OH
|	|
CHOH	CO
|	|
CH_2OH	CH_2OH

2-3-2 부제탄소(不齊炭素)

탄소원자는 4개의 결합손을 가지며, 4개의 손에 결합된 원자나 원자단의 구조가 모두 다를 경우, 이 탄소를 부제탄소(asymmetric carbon) 또는 비대칭탄소원자라고 한다. 즉 비대칭탄소원자가 n개이면 광학적 이성질체 수는 2^n개이다. 예를 들면, 6탄당 중에서 포도당은 4개의 부제탄소원자를 가지므로 이때의 가능한 이성질체 수는 2^4=16개이다.

2-3-3 당류의 D형과 L형

부제탄소(*C)에 결합된 -OH가 우측에 결합되면 D-형(우선성(右旋性), dextrorotatory), 좌측에 결합되면 L-형(좌선성(左旋性), levorotatory)이라고 한다.

D-glycerose　　　　L-glycerose

2-3-4 당류의 환상구조

보통 5탄당 이상의 단당류는 피셔(Fischer)의 투영식과 같은 쇄상구조로 나타내지만, 이러한 쇄상구조로서 당류의 물리화학적 반응을 설명하는 데 불충분한 부분이 많기 때문에 톨렌스(Tollens)식이나 하스(Haworth)식의 환상구조로 표시한다. 환상구조로 표시할 경우 항상 카르보닐(carbonyl)기와 다른 -C-OH의 -OH와 결합한다는 사실을 알아야 한다. 예를 들면, 하스식에서 포도당의 경우 5개의 C와 1개의 O가 6각형을 이루고 있어 피란(pyran)과 비슷하므로 피라노스형(pyranose form)이라고 한다. 그러나 과당의 경우 4개의 C와 1개의 O가 5각형을 이루고 있어 푸란

(furan)과 비슷한 구조가 되므로 이를 푸라노스형(furanose form)이라고 한다.

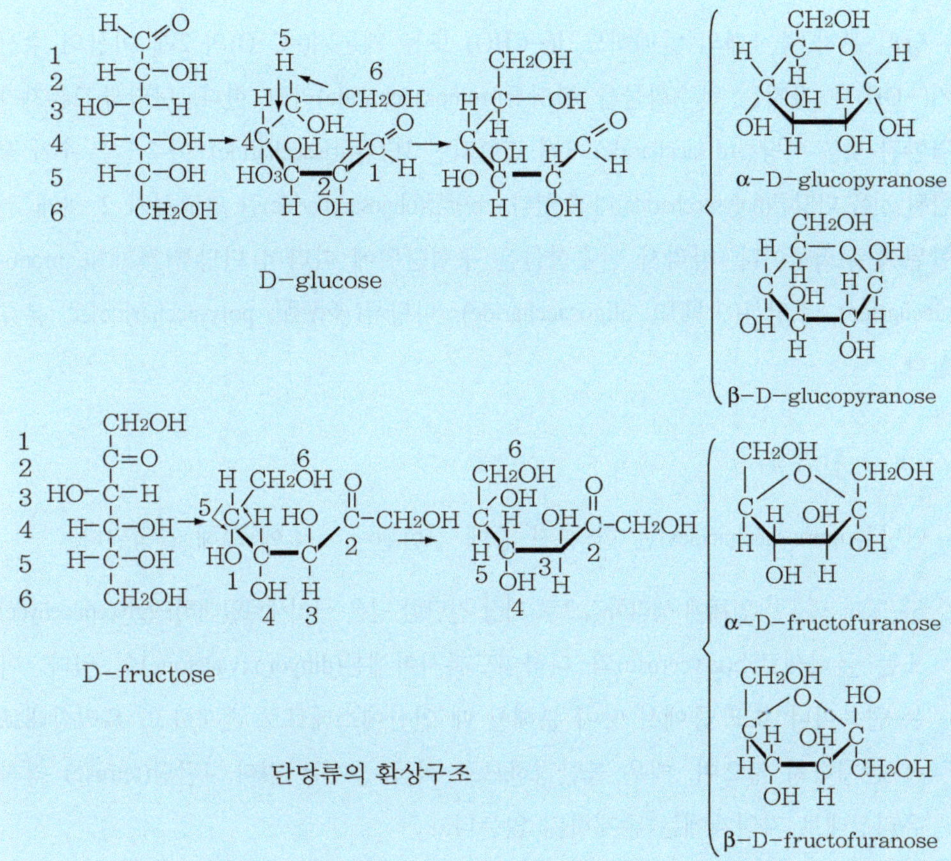

단당류의 환상구조

pyran　　　　furan

2-4 탄수화물의 분류

당의 분자 중 1개의 알데히드기(-CHO) 또는 케톤기(=C=O)와 2개 이상의 수산기(-OH)를 가지는 탄수화물을 단당류(monosaccharide)라고 한다. 단당류 2분자가 결합된 것을 이당류(disaccharide), 3개 결합되면 3당류(trisaccharide). 아주 많은 수가 결합된 것을 다당류(polysaccharide)라고 한다. 소당류(oligosaccharide)란 단당류가 2~8개 결합된 탄수화물이다. 따라서 탄수화물은 구성단위에 따라서 단당류(單糖類, monosaccharide), 소당류(少糖類, oligosaccharide), 다당류(多糖類, polysaccharide)로 분류한다.

2-4-1 단당류

단당류(monosaccharides)는 한 분자 중에 결합된 탄소수에 의해 결정된다.

1) 3탄당과 4탄당 인체에 생리학적으로 가장 간단한 당은 글리세르알데히드(glyceraldehyde) 또는 글리세로스(glycerose)와 디하이드록시아세톤(dihydroxyacetone)이 있다. 이는 근육이나 효모 중에서 당이 분해할 때 인산에스테르로 존재하고, 유리상태로는 존재하지 않으며, 매우 불안정하므로 식품 중에는 없다. 4탄당(tetrose) 역시 유리상태로 자연계에는 존재하지 않는다.

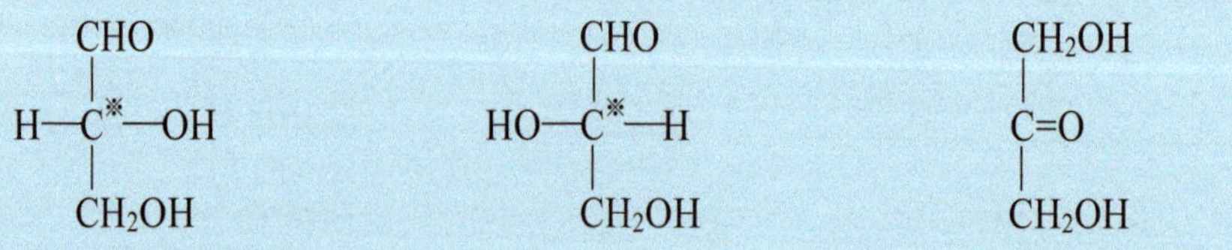

D-glyceraldehyde　　L-glyceraldehyde　　dihydroxy acetone

C※는 부제탄소원자

2) 5탄당 탄소수 5개를 가진 5탄당(pentose)은 다당류인 펜토산(pentosan) 혹은 핵산(nucleic acid)성분으로 존재하고 유리상태로는 거의 존재하지 않는다. 다당류인 펜토산은 초식동물의 사료로 이용되지만 인간은 에너지원으로 이용하지 못하므로 영양적 가치는 없으나 인체에는 유익한 기능성을 가진다.

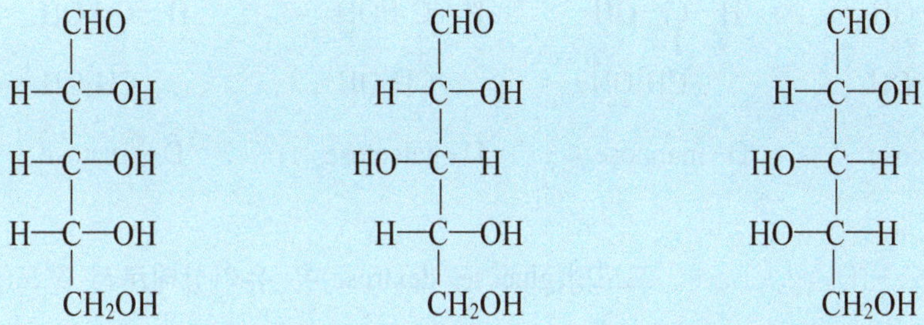

D-ribose D-xylose L-arabinose

(1) D-리보스(D-ribose) 및 D-디옥시리보스(D-deoxyribose) 핵산의 구성당인 D-리보스는 RNA(ribonucleic acid)의 구성분이며, D-디옥시리보스는 C_2의 -OH에서 O가 떨어진 상태이며 DNA(deoxyribonucleic acid)의 구성분이다. 그 외 비타민 B_2(riboflavin), ATP, CoA 등 생리적으로 중요한 물질의 구성성분이 된다.

(2) D-자일로스(D-xylose) 이는 식물의 잎, 줄기, 껍질 등에 존재하며 펜토산인 자일란(xylan)의 구성당이다. 죽순・밀짚・옥수수・볏짚・낙화생 껍질 등에 많이 들어 있다.

(3) L-아라비노스(L-arabinose) 이는 펜토산인 아라반(araban), 펙틴(pectin)질, 헤미셀룰로오스(hemicellulose) 등의 구성분이다.

3) 6탄당 6탄당(hexose)에 해당하는 당류들은 대체로 단맛을 가지며, 포도당(D-glucose), 만노스(D-mannose), 갈락토스(D-galactose) 및 과당(D-fructose)이 대표물질이고 모두 효모에 의해 발효되므로 지모헥소스(zymohexose)라고 부른다.

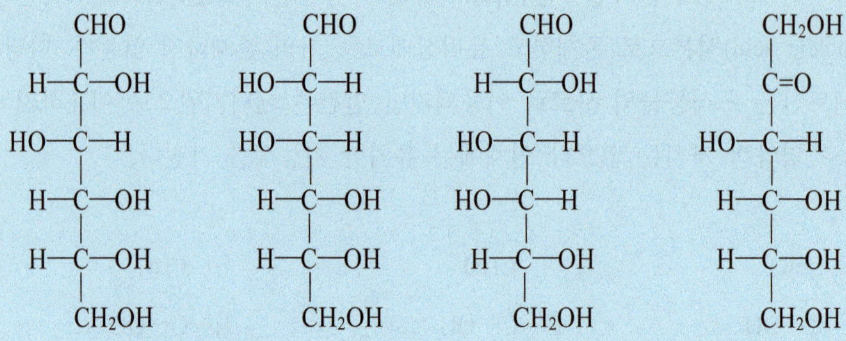

D-glucose D-mannose D-galactose D-fructose

(1) D-포도당(D-glucose) 포도당(glucose, dextrose)은 유리상태로서 포도(grape fruit)에서 발견되었기에 포도당이라고 하지만 일반식물체에도 존재한다. 동물의 혈액 속에도 약 0.1% 함유되어 있다. 곡류나 서류 등에 존재하는 다당류인 전분(starch), 섬유소, 글리코겐(glycogen) 등이며, 소당류로는 이당류인 설탕(sucrose), 맥아당(maltose) 및 유당(lactose), 3당류인 라피노스(raffinose), 4당류인 스타키오스(stachyose) 등의 구성당이다.

(2) D-만노스(D-mannose) 주로 다당류인 만난(mannan), 글루코만난(glucomannan)과 같은 구성단위로 존재하며, 당단백질의 구성당으로 달걀 알부민(egg albumin)과 혈액 알부민(blood albumin) 등에도 있다.

(3) D-갈락토스(D-galactose) 다당류로는 갈락탄(galactan), 한천, 아라비아고무 등이 있으며 자연계에 널리 분포되어 있다. 이의 기능성도 확인되고 있는데 동물의 뇌, 신경조직 내 일부 인지질의 구성당이기도 하다.

(4) D-과당(D-fructose) 과일·벌꿀 등에 유리상태로 존재하며, 이당류인 설탕, 다당류인 이눌린(inulin)의 구성분이다. 과당은 α-, β-형의 이성체가 존재하며 자연계에 결합상태로는 항상 β-D-프룩토푸라노스(β-D-fructofuranose)만 존재한다. α-형이나 β-형의 수용액을 방치하면 이성화가 일어나 평형혼합물이 얻어진다. β-형이 α-형보다 더 달며 온도가 상승됨에 따라 α-형으

로 기울어 감미도가 급격히 감소한다.

과당의 독특한 성질은 다음과 같다. ① 천연당류 중에서 감미도가 가장 강하다. ② 당류 중에서 용해도가 가장 크다. ③ 과포화되기 쉽다. ④ 점도가 포도당이나 설탕보다 작다. ⑤ 조해성이 강하다.

4) 단당류의 유도물질 자연계에는 단당류와 유사한 화합물과 비당류와 결합한 것이 다양하게 널리 존재한다.

(1) D-디옥시슈가(D-deoxy sugar) 당분자 속의 1개의 -OH가 H로 치환된 화합물을 말한다. D-리보스에서 C_2의 O가 떨어진 D-디옥시리보스(D-deoxyribose)는 DNA(deoxyribonucleic acid)의 구성분으로 동식물체에 널리 분포하고 있다.

만노스의 C_6에서 산소가 제거된 L-람노스(L-rhamnose)는 색소인 플라보노이드(flavonoid)와 결합한 배당체로 식물색소성분이다. L-갈락토스(L-galactose)는 C_6에서 산소가 제거된 L-푸코스(L-fucose)도 해조류의 다당류인 푸코산(fucosan)의 구성분이다.

(2) 당 알코올(sugar alcohol) 단당류의 카르보닐기가 환원되어 $-CH_2OH$로 된 형태이다. 감미가 있고 중요한 화합물이 많다. 5탄당인 리보스는 리비톨(ribitol)로 되며 비타민 B_2의 구성분이고, 자일로스에서 자일리톨(xylitol), 포도당에서 환원된 솔비톨(sorbitol)은 과일 중에도 존재하며 공업적으로 비타민 C의 합성원료이며, 만노스에서 환원된 만니톨(mannitol)은 버섯·균류·해조류 등에 분포되어 있다.

(3) 당 산화물 단당류의 6탄당 분자 중에서 다음과 같은 성분이 된다.

① 당의 C_1산화 : -어미 → -onic acid, 예) glucose → gluconic acid, 이는 세균, 곰팡이에 존재한다.

② 당의 C_6산화 : -어미 → -uronic acid, 예) glucose → glucuronic acid, 이는 식물 검(gum)질의 중요한 성분이며 동물체 내에서는 해독기구와 관계가 있다. 독성물질이 있으면 글루쿠론산(glucuronic acid)과 결합하여 무독한

물질이 되어 요 중으로 배설된다. 만누론산(mannuronic acid)은 갈조류의 다당류인 알긴산(alginic acid)의 구성단위이며, 갈락투론산(galacturonic acid)은 펙틴(pectin)의 구성분이다.

③ 당의 $C_{1,6}$ 동시산화 : −어미 → −aric acid, 예) glucose → glucaric acid, 인도고무나무에 존재하며 물에 가용되고 환원성이 없다.

(4) 아미노당(amino sugar) 아미노당은 단당류인 C_2의 −OH가 $-NH_2$로 치환된 것으로, 천연에는 포도당에서 치환형 글로코사민(glucosamine)인 키토사민(chitosamine)은 갑각류 껍질의 구성분인 키틴(chitin)의 구성단위가 되며, 이 키틴은 아미노기의 수소원자 1개가 아세틸(acetyl)기로 치환된 N−아세틸글루코사민(N−acetyl glucosamine)의 중합체이다. 또한 갈락토사민(galactosamine)인 콘드로사민(chondrosamine)은 연골, 건(腱)의 당단백질 중의 콘드로이틴(chondroitin) 황산의 구성분이 된다.

(5) 티오당(thio sugar) 단당류 분자의 카르보닐기의 O가 S로 치환된 것이며 대표적으로 배당체 시니그린(sinigrin)이 있고 자연계에서 무·마늘의 매운맛 성분이다.

2-4-2 소당류

주로 6탄당이 2~8개 정도까지 모여 소당류(oligosaccharide)를 이루며 식품 중에는 이당류의 분포가 가장 많고 3당류·4당류 등은 특수한 물질에 함유된다.

1) 이당류 이당류(disaccharide)는 단당류가 2개 결합된 것으로 설탕·맥아당·유당이 이에 속한다.

(1) 설탕 자당, 서당, 수크로스(sucrose), 사카로스(saccharose) 또는 캔슈가(cane sugar)라고도 하며, 과일·꽃·종자 등의 식물계에 널리 분포되어 있는 천연식품의 감미성분이다. 설탕은 주로 사탕수수(10~16%)나 사탕무(13~17%)에서 얻은 즙을 농축한 후 결정화하여 정제한다.

α-D-글루코피라노스(α-D-glucopyranose)의 C_1+β-D-프룩토푸라노스(β-D-fructofuranose)의 C_2가 축합한 것으로 비환원당이다. 설탕의 이러한 성질 때문에 설탕은 감미도 표준물질이며 α, β의 이성질체가 없다. 설탕은 묽은 산, 알칼리 또는 인베르타아제(invertase)의 작용에 의해 포도당과 과당으로 쉽게 가수분해된다. 또한 설탕은 가수분해되어 포도당과 과당의 등량 혼합물이 되며, 이와 같은 포도당과 과당의 등량 혼합물을 전화당(invert sugar)이라고 한다. 전화당의 대표적인 예로써 벌꿀은 벌의 타액효소 인베르타아제(invertase)에 의해 설탕이 분해되어 전화당을 이루고 있다. 또한 설탕은 가열조리, 가공 중 쉽게 가수분해되어 그 일부가 전화당으로 분해되며, 설탕보다 단맛이 더 강하다. 전화당은 쉽게 결정을 이루지 않기 때문에 식품제조 시 특별히 첨가된다.

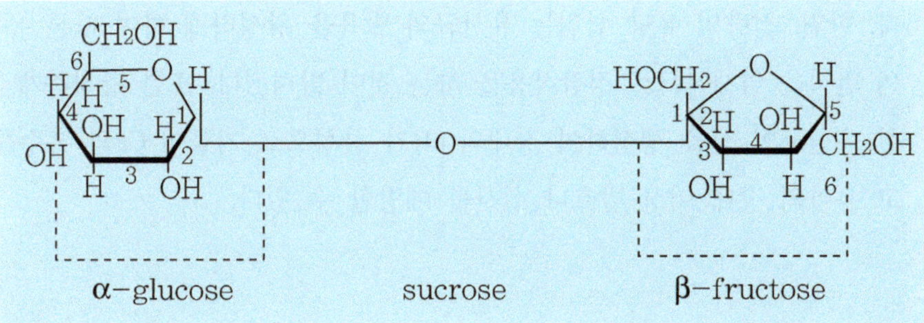

(2) 맥아당 엿당, 말토스(maltose)라고 하며 맥아에 많이 존재한다. 전분을 산이나 맥아의 아밀라아제(amylase)로 가수분해하여 얻기도 한다. 맥아당은 포도당 두 분자가 결합된 이당류인데, β-말토스(β-maltose)와 α-말토스(α-maltose)가 있다. 환원성과 선광성이 있으며, 효모에 의해 발효된다. 감미도는 60 정도이다.

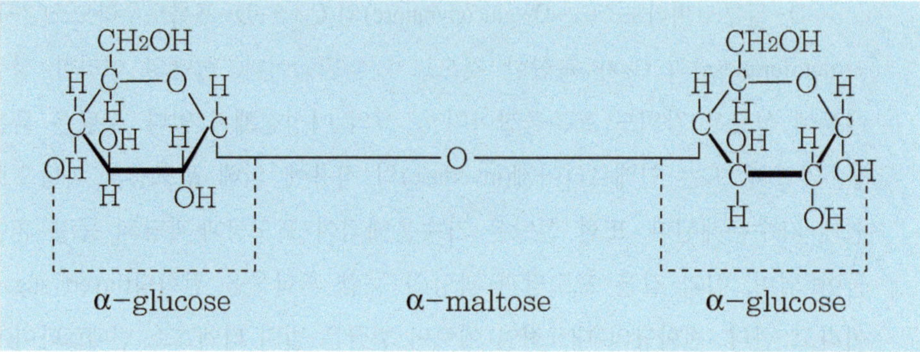

(3) 유당 젖당, 락토스(lactose)라고 하며 모든 포유동물의 젖에 있고 식물계에는 존재하지 않는다. 사람의 젖에는 약 7%, 우유에는 약 4.5% 정도 함유되어 있다. 환원성이 있고 효모에 의해서 발효되지 않는다. 유당은 α−락토스(α−lactose)와 β−락토스(β−lactose)로 나뉜다. β−형이 α−형보다 단맛이 강하다. 한편, 적량의 유당 섭취는 유산균의 발육을 왕성하게 하여 다른 유해균의 번식을 억제하므로 정장작용을 하는 것이 밝혀졌다. 또한 왕성하게 번식한 유산균이 산을 생성하여 장내의 pH가 산성으로 기울어 Ca의 흡수를 돕고 유아의 장내 이상 발효나 설사를 예방할 수 있다.

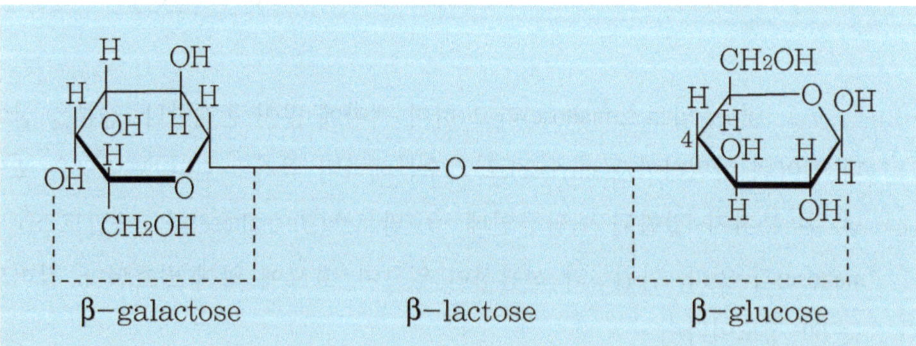

2) 젖에 함유된 소당류 젖에 함유된 소당류로는 삼당류(lacto-N-triose Ⅰ, lacto-N-triose Ⅱ, fucolactose), 5당류(pentasaccharides Ⅰ, pentasaccharides Ⅱ) 및 6당류(hexasaccharides Ⅰ)가 있고, 우유에 함유되어 있는 소당류는 어린이의 장내 미생물에 유익한 비피더스(bifidus) 인자가 있다. 이는 해로운 미생물의 활동은 억제하고 유용한 미생물은 돕는다.

3) 기타 소당류

에너지로 활용되는 몇몇 소당류를 제외하면 인체에서 여러 가지 기능성을 나타내는 소당류가 많이 있다.

(1) 셀로비오스(cellobiose) 자연계에 유리된 상태로 존재하지 않고, 섬유소의 구성단위로 존재한다. 감미는 없고 환원성이 있다.

(2) β-이소말토스(β-isomaltose) 맥아당과 비슷하나 구조는 전혀 다르며 아밀로펙틴(amylopectin), 글리코겐(glycogen), 덱스트란(dextran) 등에 함유되어 있으며 전분의 최종 가수분해 생성물인 물엿의 부산물이고 포도당에서 역생성되기도 한다. 환원성은 있다.

(3) 라피노스(raffinose) 식물의 종자 · 뿌리 · 지하경 등에 광범위하게 존재하며 콩과식물의 종자 속에 특히 많이 존재한다. 약한 감미가 있으나 효모에 의해 가수분해된다.

(4) 루티노스(rutinose) 메밀이나 담배 속의 배당체인 루틴(rutin)의 구성분이다.

(5) 스타키오스(stachyose) 목화씨와 대두에 많이 함유되어 있고 비환원당이다.

(6) 트레할로스(trehalose) 포도당 두 분자가 결합되며 비환원당으로 효모 등에 존재하며 발효되지 않는다. 다시마, 젤리 등 기능성 식품제조에 사용되고 있다.

2-4-3 다당류

1) 다당류의 분류

〈표 2-4-3a〉 다당류의 분류

<table>
<tr><th colspan="4">다 당 류</th></tr>
<tr><td rowspan="4">식물성
다당류</td><td></td><td>단순다당류</td><td>복합다당류</td></tr>
<tr><td>저장 다당류</td><td>전분(starch)
덱스트린(dextrin)
이눌린(inulin)</td><td>글루코만난(glucomannan)</td></tr>
<tr><td>구성 다당류</td><td>셀룰로오스(cellulose)</td><td>헤미셀룰로오스(hemicellulose)
펙틴(pectin)</td></tr>
<tr><td>검(gum)질
다당류</td><td>덱스트란(dextran)</td><td>한천(agar-agar)
알긴산(alginic acid)
카라기난(carrageenan)
아라비아검(gum arabic)
구아검(guar gum)
메뚜기콩고무(locust bean gum)</td></tr>
<tr><td>동물성
다당류</td><td></td><td>글리코겐(glycogen)
키틴(chitin)</td><td>콘드로이틴 황산염(chondroitin sulfate)
히알루론산(hyaluronic acid)
헤파린(heparin)</td></tr>
</table>

다당류(polysaccharide)는 수백~수만 개의 단당류 또는 그 유도체들이 중합된 고분자 탄수화물이며, 동물, 식물, 미생물 등에 널리 분포하고 있다. 다당류는 물에는 녹지 않고 교질모양으로 녹으며 감미가 없고 환원력도 거의 없다. 다당류는 단당류의 결합수, 즉 중합도(degree of polymerization; DP)에 따라 성질의 차이가 나타나는데 200~3,000개 이상의 것이 많으며, 단당류 결합에는 α와 β가 있으며, 결합

위치도 1→2, 1→3, 1→4, 1→6 등 여러 가지 모양이 있다. 또 분자 모양도 직쇄상과 분지상으로 구분한다.

다당류는 최소 구성단위인 단당류가 한 가지 종류로만 구성된 것을 단순다당류(simple polysaccharide, homopolysaccharide)라 하고, 두 종류 이상의 단당류로 이루어진 것을 복합다당류(complex polysaccaride, heteropolysaccharide)라고 한다. 여기에는 ① 전분처럼 열량의 가치로서 저장성이 있는 것, ② 셀룰로오스(cellulose)나 펙틴질처럼 식물의 세포벽을 구성하는 것, ③ 식물의 검질과 한천처럼 보호효과를 주는 것, ④ 글리코겐처럼 동물체에 존재하는 것 등 여러 종류가 있다.

2) 식물성 저장 다당류

(1) 전분 포도당으로 구성된 저장 탄수화물로 녹말 또는 스타치(starch)라고도 하며, 세포 내의 세포질에 존재하는 색소체(色素體, plastid) 속에서 형성된다. 곡류나 서류 등에 저장물질로 다량 존재하며 색, 냄새, 맛이 없는 입자 형태를 이루고 있다. 물에 녹지 않으며, 물보다 비중이 커서(비중 1.55~1.65 정도) 물에서 백색으로 침전한다. 전분은 인간의 중요한 에너지원이기도 하며, 식품제조·가공 시 주 및 부원료로써 중요한 역할을 하기도 한다.

① 전분입자 식물체 내에서 전분은 전분입자로 존재하지만 전분입자를 둘러싸고 있는 막(膜)이 없다. 전분의 형태는 수소결합으로 전분분자 간에 강하게 결합되어 있다. 전분입자는 식물의 종류에 따라 모양과 크기가 다른데 X-선 회절을 통해서, 곡류전분은 그 크기가 2~10μl이며, 감자, 고구마 등은 5~150μl 정도이다. 전분입자들이 동심원과 방사상으로 배열되어 있는데 이유는 낮에는 탄소동화작용으로 전분이 생성되어 전분입자가 커지고 밤에는 작용이 중지되기 때문이다([그림 2-4-3a] 참조). 또한 다발(micelle)을 형성하기 때문에, 가열·조리 중에 팽윤되면서 흐트러져 먹기 좋게 된다.

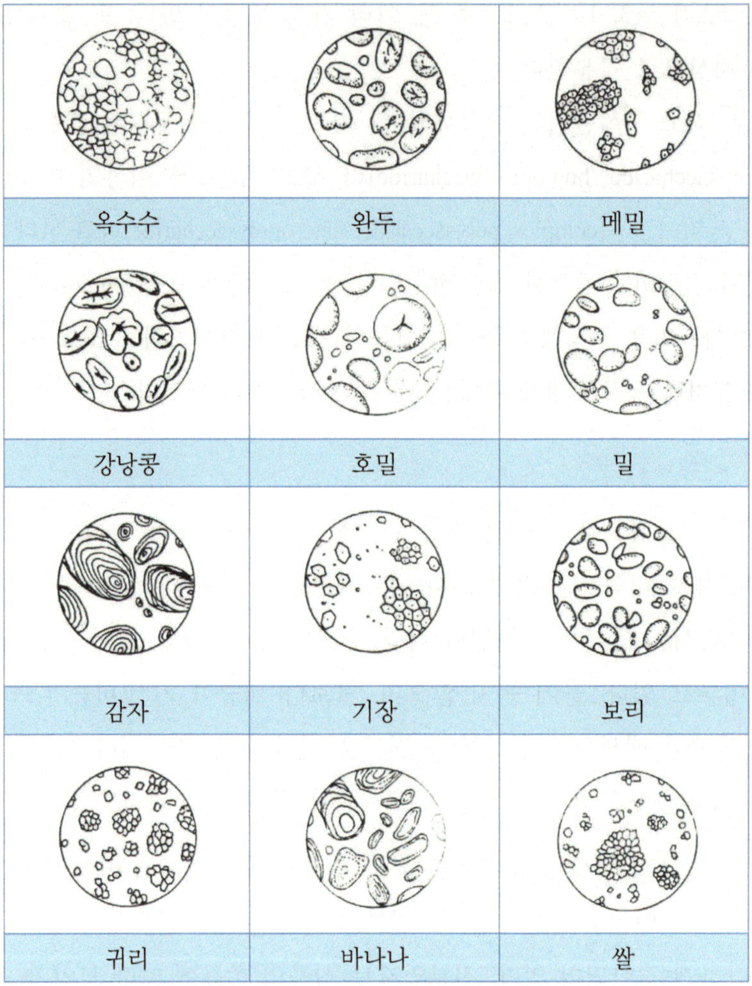

[그림 2-4-3a] 각종 녹말의 녹말입자

② 전분분자의 구조와 성질 전분은 수많은 포도당이 중합된 것으로 나선형결합을 하는 아밀로오스(amylose)와 분지형인 아밀로펙틴(amylopectin)의 두 형태로 구성되어 있는 다당류이다. 일반적으로 전분은 20~30%의 아밀로오스와 70~80%의 아밀로펙틴으로 구성되어 있는데, 찹쌀과 찰옥수수같이 100% 아밀로펙틴만으로 이루어진 것도 있다(<표 2-4-3b> 참조).

〈표 2-4-3b〉 전분의 amylose와 amylopectin의 함량

(단위 : %)

전분의 종류	Amylose	Amylopectin	전분의 종류	Amylose	Amylopectin
옥수수	26	74	타피오카	18	82
찰옥수수	0~6	100~94	보리	27	73
밀	25	75	수수	27	73
감자	23	77	쌀	20	80
고구마	20	80	찹쌀	0	100

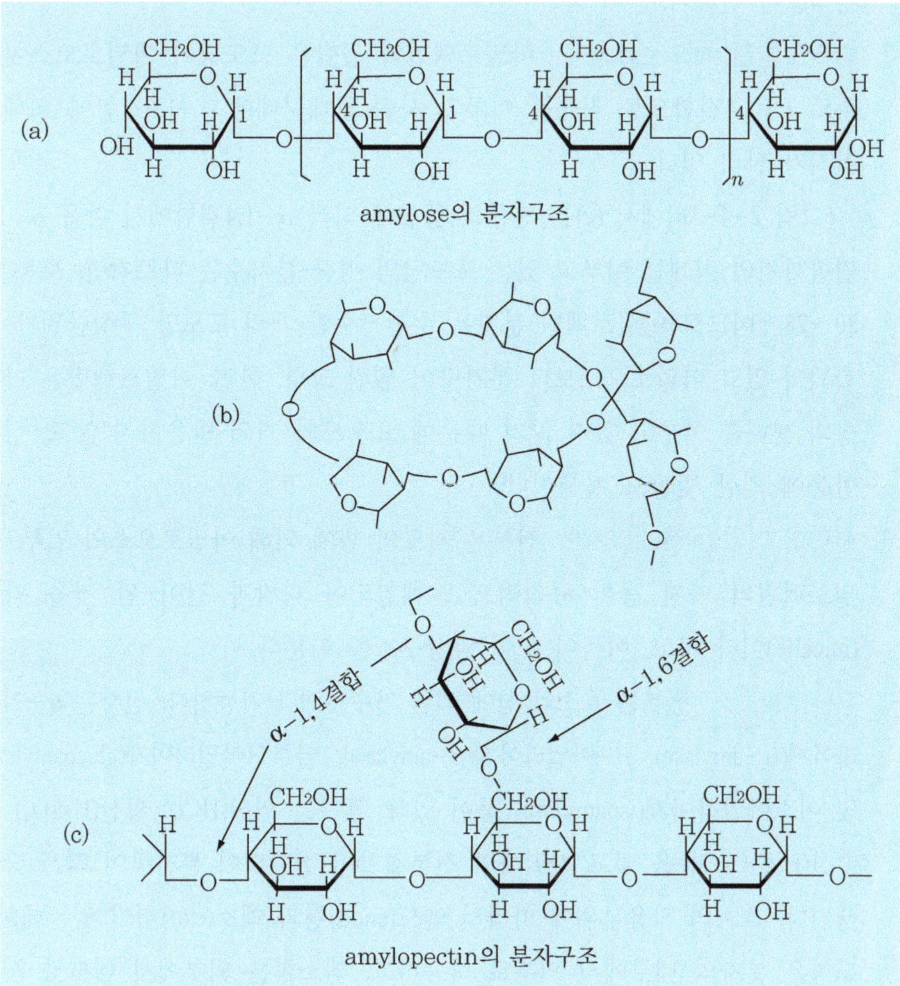

[그림 2-4-3b] amylose 및 amylopectin의 분자구조 형식

가. 아밀로오스(amylose) [그림 2-4-3b]에서 (a)는 포도당이 α-1,4결합을 통해서 쇄상으로 중합된 것인데, (b)는 실제로 포도당 6분자 비율로써 한 번씩 감으면서 나선상의 형태, 즉 α-헬릭스(α-helix) 모양을 하고 있다. 이 나선의 내부공간에 다른 화합물들이 포접되어 포접화합물(抱接化合物, inclusion compounds)이 형성되는 경우가 있다. 예를 들면, 요오드를 반응시키면 나선구조 내에 들어가 특유의 청색 정색반응을 나타내므로 포접이 많이 될수록 정색도가 진하다.

나. 아밀로펙틴(amylopectin) 아밀로펙틴의 결합은 포도당이 아밀로오스처럼 주로 α-1,4결합으로 직쇄를 이루고 사슬 군데군데에 α-1,6결합에 의해서 가지가 달려 있다.

[그림 2-4-3b]에서 (c)는 전분의 종류에 따라 α-1,4결합에서 다음 α-1,6결합까지의 직쇄를 이루고 있는 포도당의 평균 분자수는 다르지만, 보통 약 20~28개이므로 아밀로펙틴 분자는 수천~수만 개의 포도당 구성단위가 중합되어 있고 아밀로오스보다 분자량이 훨씬 크다. 한편, 아밀로펙틴은 나선상의 형태를 이루고 있지 않기 때문에 요오드와 거의 반응하지 않고, 정색반응에 의한 빛깔도 자색이다.

다. 전분의 다발(micelle)구조 전분은 서로의 힘에 의해 아밀로오스의 일부, 아밀로펙틴의 가지 등이 규칙적으로 배열되어 다발과 같이 된 것을 다발(micelle)이라 하고, 이들이 모여 망상구조를 이룬다.

라. 전분분해효소 전분은 효소와 산에 의한 가수분해가 가능하다. 전자는 α-아밀라아제(α-amylase), β-아밀라아제(β-amylase), 글루코아밀라아제(glucoamylase) 및 이소아밀라아제(isoamylase) 등이 있다. 후자는 염산(HCl), 황산(H_2SO_4) 및 수산($H_2C_2O_4$) 등을 넣고 가열하면 전분결합이 절단되어 분자량이 적은 당이 생긴다. 효소의 작용부위에 따라서 엔도(endo)형과 엑소(exo)형이 있는데, 엔도형은 분자의 내부에서 외부로 작용하고, 엑소형은 외부에서 내부로 작용하는 경우를 말한다.

㉮ α－아밀라아제　전분분자의 α－1,4결합을 임의로 가수분해하여 덱스트린(dextrin), 맥아당, 포도당을 생성한다. 이 효소는 엔도(endo)형으로 α－아밀라아제는 가지의 분지인 α－1,6결합부위는 절단하지 못하므로, 이 부위를 넘어 절단하는 특징이 있으므로 이 효소를 액화효소(液化酵素) 또는 호정화(糊精化)효소라고 한다. 또 당류를 생성하는 외에 전분질 원료를 액화시켜 물리적 성질을 변화시켜 가공을 편리하게 하고 풍미를 향상시키므로 제과제빵공업에 많이 이용된다. 최적 pH는 4.5～6.9이며, 타액, 췌장, 맥아 등에 존재하며 세균(*Bacilus subtilis*)과 곰팡이(*Aspergilus oryzae*)에도 있다.

㉯ β－아밀라아제　전분분자의 엑소형으로 비환원성말단에서부터 α－1,4결합을 가수분해하여 맥아당 단위를 생성한다. 이 효소는 가지의 분지인 α－1,6결합부위에서는 작용이 정지되어 내부는 남아 있는데 이를 β－한계 덱스트린(β－limit dextrin)이라고 한다. 또한 이 효소를 당화효소(糖化酵素)라고 하며 감자류, 두류, 엿기름, 타액 등에 있다.

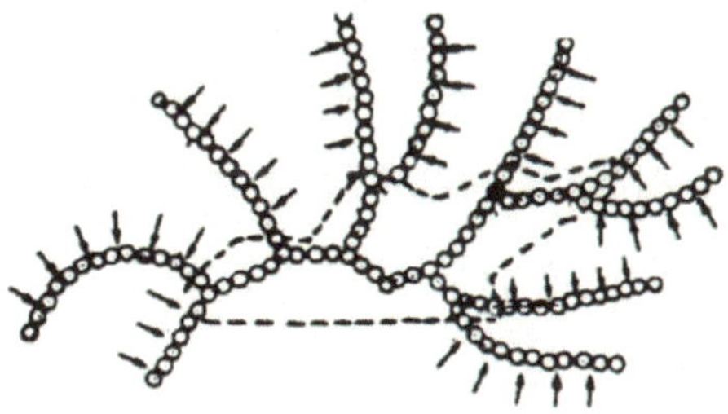

→는 β－amylase의 작용부위, 점선 속이 β－limit dextrin

[그림 2-4-3c] β－한계 덱스트린

㉰ 글루코아밀라아제 전분분자의 비환원성말단부터 포도당 단위로 α-1,4뿐만 아니라 α-1,6결합부위와 α-1,3에도 절단하는 효소이므로 공업적으로 포도당을 제조하는 데 이용된다. 이 효소는 곰팡이(*Aspergillus niger*, *Rhizopus delemar*), 효모 및 세균 등에 분포되어 있다.

㉱ 이소아밀라아제 이 효소는 α-1,6결합부위에만 작용한다. 이 이소아밀라아제는 중합도가 4~5 이상인 α-1,6결합에 작용하며 3당류에는 작용하지 않는다.

(2) 전분의 호화, 노화 및 호정화

식품을 가공, 조리 및 저장하는 동안에 여러 가지 변화를 받게 되는데, 그중에서 중요한 변화가 전분의 호화(糊化, gelatinization), 노화(老化, retrogradation) 및 호정화(dextrinization) 현상이다. 이 변화는 식품학적으로 중요하며 조리에 이용할 경우 이를 잘 활용해야 한다.

① 전분의 호화 전분에 물을 넣고 가열하면 온도 상승에 따라 전분의 분산액은 점도가 매우 큰 유백색의 콜로이드용액을 만들고, 농도가 클 때나 냉각하였을 때는 반고체의 겔(gel)을 형성한다. 이러한 변화를 호화라고 한다. 이때 생전분의 단단한 다발구조는 부서져서 전분입자는 팽윤(澎潤, swelling)상태가 되고, 아밀로오스는 뜨거운 물에 수용성인 솔(sol)이 되며, 아밀로펙틴은 뜨거운 물에 불용성인 겔(gel)로 된다([그림 2-4-3d] 참조). 보통 생전분을 β-전분이라고 하며, 이것은 규칙적인 분자배열을 가진 미세한 결정상태이다. 호화전분을 α-전분이라고 하며, 이것은 불규칙적인 분자배열을 가지는 무정형 상태인 것이다. 따라서 전분의 호화를 α-화라고도 하며, 이것은 β-전분이 α-전분으로 변화되는 현상이다. β-전분은 물분자나 효소와의 친화력이 적기 때문에 소화되기 어려우나, α-전분은 효소작용을 받기 쉬우므로 소화되기 쉽다. 쌀·감자·고구마 등의 전분질 식품에 물을 가하여 가열조리하면 소화되기 쉽게 된다.

[그림 2-4-3d] 생전분입자와 호화전분입자의 형태

가. 호화과정 전분의 호화과정은 다음과 같은 3단계로 설명할 수 있다.

㉮ **제1단계 수화현상(hydration)** 전분입자들은 물속에서 물분자가 쉽게 다발을 형성하는 전분분자(아밀로오스나 아밀로펙틴)들 사이에 스며든다. 전분입자들은 현탁액의 온도가 높아짐에 따라 중량의 약 30%의 물을 흡수하고 가역적이며 건조되면 원상태로 된다.

㉯ **제2단계 팽윤(swelling)** 전분입자들의 현탁액의 온도가 상승됨에 따라 전분입자들은 물을 계속 흡수하고 팽윤하여 분자들 사이 간격은 늘어난다. 팽윤된 전분입자들이 붕괴하기 직전에는 중량의 2.5배의 수분을 흡수하며 비가역적이다.

㉰ **제3단계 교질(colloid)용액 형성** 투명한 콜로이드용액이 형성되고 점도가 급증하며 전분입자들의 방향부동성이 소실된다. 즉 전분입자들은 소실되고 아밀로오스와 아밀로펙틴 분자들로 된 교질용액이 형성된다.

나. 전분의 X선 간섭도 X-선은 규칙적으로 배열된 원자, 또는 분자들에 의해서 일정한 산란현상을 일으키며, 이 결정성 구조는 분말인 경우 동심원으로 된 선들이 찍힌 X-선 회절도를 보여준다.

쌀이나 옥수수 전분과 같은 곡류 전분은 일반적으로 A-도형으로, 감자나 밤 등의 전분은 B-도형으로, 고구마 · 칡 · 완두 · 타피오카 등의 전분은 C-도형으로 나타낸다. 이에 대하여 호화전분은 전분의 다발구조가 붕괴되므로 전분분자 내에 결정성을 가진 규칙적인 분자배열이 없기 때문에 X-선 간섭도인 V-도형을 나타낸다.

일반적으로 X-선 간섭도가 A, B, C도형으로 표시된 전분은 다 같이 β-전분이라 할 수 있고, V-도형의 X-선 간섭도를 나타내는 전분을 α-전분이라고 말할 수 있다.

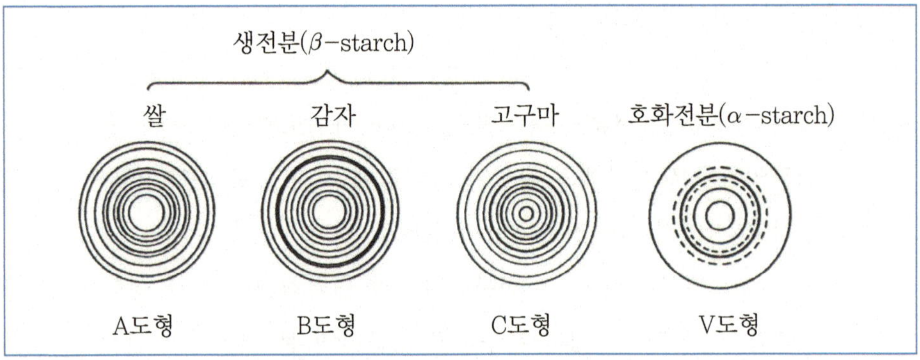

[그림 2-4-3e] 전분의 X-선 간섭도

이상에서 설명한 바와 같이 전분의 호화는 전분입자 내부의 다발구조의 붕괴와 아밀로오스나 아밀로펙틴 분자들 사이의 수소결합의 파괴에 있으므로 전분입자의 다발구조의 성질, 그리고 전분분자들 사이의 수소결합에 영향을 주는 요인들은 모두 전분의 호화에 영향을 준다고 말할 수 있다.

다. **전분의 호화에 영향을 미치는 인자** 전분의 호화에 영향을 미치는 인자로는 전분의 종류, 전분의 수분함량, 전분현탁액의 pH, 전분현탁액에 존재하는 염류의 종류 및 그 농도 등이다.

㉮ 전분의 종류 곡류보다 서류가 쉽게 호화된다. 예를 들면, 감자전분을 찬 물에 갠 후 끓는 물을 가하여 섞기만 하여도 쉽게 호화가 일어나나, 옥수수 전분은 물을 가하고 가열하여야만 호화가 일어난다. 이 차이는 전분입자의 구조 때문이다.

㉯ 수분과 온도 보통 온도가 높고 수분이 많으면 호화가 빨리 진행된다. 예를 들면, 쌀은 70℃에서 호화되는데 3~4시간이 필요하나, 100℃에서는 20분이면 된다. 또 밥을 지을 때 물이 충분하면 부드러운 밥이 되지만, 빵을 구울 때 고온(230℃)이 필요한 것은 밀가루의 반죽에 수분함량이 적기 때문이다.

㉰ pH 알칼리성인 경우에는 전분의 팽윤과 호화가 촉진된다. 어떤 전분현탁액에 적당량의 수산화나트륨(NaOH)을 가하면 가열하지 않아도 호화가 쉽게 일어날 수 있다.

㉱ 염류 염류는 수소결합에 영향을 주며 대부분의 염류는 전분의 호화를 촉진한다. 이러한 작용을 가진 물질들은 팽윤제(swelling agents)로 알려져 있다. 보통 음이온이 팽윤제로서의 작용이 강하며, 크기는 $OH^- > CNS^- > I^- > Br^- > Cl^-$이다. 그러나 황산염은 호화를 억제시켜 준다고 한다.

② 전분의 노화 호화된 α-전분을 저온에서 장시간 방치하면 전분분자들이 모여서 다발을 형성하고 결정성 β-전분으로 되는 현상이다. 이 현상을 노화(retrogradation) 또는 β-화라고 한다. 떡이나 빵, 밥을 냉장고에 두면 굳어지는 것은 전분의 노화현상 때문이다. 노화는 전분의 호화, 즉 α-화의 반대현상이라고 볼 수 있으나, X-선 회절도는 V도형에서 다시 β-전분의 회절도를 갖는다.

가. 노화과정 α-전분은 고온에서는 안정하나 실온에서는 불안정하여 자발적으로 안정한 β-전분으로 변화하는 경향이 있다. α-전분의 분자는 많은 물과 수화되어 따로 떨어져 있으나, 실온이 되면 가까이에 있는 다른 분자와

어떤 일정한 거리에서 수소결합을 이루게 된다. 이들이 모여서 회합점이 있으면 그물모양의 구조를 갖게 되고, 회합부분이 증가하면 용해도가 감소되고 대부분의 수화수는 손실되고 침전된다. [그림 2-4-3f]의 A점의 적은 분자의 회합점은 서서히 회합부분이 확대되어 B와 C로 성장하게 된다. 커진 회합은 다발상태의 분자배열로 되돌아가 β-전분이 된다.

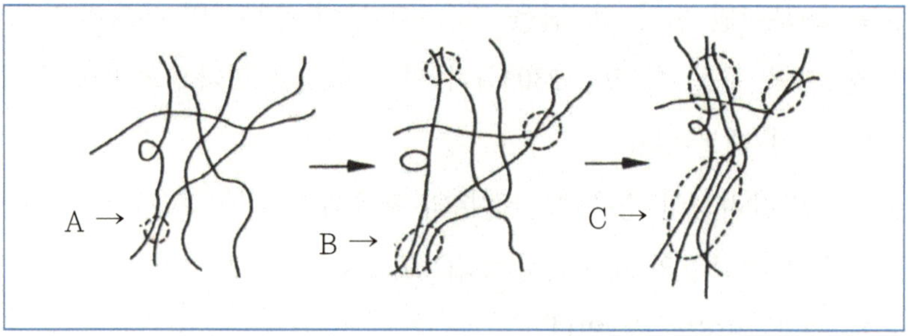

[그림 2-4-3f] 노화의 모형도

나. 노화에 영향을 미치는 인자

㉮ 전분의 종류 전분의 종류에 따라 노화도의 차이는 전분분자 구조상의 차이에 기인한다. 곡류인 옥수수나 밀의 전분은 노화되기 쉽고, 서류인 감자 · 고구마 · 타피오카 전분은 노화되기 어려우며, 찰옥수수 전분은 노화되기가 가장 어렵다.

㉯ 아밀로오스와 아밀로펙틴의 함량 아밀로오스는 직선상의 분자구조를 가지고 있어 입체장해를 받지 않고, 콜로이드용액을 만들기 쉽고, 쉽게 침전되어 결정구조를 가지기 쉬우므로 노화되기 쉽다. 그러나 아밀로펙틴은 가지가 많이 있어 입체장해를 받기 쉽고, 콜로이드용액 형성이 곤란하므로 노화되기 힘들다. 찹쌀밥이 멥쌀밥보다 노화가 더딘 것은 찹쌀전분이 아밀로펙틴만으로 구성되어 있기 때문이다.

㉰ 온도 노화가 가장 잘 일어나는 온도는 2~5℃로 냉장고의 온도에서 잘 일어난다. 따라서 밥이나 빵을 냉장고에 저장하면 노화가 빨리 일어난다.

㉱ 수분함량 수분함량이 30~60%일 경우 노화가 잘 일어나며, 수분함량이 70% 이상이거나 15% 이하이면 전분들의 침전이 억제되므로 노화가 잘 일어나지 않는 것으로 알려져 있다.

㉲ pH 노화는 주로 수소이온농도에 의하여 영향을 받는다. 다량의 OH 이온은 전분의 수화를 촉진시키므로 노화를 방지시켜 준다. 일반적으로 pH 7.0 이상인 알칼리성 용액에서는 노화가 잘 일어나지 않는 것으로 알려져 있다.

㉳ 염류 또는 각종 이온(ion)의 영향 대부분의 염류, 예로서 염화칼슘($CaCl_2$) 등과 같은 염화물, 그리고 Ca^{++}, K^{+}, Na^{+} 등의 이온들은 호화를 촉진하는 반면에 노화를 방지한다. 다만, 황산마그네슘($MgSO_4$)과 같은 황산염들은 노화를 촉진한다.

③ 노화 억제방법 가공식품들의 전분은 호화된 상태, 즉 α-전분으로 되어 있으나, 이들 α-전분은 시간의 경과로 노화되어 β-전분으로 변하므로, β-화의 억제를 위해서 여러 가지 방법이 사용되고 있으나, 그중에서 중요한 몇 가지 방법을 보면 대체로 다음과 같다.

가. **수분함량의 조절** 전분의 노화는 수분함량 30~60%에서 잘 일어나므로, 특히 α-화된 전분에서 수분을 15% 이하로 탈수하면 노화는 억제되며, 실제로 라면·비스킷·건빵 등은 전분이 α-화 형태이나 장기간 두어도 노화가 잘 일어나지 않는 것은 수분함량이 대체로 10% 이하이기 때문이다.

나. **냉동** 호화전분은 -20~-30℃ 이하에서 노화가 거의 일어나지 않는다. 이 방법을 이용한 식품으로는 냉동건조미 등이 있다.

다. **설탕의 첨가** 설탕은 수용액에서는 수화되기 때문에 탈수제로써 작용하며, 설탕은 그 농도가 클 때는 전분현탁액에서 전분의 침전을 억제하는 효과를 갖는다. 즉 전분식품 속 설탕의 농도가 클수록 그 탈수작용에 의해서 전분의 유효수분함량은 감소되며, α-전분의 경우 노화는 잘 일어나지 않는다.

라. **유화제의 사용** 전분 교질용액의 안정도를 증가시켜 주므로 전분분자의 침전이나 부분적인 결정의 형성을 억제하여 노화를 방지하는 데 효과가 있다. 이러한 유화제로는 유지류가 이용되며 빵과 과자류의 노화를 방지하는 데 큰 효과가 있다.

(3) 당류의 캐러멜화

당류를 고온 가열하면 탈수·축합되어 여러 가지의 푸르푸랄(furfural)이 생성되며, 이 현상을 캐러멜화(caramelization), 이때 생긴 생성물을 캐러멜(caramel)이라고 한다. 특히, 과당은 캐러멜화되기 쉽기 때문에 과당이 함유되어 있는 설탕은 캐러멜을 만드는 데 사용된다. 캐러멜은 간장, 약식 등의 식품에 무해 인공색소로써 널리 사용되는데, 설탕을 160℃로 가열한 후 다시 200℃로 상승시켜 캐러멜화시킨다. 빵, 비스킷은 캐러멜로써 누른색을 잘 내기 위해서는 오븐에 넣기 전에 설탕을 그 표면에 바르기도 한다.

(4) 효소 및 미생물에 의한 탄수화물의 변화

과일류의 숙성 또는 전분류를 저온저장할 때 감미가 증가되는 것은 전분의 일부가 가수분해되기 때문이다. 과일이 숙성됨에 따라 포도당이 과당으로 변화되기도 하며 유기산의 함량이 감소되어 신맛이 줄어든다. 이 밖에 탄수화물의 식품은 조리·가공·저장·발효에 있어서 이들 식품 중의 효소나 미생물이 가지는 효소의 작용을 받아 가수분해 또는 변질된다. 각종 탄수화물식품의 발효와 대사에 관계되는 미생물에 의한 변질현상은 매우 다양하다.

〈표 2-4-3c〉 각종 탄수화물식품의 변질에 관여하는 미생물

식품의 종류	변 질 현 상	미 생 물
과 실 주 스	신맛, 이산화탄소	*Lactobacillus* spp.
농축과일주스	식초화(acetification), 점액 및 점도의 증가	*Acetobacter* spp. *Leuconostoc* spp.
과일 통조림	신맛, 이산화탄소	*Lactobacillus* spp.
과일 병조림	알코올, butyric acid	*Osmophilic yeasts, Clostridia* spp.
초 콜 릿	알코올냄새, 이산화탄소	*Osmophilic yeasts, Escherichia coli*
술 류	식초화	*Acetobacter* spp. *Acetomonaus* spp.
	점액과 이취	*Leuconostoc* spp. *Lactobacillus* spp.
맥 주	이 취	*Saccharomyces* app.
	가스 및 점액	*S. lactis, S. fragilis*
과 실 류	신맛, 무패, 쓴맛	*Streptococcus faecalis, Byssochlamys fulva, Penicillium italicum, P. citrinum, P. digitatum*
오 이	신 맛	*Bacillus polymyxa*
	부 패	*Erwinia carotovora*
당근 및 채소	이 취	*Sclerotinia sclerotiorum*
우 유	신 맛	*Lactobacillus* spp.
	산성화와 가스	*Streptococcus* spp.
곡 류	변 색	*Rhizopus nigricans*
	곰팡이 냄새	*Penicillium glacum, Serratia marcescens*
빵	신 맛	*Bacillus mesentericus*
	점 착 성	*Rhizopus oryzae*
식 초	산도의 소실	*Acetobacter*
	점 액	*Monilia acetobutans*
소금절인 양배추	점 액	*Lactobacillus plantarum*

(5) 호정(dextrin)

전분을 산이나 효소 등으로 가수분해하면 그 정도에 따라 여러 중합도를 가진 가수분해 생성물들이 형성된다. 이 중에서 포도당과 맥아당을 제외한 모든 가수분해 생성물들을 호정이라고 한다. 그 분해되는 순서는 다음과 같다.

① 수용성 전분(soluble starch) 전분이 온화한 가수분해 조건에 의해서 약간 가수분해된 것이다. 수용성 전분은 찬물에는 분산되지 않으나 뜨거운 물에는 잘 분산되어 투명한 교질용액을 만든다. 요오드 정색반응은 청색을 나타낸다.

② 아밀로덱스트린(amylodextrin) 가수분해 정도가 수용성 녹말과 에리스로덱스트린의 중간 정도 이루어진 것으로 요오드 정색반응은 청색이다. 가장 복잡한 전분구조이다.

③ 에리스로덱스트린(erythrodextrin) 찬물에도 분산된다. 보통 1~3%의 맥아당을 갖고 있기 때문에 환원성이 있으며, 요오드 정색반응은 적갈색이다.

④ 아크로덱스트린(achrodextrin) 환원성이 있고 요오드 정색반응은 없다.

⑤ 말토덱스트린(maltodextrin) 맥아당과 포도당으로 가수분해되기 직전이며 요오드반응은 없다.

(6) 이눌린(inulin)

이는 달리아뿌리 · 돼지감자 · 백합뿌리 · 우엉 · 국화과의 구근 등에 함유된 저장 탄수화물로 과당으로 구성된 단순다당류이다. 이눌린은 약 20~30개 내외의 과당이 β-1,2결합으로 연결되어 있다. 요오드 정색반응을 나타내지 않는다.

(7) 글루코만난(glucomannan)

췌장효소인 판크레아틴(pancreatin)으로 가수분해하면 만난 : 포도당 = 2 : 1인 복합다당류이다. 글루코만난은 곤약(konjak), 고구마 등의 근경식물의 주성분으로 점성이 있고 소장에서는 분해효소가 없다. 식용곤약은 고구마의 점질물에 알칼리를 넣고 겔상으로 굳힌 것이다.

3) 세포벽 구성 다당류

(1) 셀룰로오스(cellulose)

식물 세포벽의 구성성분인 셀룰로오스는 인체 내에서 이를 분해하는 소화효소가 없기 때문에 영양적 가치보다는 칼로리가 낮고 염색성이 양호하기에 식품첨가물용 착색제로 이용한다. 또한 보향성이 우수하므로 휘발성이 강한 식품성분의 흡착에 이용한다. 장(腸)에서 팽만감을 느끼고 유동작용을 도와주므로 정장효과가 있다.

① 셀룰로오스 유도체

가. CMC(carboxy methyl cellulose)의 Na염 셀룰로오스 검으로 알려져 있는 CMC의 Na염은 셀룰로오스에 알칼리(NaOH)를 작용시켜 만든 것인데, 찬물이나 더운물에 쉽게 분산되기 때문에 식품공업에서 이용도가 높다. 대두단백질이나 우유 카제인(casein)과 작용하여 교질용액을 보호하며, 젤라틴(gelatin)용액의 점도를 증가시켜 준다. 또한 저장 중 얼음의 결정화를 방지하기 위하여 아이스크림의 제조에도 이용되며, 저장식품의 피막, 치즈제조 등 그 용도가 다양하다.

나. 메틸 셀룰로오스(methyl cellulose) 친수성 교질을 형성하기 때문에 유동식품의 안정제·조밀제로 이용된다. 또한 글루텐(gluten)작용을 보강하기 위해 빵·과자류에 첨가되기도 한다.

다. HPC(hydroxypropyl methyl cellulose) 찬물에 잘 녹고 열가소성이 있는 HPC는 미생물이나 효소의 영향을 별로 받지 않고, 계면활성제로서의 작용을 하며 그 용액의 안정이나 점도가 pH에 따라 거의 일정하다. 따라서 교질안정제·현탁촉진제·점착제 등으로 널리 사용되고 있다.

라. 칼슘 카르복시 메틸 셀룰로오스(calcium carboxy methyl cellulose) 건조분말 안정제나 용해촉진제로 사용된다.

(2) 헤미셀룰로오스(hemicellulose)

식물세포의 세포막에 존재하는 헤미셀룰로오스는 화학구조나 성분이 뚜렷이 규명되어 있지 않은 다당류의 혼합물이다. 헤미셀룰로오스는 알칼리에 잘 녹으며, 비섬유상이고 무정형으로 존재한다. 셀룰로오스는 가수분해하면 주로 포도당을 생성하지만, 인화점이 높고 자일로스와 글루콘산, 4-메틸-글루콘산 등이 주성분으로 알려져 있다.

(3) 펙틴(pectin)질(質)

펙틴물질(pectic substances)들은 식물의 세포막 또는 세포막 사이를 결착시켜 주며 껍질에 함량이 많다. 식품적 가치는 조직의 아삭아삭한 성질과 견고성 및 과일의 젤리(jelly)화가 가능하여 각종 잼·주스 등의 제조에 유익하다. 펙틴질은 4종류(protopectin, pectinic acid, pectin, pectic acid)들이 혼합되어 있는데, 순수한 상태로 분리하기는 힘들다. 식품에 함유된 펙틴의 함량은 <표 2-4-3d>와 같다.

〈표 2-4-3d〉 식물 속의 펙틴 함량

(단위 : %)

식품	펙틴량
감자	2.5
토마토	3
사과	5~7
당근	10
사탕무펄프	15~20
밀감(껍질)	30~35

① 펙틴질의 종류

가. 프로토펙틴(protopectin) 식물조직의 유연조직에 많이 존재하고 펙틴의 모체가 되는 물질로서, 물에 잘 녹지 않으며 가수분해하여 일부는 펙틴이나 펙틴산(pectinic acid)을 생성한다.

나. 펙틱산(pectic acid) 이 물질은 유기산기의 상당수가 메틸 에스테르(methyl ester)의 형태로 된 교질성 다중 갈락투론산(polygalacturonic acid)이다.

다. 펙틴(pectin) 적당량의 당이나 산이 존재하면 겔을 형성할 수 있고 펙틴산 또는 그 중성염이나 산성염, 그 혼합물에 대한 일반명이다.

라. 펙틴산(pectinic acid) 펙틴에 펙타아제(pectase) 또는 알칼리에 의해 가수분해되어 형성된 것인데, 펙틴산은 산성염·중성염 또는 그 혼합물로 존재할 수 있다.

② 펙틴질의 구조

펙틴은 식물 세포막이나 세포질 간에 섬유소와 함께 존재하는 복합 다당류로서 영양성분은 아니지만 과실이나 채소의 물성에 영향을 미치며, 당이나 산과 함께 가열하면 젤리(jelly)나 잼(jam)을 형성하는 특성이 있다.

펙틴과 관련된 물질을 펙틴질이라 하며, 펙틴의 모체가 되는 프로토펙틴(protopectin)은 펙티나아제(pectinase)에 의해 펙틴(pectin)과 펙틴산(pectinic acid)이 되며, 더욱 가수분해되면 펙틱산(pectic acid)과 아라비노스(arabinose), 갈락토스(galactose), 람노스(rhamnose), 자일로스(xylose) 등의 당류와 초산(醋酸) 등이 생성된다.

펙틴의 구조는, ⓐ 유기산기가 메틸에스테르(methyl ester)화되었거나 ⓑ 염(鹽)을 형성하고 있거나 ⓒ 유리상태로 있는 갈락투론산(galacturonic acid)의 중합체, 즉 이들 화합물이 서로 결합되어 폴리갈락투론산(polygalacturonic acid) 분자의 주체로 구성되어 있다.

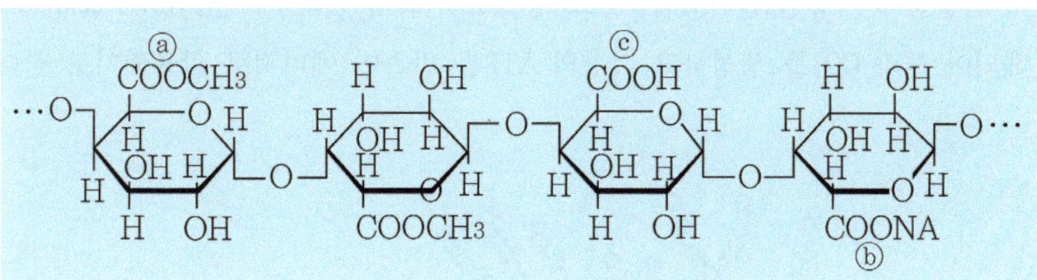

펙틴의 분자구조

③ 펙틴질의 성질

가. 펙틴은 물에서 교질용액을 형성하며 점도가 매우 크다. 또한 적당한 조건하에서 당류나 Ca^{++}과 같은 다가이온들과 겔을 형성한다.

나. 펙틴의 겔 형성 능력은 분자량의 크기, 메톡실기(methoxyl group)의 함량, 그 구조나 구성성분 등에 따라 큰 영향을 받는다. 분자량이 클수록 겔 형성속도는 느리지만 단단한 겔을 형성한다.

④ **펙틴의 겔 형성** 겔 형성에는 펙틴 외에 설탕, 산, 물 등이 존재해야 한다. 즉 젤리화의 3가지 요소는 펙틴, 당 및 산이다. 시중에 있는 펙틴은 메톡실 함량이 8% 정도인 것이 겔 형성에 최상이라고 한다. 겔 형성의 적당한 조건은 pH 3.2~3.5, 당함량 65~70%, 펙틴 0.2~1.5%이다. 신속 겔 형성 펙틴의 최적 pH는 3.0~3.4이며 메톡실기의 함량에 따라 겔 형성과정은 현저하게 다르다.

4) 동물성 다당류

(1) 글리코겐(glycogen)

포도당으로 구성된 단순다당류로 동물의 저장물질이며 주로 간장과 근육 중에 약 0.6~1.0% 들어 있다. 동물성 전분이라고도 하며 효모, 곰팡이, 조개류 중에도 함유되어 있다. 구조는 아밀로펙틴과 유사하나 아밀로펙틴보다 사슬의 길이가 짧고 가지가 많으며 분자 형태는 구형이다. 요오드반응에서 적갈색으로 정색하며 녹말과 화학적으로 매우 유사하다. 그러나 호화나 노화현상은 거의 일으키지 않는다. 간이나 근육에 저장된 글리코겐은 포도당으로 변화되어 피루브산(pyruvic acid)으로 분해되어 물과 CO_2를 생성하고 다량의 ATP를 만들어 에너지로 활용되기도 한다.

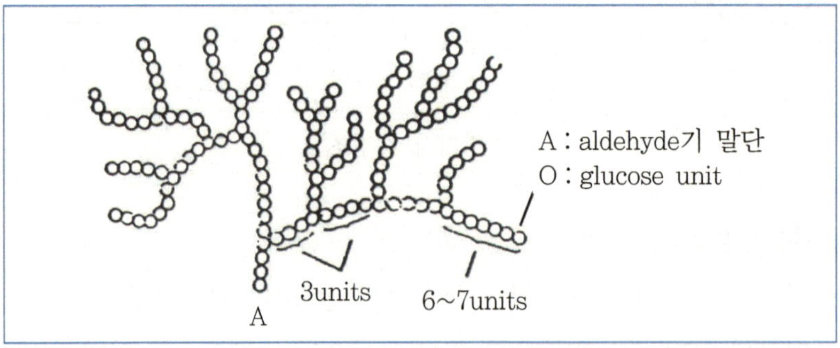

[그림 2-4-3g] glycogen의 구조

(2) 키틴(chitin)

갑각류의 구조형성 다당류이며, 새우·게 등의 표피에 존재하여 단단한 껍질을 형성한다. 이 구조는 셀룰로오스와 비슷하고 2-N-아세틸 글루코사민(2-N-acetyl glucosamine)이 연결된 단순다당류로써 강산으로 가수분해하면 N-글루코사민(N-glucosamine)과 초산(acetic acid)이 형성된다.

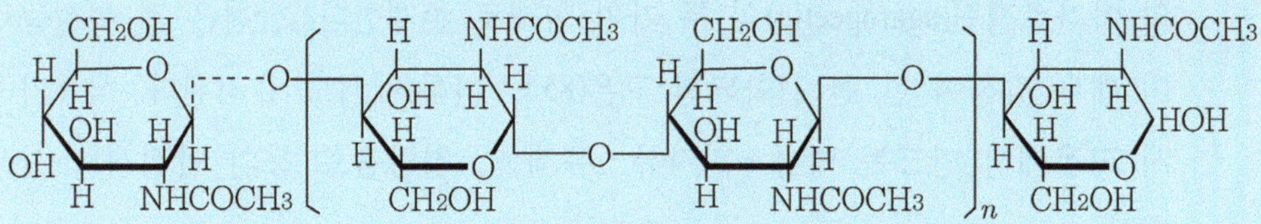

chitin의 구조

(3) 뮤코(muco) 다당류

식물이나 동물 등에 단백질-탄수화물의 복합체가 함유되어 있다. 생체의 점성물질, 연조직, 결체조직 등의 성분으로 주로 당의 유도체인 아미노당, 우론산 및 이들 염의 물질이 구성단위가 되며 이 다당류를 뮤코 다당류라고 한다.

① **콘드로이틴(condroitin) 황산염** 콘드로이틴은 N-아세틸-D-갈락토사민(N-acetyl-D-galactosamine)과 D-글루쿠론산(D-glucuronic acid)이 연결된 구조를 갖고 있다. 또한 동물 결체조직의 주성분이며 연골에 20~40% 들어 있다.

② **히아루론산(hyaluronic acid)** 여러 동물조직에서 건조량으로 5% 정도 차지하고 있는 직선상의 다당류 물질이며 세균이나 독성성분의 침입을 막고 있는 것으로 생각된다.

③ **헤파린(heparin)** 고등동물에 널리 분포하며 혈액응고작용이 있다.

5) 자연계 고무질

저농도에서 고점성을 나타내는 고무질들의 식품산업에 다양하게 응용되고 있다.

① 메뚜기콩 고무(locust bean gum) 지중해 지역 나라와 미국 캘리포니아 지역에서 재배되고 있다. 이는 친수성이 매우 강하며, 샐러드 드레싱 · 아이스크림 · 치즈 · 과자류 등에 사용된다.

② 한천(agar-agar) 홍조류에서 추출되는 다당류이다. 구조는 아가로스(agarose)와 아가로펙틴(agaropectin)의 두 가지 형태로 존재한다. 한천은 겔 형성능력이 매우 강하여 한 번 겔화되면 고온(85℃ 이하)에서도 유지된다. 식품가공 시 고온에서 만드는 빵류 · 과자류 · 유제품 · 청량음료 등의 안정제로 사용된다.

③ 알긴산(alginic acid) 알긴(algin)이라고도 하며 알긴산의 Na · Ca · Mg염의 혼합물이다. 이는 해조류 중에서 갈조류인 미역 · 다시마의 세포막성분이며, 구조는 주로 D-만누론산(D-mannuronic acid)이 β-1,4결합한 직선상의 분자이다. 식품산업에는 겔 형성제보다는 아이스크림 · 치즈 · 오렌지주스 등의 안정제 · 농화제 · 유화제로 사용되고 있다.

④ 카라기난(carrageenan) 해조류 중에서 홍조류에 속하며 세포벽 추출물이다. 카라기난은 κ(kappa), λ(lambda), ι(iota)의 세 부분으로 분리되는데, κ와 λ는 겔을 형성할 수 있지만 ι는 겔을 형성할 수 없다. 보통 K염이 Na염보다 단단한 겔을 형성한다. 특징적인 사실은 한천에 비해 겔은 탄력성이 있고, 보수성이 강하며 동결과 해동에 의한 수분분리가 적고, 우유 같은 단백질과의 반응성이 크기 때문에 우유 젤리화에 사용한다.

⑤ 아라비아 검(arabic gum) 아라비아고무는 덥고 건조한 열대와 아열대지방의 아카시아껍질에서 얻는다. 무독 · 무색 · 무미 · 무취이며, 물에 대한 용해도가 매우 높다. 설탕의 결정화를 방지하고 아이스크림, 셔벗 등의 안정제, 빵, 과자류에 기초제 · 유화제 · 농화제 등으로 사용된다.

단 원 정 리

① 탄수화물은 1개의 카르보닐기(-CHO 또는 =C=O)와 2개 이상의 수산기(-OH)를 갖는 화합물 또는 축합물로 알데히드기(-CHO)를 가진 당을 알도스, 케톤기(=C=O)를 가진 당을 케토스라 한다.

② 탄수화물은 단당류, 소당류, 다당류로 분류한다. 단당류는 탄소수에 따라 리보스, 자일로스, 아라비노스 등의 5탄당, 포도당, 과당, 만노스, 갈락토스 등의 6탄당 등으로 분류하며 단당류와 유사한 화합물과 비당류와 결합한 단당류 유도물질인 디옥시슈가, 당알코올, 당산화물, 아미노당, 티오당 등이 있다. 소당류는 단당류 2개가 결합한 설탕, 맥아당, 유당 등의 이당류, 단당류 3개가 결합한 라피노스 등의 삼당류, 단당류 4개가 결합한 스타키오스 등의 4당류 등이 있다. 다당류는 수백~수만 개의 단당류 또는 그 유도체들이 중합된 고분자 탄수화물로 단당류가 한 가지 종류로만 구성된 단순다당류, 두 종류 이상의 단당류로 이루어진 복합다당류가 있다.

③ 식물성 다당류인 전분은 아밀로오스와 아밀로펙틴으로 구성되어 있으며 아밀라아제에 의해 분해된다. 전분식품은 가공·조리·저장하는 과정 중에 여러 가지 변화가 생기는데, 물을 넣고 가열하면 온도상승에 따라 전분입자가 팽창하여 점성이 강한 액체인 풀이 되는 현상을 호화(α-전분)라 하고, 호화된 전분을 저온에 장시간 방치하면 전분분자들이 모여서 다시 다발을 형성하고 결정성 β-전분으로 되는 현상을 노화라 하며, 산이나 효소 등으로 가수분해시키거나 수분이 없는 상태에서 160~170℃로 가열하여 부분적으로 가수분해시키는 과정을 호정화라 한다. 그 외에도 식물성 다당류에는 헤미셀룰로오스, 펙틴, 한천, 알긴산, 검 등이 있으며 동물성 다당류에는 글리코겐, 키틴, 뮤코 다당류 등이 있다.

제 3 장 지질

3-1 지질이란

지질을 구성하는 필수 원소는 탄소(C), 수소(H), 산소(O)이며, 그 외 질소(N), 인(P), 황(S) 등을 함유할 수 있는 유기화합물이다. 일반적으로 지질의 정의는 ① 물에 녹지 않고 유기용매인 사염화탄소(CCl_4), 에테르(ether), 아세톤(acetone), 뜨거운 알코올(alcohol), 벤젠(benzene), 클로로포름(chloroform) 등에 녹는 것, ② 지방산의 에스테르(ester) 또는 지방산의 에스테르가 될 수 있는 것, ③ 생체조직이 이용할 수 있는 것으로 정의한다.

지질은 동식물성 식품에 광범위하게 분포되어 있고, 높은 연소열을 가져 9kcal/g의 에너지원이다. 또한 필수지방산의 공급원이며, 지용성 비타민(A, D, E, K 등)을 함유한다. 즉 지질은 체내의 에너지 공급원이며, 지용성 비타민의 흡수를 돕기도 하고, 비타민 B_1의 절약작용을 한다.

유지는 ① 상온에서 액체상태로 있는 것을 기름(油, oil), ② 상온에서 고체상태로 있는 것을 지방(脂肪, fat)이라 부르며 이것을 총칭하여 유지(油脂, oil & fat)라고 한다. 이는 융점의 차이에서 오는 외관상의 구별로 여러 가지 조건에 따라 다르다. 일반적으로 식물성 유지는 상온에서 액체가 많고 동물성 유지는 대개 고체이므로 식물성유, 동물성유로 나눈다. 섭취하는 지방은 양과 질이 중요하다. 동물성 지방은 몸에 해로운 것으로 알려진 포화지방산(saturated fatty acid)이 많이 들어 있고, 식물성 지방에는 몸에 좋은 것으로 알려진 불포화지방산(unsaturated fatty acid)이 많이 들어 있다. 지방산이란 에너지로 즉시 이용할 수 있는 것으로 지방산의 종류에 따라 지방의 질이 다르다.

3-2 지질의 분류

지질은 종류도 다양하지만 보통 단순지질(單純脂質), 복합(複合)지질, 유도(誘導)지질로 분류된다. 특히 유도지질은 단순지질이나 복합지질의 가수분해 산물이며 지방산, 글리세롤(glycerol) 및 기타 알코올류와 유기염류가 이에 속한다.

또한 지질은 알칼리(KOH 또는 NaOH)에 의해 가수분해되는 것과 알칼리에 의해 가수분해되지 않는 지질, 즉 검화될 수 없는 지질로 분류된다. 검화될 수 있는 지질은 유지, 왁스류, 인지질 등이며 검화될 수 없는 지질은 스테롤류, 카로틴류 및 기타 지용성 비타민 등이다.

① 단순지질(simple lipids)

가. 유지(oil & fat) : 상온에서 액체이면 기름(油, oil), 고체이면 지방(脂, pat)이라고 한다.

나. 왁스(wax) : 밀랍 · 양모유 · 경랍유 등

② 복합지질(compound lipids)

가. 인지질(phospholipids, phosphatides) : 레시틴(lecithin), 세파린(cephalin), 스핑고미에린(sphingomyelin) 등

나. 당지질(glycolipids) : 세레브로사이드(cerebroside) 등

다. 지단백질(lipoproteins)

③ 유도지질(derived lipids)

가. 지방산(fatty acids)

나. 알코올(alcohols)

다. 탄화수소(hydrocarbons) : 지방족 포화탄화수소, 카로테노이드(carotenoids), 스쿠알렌(squalene) 등

④ 천연에 존재하는 지질관련 물질

생리학적으로 대단히 중요한 것들이 많다. 토코페롤(tocopherol), 비타민 K, 스테로이드(steroids) 등

3-3 단순지질

유지는 다가(多價) 알코올인 글리세롤(glycerol) 1분자에 각종 지방산 3분자가 에스테르(ester)결합하여 3분자의 물이 빠지며, 글리세롤 3개의 −OH에 지방산 3분자가 모두 에스테르결합을 이루고 있는 것을 중성지질(triglyceride)이라고 하며, 지방산 2분자가 −OH와 결합되면 디글리세리드(diglyceride), 지방산 1분자가 −OH와 결합되면 모노글리세리드(monoglyceride)라고 한다. 또한 R_1, R_2, R_3가 동일 지방산일 때 글리세리드(glyceride)를 단일 글리세리드라 하고, 3개 중 2개 또는 3개가 서로 다른 지방산일 때는 혼합 글리세리드라 한다.

3-3-1 유지의 구조

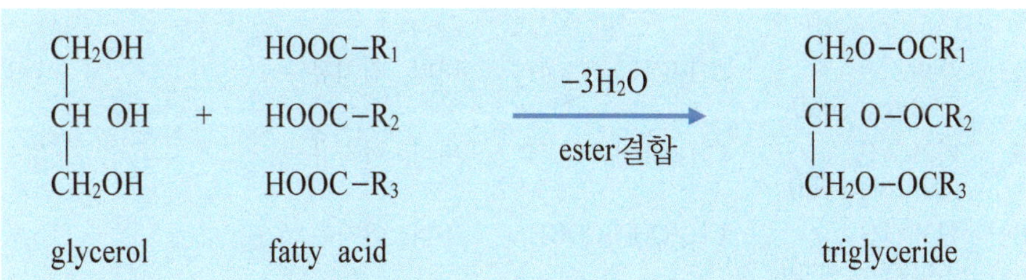

3-3-2 지방산

지방산의 일반식은 R·COOH로 표시하며, 끝에 카르복실(carboxyl)기(-COOH)를 가지며 천연에 존재하는 지방산은 대부분이 4~30개의 짝수개 탄소원자가 직쇄상으로 결합되어 있으며 자연계에 가장 많이 존재하는 것은 탄소 16개를 가진 지방산이다. 일반적으로 C_{10} 이하의 것을 저급지방산, C_{14} 이상의 것을 고급지방산이라 하며 중간을 중급지방산이라고 한다. 탄소와 탄소 사이에 단일결합(C-C)만을 형성하면 포화지방산(saturated fatty acid), 이중결합(C=C)을 가지면 불포화지방산(unsaturated fatty acid)이라고 한다.

1) 포화지방산

지방산의 분자 중에 이중결합을 갖지 않는다. 성질은 탄소수가 증가함에 따라 물에 녹기 어렵고, 융점이 상승한다. 천연유지 중에 함량이 많은 것으로는 C_{16}인 팔미트산(palmitic acid), C_{18}인 스테아르산(stearic acid) 등이 있다. 포화지방산을 많이 섭취할 경우 콜레스테롤이 증가하고 동맥경화성 변화가 생긴다. 대부분의 육류 유지와 버터에 포화지방산이 다량 존재한다. 그러나 포화지방산이라고 반드시 나쁜 것만은 아니다. C_4인 버터에 다량 함유되어 있는 부티르산(butyric acid)은 장점막세포의 건강에 아주 좋다. 한편 식물성 기름인 팜유·코코넛유·식물성 마가린 등에는 포화지방산이 많다. 포화지방산은 <표 3-3-2a>와 같다.

〈표 3-3-2a〉 포화지방산

탄소수	명 칭	구 조	함유식품	융점(℃)
2	아세트산 (Acetic acid)	CH_3COOH	식초, 김치류	16.6
4	부티르산 (Butyric acid)	$CH_3(CH_2)_2COOH$	버터, 김치류	-7.9
6	카프로산 (Caproic acid)	$CH_3(CH_2)_4COOH$	버터, 야자유	-3.4
8	카프릴산 (Caprylic acid)	$CH_3(CH_2)_6COOH$	버터, 야자유	16.7

10	카프르산 (Capric acid)	$CH_3(CH_2)_8COOH$	버터, 야자유	31.6
12	라우르산 (Lauric acid)	$CH_3(CH_2)_{10}COOH$	팜유, 야자유	44.2
14	미리스트산 (Myristic acid)	$CH_3(CH_2)_{12}COOH$	팜유, 야자유, 땅콩기름	53.9
16	팔미트산 (Palmitic acid)	$CH_3(CH_2)_{14}COOH$	일반 동식물기름	63.1
18	스테아르산 (Stearic acid)	$CH_3(CH_2)_{16}COOH$	일반 동식물, 특히 쇠기름	69.6
20	아라키드산 (Arachidic acid)	$CH_3(CH_2)_{18}COOH$	땅콩기름	75.3
22	베헨산 (Behenic acid)	$CH_3(CH_2)_20COOH$	땅콩기름, 어유	79.9
24	리그노세르산 (Lignoceric acid)	$CH_3(CH_2)_{22}COOH$	땅콩기름	84.2
26	세로티산 (Cerotic acid)	$CH_3(CH_2)_{24}COOH$	밀랍	88.0
28	몬탄산 (Montanic acid)	$CH_3(CH_2)_{26}COOH$	몬탄랍	91.0
30	메리시산 (Melissic acid)	$CH_3(CH_2)_{28}COOH$	밀랍	94.0

2) 불포화지방신

불포화지방산은 분자 내에 이중결합을 갖고 있으며 천연의 불포화지방산에서는 이중결합이 한 개이면 올레산(oleic acid) 계열, 두 개이면 리놀레산(linoleic acid) 계열, 세 개이면 리놀렌산(linolenic acid) 계열, 그 이상이면 고도불포화지방산(polyethenoid) 계열이라고 한다. 이들 불포화지방산의 특징은, ① 일반적으로 액체상태로서 이중결합을 많이 포함할수록 반응성이 크고 산화되기 쉽다. ② 시스(cis, boat)형보다 트랜스(trans, chair)형의 것이 불안정하여 반응이 쉬우므로 마가린 등의 제조에 응용되고 있다. ③ 불포화지방산은 녹는점이 낮고, 천연에는 올레산과 리놀레산이 널리 동・식물성 유지의 성분으로 존재한다. ④ 불포화지방산 중에서 리놀레산(linoleic acid), 리놀렌산(linolenic acid), 아라키돈산(arachidonic acid)은 필수지방산(vitamin F)이다. ⑤ 이중결합이 4개 이상 포함된 고도불포화지방산 계열은 어류에 존재하며

〈표 3-3-2b〉 불포화지방산

계 열	탄소수	명 칭	이중결합의 위치	함유 식품	융점(℃)
올레산 (Oleic acid) 계열 ($C_nH_{2n-2}O_2$)	14	미리스톨레산 (Myristoleic acid)	$\triangle^{9}$	버터	0.5
	16	팔미톨레산 (Palmitoleic acid)	$\triangle^{9}$	버터, 어유, 고래유	0.5
	18	올레산 (Oleic acid)	$\triangle^{9}(\omega_9)$	동식물유(올리브유)	13.4
	18	바센산 (Vaccenic acid)	$\triangle^{11}(\omega_7)$	어유	15
	18	리시놀레산 (Ricinoleic acid)	$\triangle^{9}$	피마자유	4.0
	20	가돌레산 (Gadoleic acid)	$\triangle^{9}$	어유, 고래유	20
	22	에루카산 (Erucic acid)	$\triangle^{13}$	평지씨유, 겨자유	34.7
	24	네르본산 (Nervonic acid)	$\triangle^{15}$	상어간유, 어유	42.5
리놀레산 (Linoleic acid) 계열 ($C_nH_{2n-2}O_2$)	18	리놀레산 (Linoleic acid)	$\triangle^{9,\ 12}(\omega_6)$	일반 식물유지	−5
리놀렌산 (Linolenic acid) 계열 ($C_nH_{2n-2}O_2$)	18	리놀렌산 (Linolenic acid)	$\triangle^{9,\ 12,\ 15}(\omega_3)$	아마인유, 대두유	−11
고도불포화지방산 (Polyethenoid) 계열	20	아라키돈산 (Arachidonic acid)	$\triangle^{5,\ 8,\ 11,\ 14}(\omega_6)$	간유, 난황의 레시틴	−49.5
	20	아이코사펜타에노산, EPA (Eicosapentaenoic acid)	$\triangle^{5,\ 8,\ 11,\ 14,\ 19}(\omega_3)$	어유	−54.1
	22	도코사헥사에노산, DHA (Docosahexaenoic acid)	$\triangle^{4,\ 7,\ 10,\ 13,\ 16,\ 19}(\omega_3)$	어유, 어간유	−44.3

어유산이라고도 한다.

포화지방 외에도 몸에 나쁜 트랜스(전이)지방(trans fatty acid)이라는 것이 식품에서 중요하다. 트랜스형 지방은 탄소와 탄소 간의 이중결합에서 같은 치환기가 이중결합을 사이에 두고 대각선 방향으로 놓인 것을 말한다. 한편 시스형 지방은 치환기가 대칭적(같은 방향)인 위치에 놓인 것을 말한다. 대부분의 천연 기름은 시스형인데, 여기에 수소를 첨가하여 경화시키는 과정에서 일부가 트랜스형으로 바뀌며 마가린과 쇼트닝유가 대표적이다. 그 예로서 옥수수기름의 경우 약 6%가 포화지방을 가지는데 옥수수기름이 마가린이 되는 과정에서 포화지방이 약 17%가 된다. 또한 불포화지방산의 구조도 변화되어 약 30%가 천연의 시스형에서 트랜스형으로 변한다. 문제가 되는 감자튀김이나 닭튀김 등의 패스트푸드는 대부분 트랜스지방이 다량 함유된 기름으로 튀기므로 고지혈증을 많이 일으킨다. 그 외에도 팝콘 · 케이크 · 쿠키 · 도넛 · 라면 및 스낵류, 과자 등도 트랜스 지방이 많아 섭취를 제한할 필요성이 있다. 트랜스 지방은 몸속에서 동맥경화를 유발하는 나쁜 콜레스테롤인 저밀도 콜레스테롤(LDL)의 수치를 높이고 혈관을 깨끗하게 씻어주는 좋은 콜레스테롤인 고밀도 콜레스테롤(HDL)의 수치는 떨어뜨린다. 특히 성장기 어린이가 트랜스 지방을 많이 먹으면 심장, 뇌혈관이 좁아져 당뇨가 빨리 올 수 있다.

3) 필수지방산

불포화지방산 중 체내의 대사과정에서 중요한 역할을 담당하는 필수지방산이 존재한다. 필수지방산이란 신체의 정상적 기능을 위해 동물의 체내에서 소량 합성되고 있으나 필요량에 미치지 못하므로 반드시 외부로부터 공급되어야 하는 지방산이다. 필수지방산에는 리놀레산, 리놀렌산, 아라키돈산이 있다. 이 중에서 탄소수가 20개인 아라키돈산을 포함한 몇몇의 종류들은 오메가(ω) 지방산이라고 한다.

4) 오메가 지방산과 종류

지방산의 명명법은 ① 카르복실기(carboxyl기, −COOH)로부터 명명하는 법, ② 메틸기(methyl기, CH_3−)의 탄소원자로부터 시작하여 번호를 붙이는 방법으로 나눈다([그림 3-3-2a] 참조). 오메가 지방산의 명명법은 ②의 방법 명명법이며 지방산의 메틸기부터 시작하여 탄소원자 번호를 부여하였을 때 처음 이중결합이 있는 위치를 나타낸다. 원래 오메가의 뜻은 그리스 문자의 제 24자(최종글자, omega, Ω, ω)로써 끝을 나타내지만 오메가는 '처음'의 의미로 쓰인다. 이는 생체 내에서 지방산의 생합성이 맨 끝에 있는 메틸기로부터 시작하여 카르복실기 쪽으로 향한다는 뜻이다.

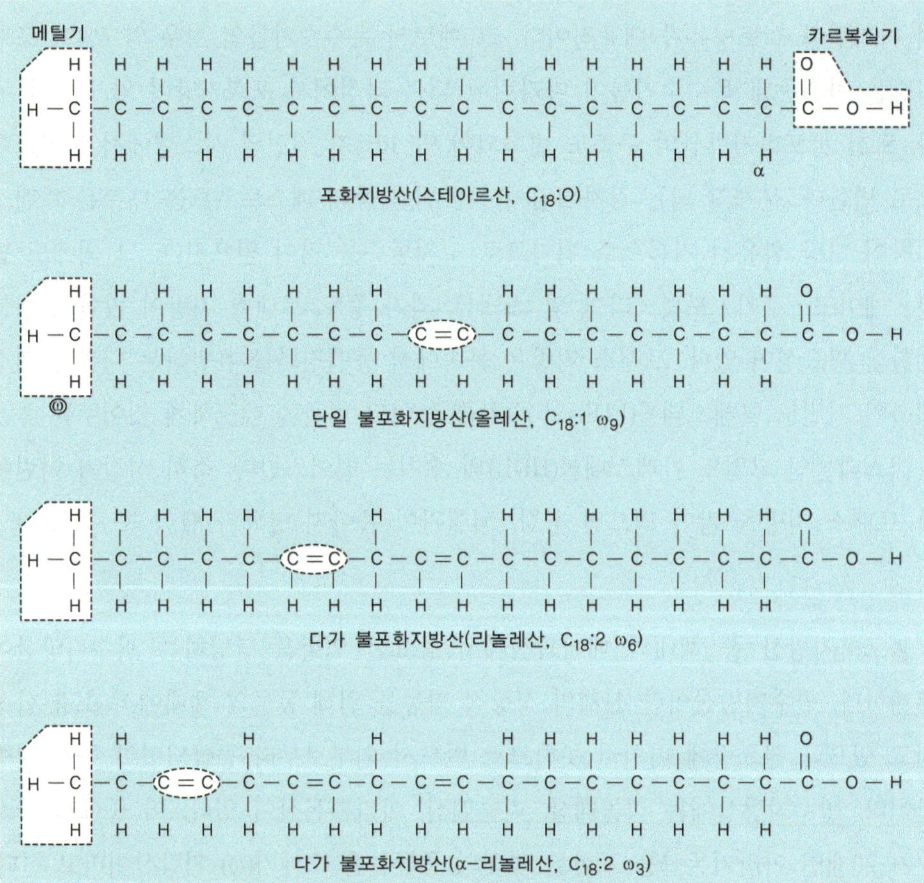

[그림 3-3-2a] 지방산의 구조

(1) 오메가3 계열 오메가3 계열의 지방산(omega 3 fatty acid, ω3, n−3)은 지방산의 알킬구조 가운데 메틸기로부터 탄소원자를 부여하였을 때 3번째 탄소위

치, 즉 3번과 4번 사이에 최초의 이중결합을 가지며, 리놀렌산(18 : 3 n−3)과 EPA(20 : 5 n−3), DHA(22 : 6 n−3) 등이다. 예를 들면, EPA(20 : 5 n−3) 읽는 법은 탄소수가 20개이고 메틸기부터 탄소숫자를 부여하였을 때 3번째와 4번째 탄소 사이에 최초의 이중결합이 존재하며 모두 5개의 이중결합을 형성하고 있다. 식품에 함유된 리놀렌산은 들기름은 총지방산의 56%, 아마인유 53~59%, 채종유 11% 정도가 들어 있다. EPA와 DHA는 어유에 풍부하게 함유되어 있다. 물고기는 플랑크톤 및 해조류 등을 섭취함으로써 리놀렌산으로부터 EPA, DHA 등을 합성하는 능력이 있기 때문에 물고기 조직과 어유 내에 오메가3 계열 지방산이 풍부하게 축적된다.

(2) 오메가6 및 9 계열 오메가6 계열의 지방산(omega 6 fatty acid, ω6, n−6)은 지방산의 알킬사슬구조 가운데 맨 끝 메틸기로부터 탄소원자 번호를 부여하였을 때 6번째 탄소위치, 즉 6번째와 7번째 탄소 사이에 최초 이중결합을 갖는 것으로써, 리놀레산(18 : 2 n−6), 감마−리놀레산(γ−18 : 3 n−6), 아라키돈산(20 : 4 n−6) 등이 주로 연구되고 있다.

(3) 오메가 지방산의 식품과 기능성 미국의 안셀키즈 박사는 7개국 성인 남성들의 심장병 사망률을 10년간 추적하였다. 그 중에서 그리스 크레타인들의 사망률이 가장 낮았다. 즉 크레타식(食)은 ‘오메가3’ 지방산의 함량이 매우 높다는 결론이었다. 불포화지방산인 오메가3 지방산은 필수지방산으로 체내에서는 생성되지 않아 오로지 음식의 섭취로만 얻을 수 있다. 오메가3 지방산이 체내에 흡수되면 혈관의 수축과 염증반응을 예방하고, 나쁜 콜레스테롤의 축적을 막고, 혈전의 생성도 방지한다. 따라서 심장병, 뇌졸중, 암 예방에도 효과가 있다고 알려져 있다. 오메가3 지방산의 하루 권장량이 650mg 정도인데 등푸른 생선인 꽁치, 고등어, 참치에 최소 1,000mg/100g이 들어 있다. 식물성 유지로는 우리의 전통 들기름이 65.6%로 아주 높다.

3-3-3 왁스(wax)

$$R{-}OH + HO\,OC{-}R' \xrightarrow[\text{ester결합}]{-H_2O} RO{-}OCR'$$

고급 1가 알코올(alcohol)과 고급 지방산과의 에스테르(ester)결합을 하고 있으며 동물체의 피부를 보호하고 외부의 충격으로부터 장기의 손상을 방지하며, 식물표면을 형성하여 해충과 미생물의 침입을 방지한다. 사람의 소화기관에는 왁스질을 가수분해하는 소화효소가 없으므로 가수분해가 일어나지 않고 영양적 가치는 없으며, 융점이 높을 뿐 아니라 물에는 전혀 녹지 않는다. 그러나 과일의 껍질에 빛깔을 주어서 식품의 가치를 높이는 효과가 있다. 천연에 들어 있는 대표적인 왁스로는 경랍(鯨蠟)・밀랍(蜜蠟)・양모지(羊毛脂) 등이 해당한다.

3-4 복합지질

복합지질의 구성원소는 단순지질에 필요한 원소인 C, H, O 외에 N, P, S 등을 함유한 지질을 말하며, 인지질・당지질・지단백질・황지질・색소지질 등이 있다.

3-4-1 인지질

인지질은 레시틴(lecithin), 세팔린(cephalin) 등이 있고, 동물의 뇌, 심장, 콩팥 및 난황에 상당량 들어 있으며 식물에는 두류에 많다. 레시틴과 세팔린의 구성성분은 글리세롤 : 지방산 : 인산 : 유기염기= 1 : 2 : 1 : 1비로 결합되며(차이점 ▸ 레시틴은 콜린(choline)이, 세팔린은 에탄올아민(ethanolamine)이 결합됨) 이때 지방산 한 개가 떨어져 나간 것을 각각 리소레시틴(lysolecithin), 리소세팔린(lysocephalin)이라고 하며 용혈성이 강하다.

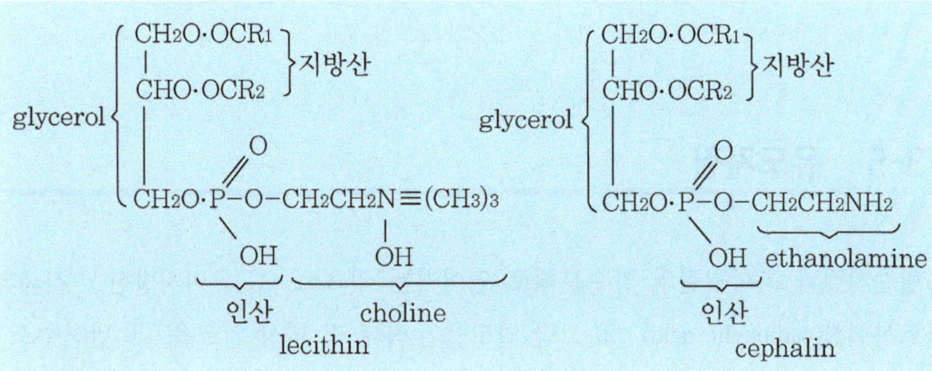

레시틴의 특성은 친수성이 강하여 물에 분산되어 교질을 잘 형성하므로 제과 및 기타 식품가공에서 유화제로 응용하고 있다. 스핑고마일린(sphingomyelin)의 구성성분은 인산, 지방산, 콜린(choline) 및 스핑고신(sphingosin)이 각각 한 분자씩 구성한다.

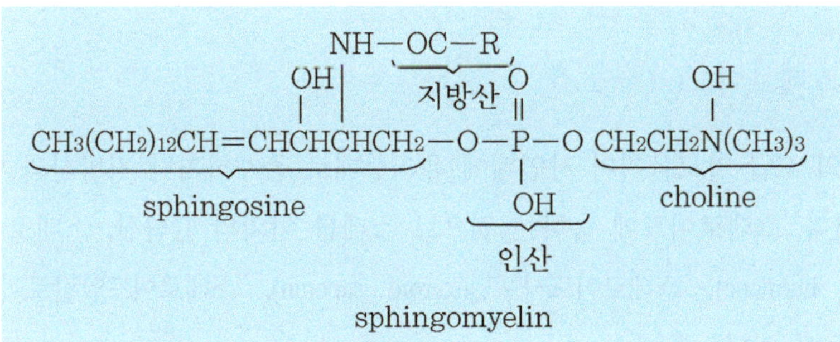

3-4-2 당지질

분자 중에 당(糖)을 가진 복합지질이다. 동물의 뇌, 신경조직에 많이 들어 있어 생리적으로 중요한 것이 많다. 세레브로사이드(cerebroside)는 당으로서 갈락토스를 가지고 있으며 대부분 이것과 스핑고신이 결합하고 여기에 지방산이 결합되어 있다.

당지질은 글리세롤이 없고 스핑고신에 붙어 있는 지방산의 종류에 따라 구별한다.

3-5 유도지질

단순지질과 복합지질의 가수분해로 얻어지는 것으로, ① 유리지방산 : 직쇄의 카르복실산(carboxylic acid), ② 고급 알코올 : 직쇄 및 환상 알코올, ③ 탄산수소 : 지방족 및 환상화합물, ④ 이소프레노이드(isoprenoid) : 스테로이드 및 카로티노이드 등이다.

한편, 지방질을 알칼리에 의하여 가수분해되는, 즉 비누화가 되는 지방질과 알칼리에 의하여 가수분해되지 않는, 즉 비누화되지 않는 지방질로 분류할 수도 있다. 중성지방, 왁스류, 인지질 등은 비누화되는 지방질에 속하며 일부의 탄화수소, sterol류, 지용성 색소 등은 비누화되지 않는 지방질에 속한다.

3-5-1 스테로이드(steroid)

다환식의 고급 알코올이며 자연계에 유리상태로 존재하거나 지방산과 에스테르로 존재한다. 스테로이드에 속하는 것으로 스테롤 이외의 담즙산, 스테로이드호르몬(steroid hormone), 스테로이드사포닌(steroid saponin), 스테로이드알칼로이드(steroid alkaloid) 등이 있다.

3-5-2 스테롤(sterol)

동물성 스테롤에는 콜레스테롤(cholesterol), 식물성 스테롤에는 β-시토스테롤(β-sitosterol), 에르고스테롤(ergosterol), 캄페스테롤(campesterol), 스티그마스테롤(stigmasterol) 등이 동·식물계에 널리 분포되어 있다.

1) 콜레스테롤(cholesterol) 이 물질은 세포 · 근육 · 뇌 · 신경조직 · 담즙 · 혈액과 지방조직 내에서 고급 지방산과 에스테르 결합한 상태로 존재하거나 유리상태로 존재한다. 나이가 많아짐에 따라 고밀도지단백질(HDL, high density lipoprotein)은 단백질 45%, 콜레스테롤 20%, 인지질 30%, 중성지질 5% 정도를 함유하며, 저밀도지단백질(LDL : low density lipoprotein)은 단백질 25%, 콜레스테롤 45%, 인지질 20%, 중성지질 10% 함량이다. 따라서 LDL이 동맥혈관에 축적되기 때문에 나쁜 것으로 평가되고 있다.

2) 식물성 스테롤 식물에도 각종 스테롤이 존재하는데 이를 피토스테롤(phytosterols)이라고도 한다. 대표적인 식물성 스테롤은 β-시토스테롤로 밀의 배종유, 옥수수유에 많고, 에르고스테롤은 곰팡이 · 효모 · 버섯 등에 있으며 마이코스테롤(mycosterol)이 대표적이다. 이는 자외선의 조사로 칼시페롤(calciferol)이 되므로 프로비타민 D(provitamin D)이다. 따라서 표고버섯은 햇볕에 말리는 것이 좋다. 또한 스티그마스테롤은 미강유 · 옥수수유 · 대두유 · 야자유 등에 존재한다.

3) 탄화수소 방향족 탄화수소와 스쿠알렌(squalene) 등이 있으며, 특히 스쿠알렌은 6개의 이소프렌(isoprene) 구조로 구성되어 있으며 생체 내에서 콜레스테롤과 같은 스테로이드의 전구물질로 알려져 있고, 비타민 D의 효력촉진작용이 있다. 주로 상어간유 · 식물유 · 맥주효모에서 발견되며 고도의 불포화 탄화수소이다.

3-6 유지의 성질

3-6-1 유지의 물리적 성질

1) 빛깔 색(色), 냄새 향(香), 맛 미(味) 순수한 유지는 빛깔, 맛, 냄새가 없으나 천연의 유지는 대개 담황색이고 특유한 맛과 냄새를 가지고 있다. 이것은 카로티노이드(carotenoids) 색소 등 미량성분에 의하고 어유처럼 성분 변화에 의한

특유의 냄새를 갖는 것도 있다.

2) 비중(比重, specific gravity), 비열(比熱, specific heat) 식용유지의 비중은 보통 물보다 가벼우며, C수가 증가할수록 비중은 작아지고 대체로 15℃에서 0.92~0.94 정도이다. 비열은 0.44~0.50 정도로서 열전도율이 좋다.

3) 융점(融點, melting point) 유지는 구성 지방산의 종류에 따라 융점이 달라지는데 식용유지는 융점이 낮아야 소화흡수가 잘된다. 식물성 유지는 불포화지방산의 함량이 많아 융점이 낮아서 상온에서 액체이며 이중결합의 증가에 따라 융점이 낮아진다.

융해한 액체유지를 냉각하면 고화(固化)하고 이것을 다시 가열하면 또 융해하지만 처음 융점보다 높은 융점을 나타낸다. 동질이상현상은 유지를 냉각 · 고화하여 최상의 물성을 주기 위한 가공조작에서 중요하며 고체유지를 주재료로 삼는 식품에서 템페링(tempering)처리를 한다. 예를 들면, 코코아버터(cocoa butter)의 고화에서 가열 · 냉각조작을 되풀이하는데, 이것은 결정형을 가장 안정한 β형 곧 코코아의 융점을 높이기 위한 것이다.

4) 응고점(凝固點, solidifying point) 단일 글리세라이드(monoglyceride)의 응고점은 융점과 일치하지만 혼합 글리세라이드는 융점과 응고점이 일치하지 않는다. 예를 들면, 옥수수유는 융점이 −10~−18℃인 데 비해 응고점은 −10~−15℃이고, 야자유는 융점이 20~28℃인데 응고점은 14~25℃이다.

5) 비점(沸點, boiling point) 지방산의 탄소사슬이 길어질수록 높아진다. 같은 탄소수이면 불포화지방산은 포화지방산보다 약간 낮다.

6) 굴절률(屈折率, refractive index) 분자량, 불포화도, 산소화산(oxy acid)의 함량에 따라 증대된다. 요오드가에 정비례하지만 산화중합 유지에서는 반비례한다. 식용유지의 굴절률은 20℃에서 약 1.44~1.47 정도이다.

7) 발연점(發煙點, smoke point) 유지를 가열하였을 때 표면에서 연푸른 연기가

발생할 때의 온도를 그 유지의 발연점이라 한다. 이때 유지의 가수분해, 산화에 의하여 아크롤레인(acrolein)이 생성되는데, 이것은 눈·코·목 등의 점막을 해치며 식품에 흡수되어 안 좋은 냄새나 맛을 주어 식욕을 저해한다. 발연점은 유리지방산이 많을수록, 노출된 유지의 표면적이 넓거나 유지에 미립자의 혼입이 증가될수록 낮아진다. 대표적인 기름의 발연점은 땅콩유 150~160℃, 올리브유 161~175℃, 참기름 72~184℃, 채종유 186~227℃, 대두유 195~230℃, 라드 190℃, 버터 208~232℃이다.

8) 인화점(引火點, flash point) 유지를 발연점보다 높은 온도로 계속 가열할 때 생성되는 증기와 공기가 혼합하여 발화되는 온도를 인화점이라 한다. 인화점은 대부분 300℃ 이상으로 유리지방산을 1% 함유하면 약 25℃로, 10%를 함유하면 약 70℃로 저하한다. 자연발화온도는 270~272℃이다.

9) 연소점(燃燒點, fire point) 유지가 인화되어 계속적인 연소를 지속하는 온도를 연소점이라 하며 인화점보다 30~50℃가 높다.

10) 유화(乳化, emulsification) 유지는 분자 중에 수산기(-OH) 및 카르복실기(-COOH)와 같은 친수성기들이 숨겨진 상태이고 소수성기만 잔존하므로 물에 녹지 않는다. 그러나 친수기와 소수기를 모두 함유하는 유화제(emulsifying agent)인 단백질, 레시틴(lecithin), 스테롤(sterol) 등을 넣고 교반하면 유화제가 유지와 물을 분산시키는 현상을 유화(emulsification)라 하며 이때의 분산액을 유탁액(emulsion)이라 한다.

지질의 유화에는 물속에 기름의 입자가 분산되어 있는 수중유적형(水中油適型, oil in water type, O/W : 우유, 아이스크림, 마요네즈)과 기름 속에 물이 분산되어 있는 유중수적형(油中水適型, water in oil type, W/O : 버터, 마가린)이 있다. 천연 유화제로는 레시틴, 스테롤, 모노글리세라이드(monoglyceride), 디글리세라이드(diglyceride), 단백질, 담즙산(bile acid) 등이 있고 합성 유화제로는 글리세린 지방산 에스테르, 솔빈산 지방산 에스테르, 수크로스 지방산 에스테르 등이 있다.

3-6-2 유지의 화학적 성질

1) 검화(saponification) 유지는 산, 알칼리, 효소(lipase), 수증기 등에 의하여 가수분해되어 글리세롤과 지방산염(비누)으로 분해된다. 이때 산화아연(ZnO), 산화칼슘(CaO) 등은 이 반응을 촉진한다. 유지가 KOH, NaOH의 알코올용액과 가열에 의해 가수분해되는 것을 일반적으로 검화(비누화)라 하고, 강산에 의한 가수분해를 불검화라 한다. 유지 1g를 검화하는 데 사용되는 KOH의 mg수를 검화가(saponification value)라 한다.

2) 산가(酸價, acid value) 유지가 신선할 때는 유리지방산을 함유하지 않으나 유지를 저장 또는 조리·가공할 경우 분해되어 소량의 유리지방산을 생성한다. 이때 유지 1g 중의 유리지방산을 중화하는 데 사용되는 KOH의 mg수를 산가라고 한다. 일반적으로 식용유의 산가는 1.0 이하일 때가 좋다.

3) 요오드가(iodine value) 불포화지방산의 이중결합에 수소(H_2) 또는 할로겐(halogen)을 부가하면 융점이 높은 포화지방산(탄소 간의 단일결합)이 되어 액체에서 고체로 변한다. 요오드가 130 이상의 유지 박막이 공기 중에서 고화(固化)하는 현상을 유지의 건조라고 한다. 이때 건조피막을 만드는 정도에 따라서 건성유, 반건성유, 불건성유로 나눈다.

① 건성유(요오드가 130 이상) : 아미인유, 호두유, 들깨유, 잣유 등
② 반건성유(요오드가 100~130) : 참깨유, 채종유, 쌀겨유, 대두유, 면실유 등
③ 불건성유(요오드가 100 이하) : 올리브유, 땅콩유, 피마자유, 동백유 등

4) 수소첨가반응(hydrogenation) 유지의 불포화지방산의 경우, 이중결합 부위에 수소를 첨가하면 액체인 불포화지방산이 단일결합인 포화지방산으로 고체화된다. 이 반응을 수소첨가반응이라 하는데, 이는 Ni, Pt 등의 촉매를 써서 고

온·고압하에서 반응한다. 액체유지에서 수소를 첨가하는 반응을 경화(hardening)라 하고, 이때 생성된 고체지방을 경화유(硬化油, hardening oil)라 하며 마가린, 비누의 원료로 사용한다. 불포화도가 높을수록 수소첨가가 많아지며, 자연 시스형의 불포화지방산이 일부 트랜스형으로 변해서 건강에 악영향을 미치기도 한다. 현재 패스트푸드 등이 문제가 되는 이유이다.

5) 아세틸가(acetyl value) 무수초산 등으로 아세틸화 반응한 유지 1g을 검화하여 생성된 초산을 중화하는 데 필요한 KOH의 mg수를 아세틸가라 한다. 보통 신선한 유지의 아세틸가는 10 이하로 간주하고 산성유지나 피마자유는 높다.

3-7 유지의 변화

식품의 가공이나 조리를 위해서 수확 및 도살되면 생체조직에 함유된 유지성분은 변화를 일으킨다. 즉 지방질은 화학적 및 미생물학적 요인에 의해 맛·냄새·색 등의 품질저하와 영양적 가치가 줄어드는데, 이러한 현상을 유지의 산패(酸敗, rancidity)라고 한다.

3-7-1 유지의 변질 종류

유지의 변질에는 여러 가지가 있으나 실제로 한 가지의 경우보다는 복합적으로 일어나는 경우가 대부분이다.

① **산화적 산패**(oxidative rancidity) : 공기에 의한 산패이며 식용유지나 유지식품에서 일어나는 가장 대표적인 유지의 변화이다.

② **가수분해**(hydrolysis) : 유지가 산·알칼리·효소에 의해 유리지방산과 글리세롤로 분해되며 불쾌한 맛과 냄새를 형성한다.

③ **가열 및 중합**(polymerization) : 유지는 고온에서 산화가 촉진된다. 특히 고온 장시간 가열하면 산화 · 중합 · 가수분해 등의 반응이 일어난다. 고온에서 장시간 가열하면 산가 · 과산화물가 · 점도가 높아지고, 요오드가는 낮아지며 중합이 일어나서 불포화도가 낮아진다.

④ **변향**(flavor reversion) : 식물성 유지와 어유 등의 고도의 불포화지방산을 함유하는 유지는 산패가 일어나기 전에 냄새의 변향이 일어난다. 이는 주로 리놀레산의 산화에 의해 발생된다고 한다.

3-7-2 산화적 산패(oxidative rancidity)

유지를 공기 중에 놓아두면 산소(O_2)를 흡수하여 서서히 산화되어 불쾌한 냄새와 맛을 낸다. 이를 산패 또는 변패라고 한다. 이러한 산패는 지방이 산화되어 산소와 결합하면 과산화물(hydroperoxide)을 생성하는데, 이 물질 자체는 불안정하므로 다시 분해되어 냄새를 내는 알데히드류 및 케톤류 등을 만든다.

여기서 생긴 과산화물 지질의 산화에 촉매가 이루어지면 그 후로는 자동화로 진행된다. 이러한 반응을 자동산화(autoxidation)라고 한다.

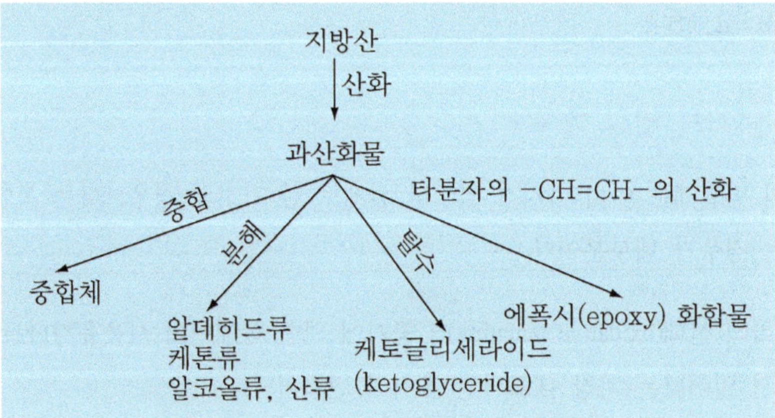

[그림 3-7-2a] 과산화물의 분해과정

3-7-3 가수분해

지질을 가수분해(hydrolysis)하는 효소로는 3가지가 있는데, ① 고급 지방산의 에스테르인 지질에 잘 작용하는 리파제(lipase), ② 저급 지방산 에스테르의 지질에 잘 작용하는 에스테라제(esterase), ③ 인지질에 잘 작용하는 포스포릴라제(phosphorylase)가 있다. 이들 효소가 식품저장 중에 지질이 분해하여 지방산이 생성되면 지질의 무게가 가벼워지고 이취가 생겨서 결국은 품질이 저하되는 결과가 된다. 또한 콩과식물의 종자 · 고구마 · 무 · 아스파라거스 · 밀 등의 조직 중에는 리폭시다아제(lipoxidase)가 있는데, 이 효소는 필수지방산인 리놀레산, 리놀렌산, 아라키돈산 및 이들의 에스테르에만 작용하여 과산화물이 생긴 후 다시 저급 알데히드(aldehyde)류 등을 남기면 냄새를 낸다.

3-7-4 유지의 산패에 영향을 미치는 요소

1) 유지의 불포화도 유지의 분자 속에 이중결합을 가지는 불포화지방산은 포화지방산보다 훨씬 산화되기 쉽다.

2) 효소의 작용 지질의 가수분해효소인 리파제, 에스테라제, 포스포타아제 등의 작용에 의하여 유리지방산을 형성하여 유지의 자동산화를 촉진한다. 한편 리폭시다아제는 리놀레산, 리놀렌산, 아라키돈산에 작용하여 과산화물을 생성한다.

3) 광선 유지에 광선을 쪼이면 유리라디칼(free radical)의 생성을 촉진시켜 유도기를 단축하고 과산화물의 분해를 촉진한다.

4) 온도 유지는 온도가 상승함에 따라서 산화속도가 빨라진다.

5) 중금속 중금속인 코발트 · 구리 · 철 · 망간 · 니켈 등은 자동산화 중 생성된 과산화물의 분해를 촉진시킨다.

6) 헤마틴 화합물 헤모글로빈 · 미오글로빈 · 시토크롬 등의 철분을 함유한 헤마

틴 화합물들은 유지의 산화를 촉진한다.

3-7-5 유지의 산패도 측정법

1) 산소흡수량 측정법 유지산패 측정의 물리적 방법으로 밀폐용기에 산소와 유지를 함께 넣어 유지산패에 소모된 산소량을 측정하여 유도기간과 산패발생 시기 등을 알아낸다.

2) 오븐시험법(oven test) 유지를 60℃의 오븐에 저장하면서 관능검사를 통하여 유지의 산패 정도와 유도기간을 평가하는 방법으로, 60℃ 오븐에서의 1시간은 실온의 1주일로 계산한다.

3) 과산화물가(peroxide value; POV) 유지가 산패하면 과산화물이 생성되므로 과산화물을 측정하여 유지의 산패정도와 유도기간을 알 수 있다.

4) 카르보닐가(carbonyl value) 유지가 산패하면 과산화물을 거쳐 카르보닐(carbonyl)을 생성하는데, 이 카르보닐은 시약(2,4-dinitrophenyl hydrazine)과 NaOH 또는 KOH의 작용으로 적색물질을 생성하므로 이 적색을 파장 430~460nm에서 흡광도를 측정하여 비색정량한다.

5) TBA가(thiobarbituric acid value) 유지 1kg 중에 함유된 말론알데히드(malonaldehyde [$CH_2(CHO)_2$])의 mole수로 표시한 것으로 유지의 산패과정에서 생성된 말론알데히드가 2-치오바비투산(2-thiobarbituric acid)과 HCl의 존재하에서 적색의 복합체를 형성하며 복합체는 파장 538nm의 흡광도로 비색정량한다.

6) AOM(active oxygen method) 유지산패의 용이성을 단시간에 판단하는 방법으로 유지를 97℃로 유지하면서 2.33ml/sec의 속도로 공기를 주입하여 산패를 일으키게 한 다음 POV, TBA를 측정하여 유지산패의 유도기간과 산패 발생 시기를 측정하는 것이다.

3-8 항산화제와 상승제

3-8-1 항산화제

유지의 산화를 억제하는 물질을 산화방지제 또는 항산화제(抗酸化劑, antioxidants)라고 한다. 일반적으로 항산화제는 유지나 지방질 식품에 자연성분으로서 존재하는 천연 항산화제(natural antioxidants)와 유지나 지방질 식품의 저장성을 개선하기 위한 목적으로 첨가되는 합성 항산화제(synthetic antioxidants)로 분류할 수 있다. 천연 항산화제는 불포화도가 큰 식물성 유지식품에 자연적으로 존재하는 경우가 많으며 동물성 유지에는 극히 적다.

식물성 유지에서도 조제유(粗製油) 중의 불순물과 함께 존재하는 천연 항산화제들은 정제과정 중 제거되기 때문에 정제유(精製油)보다 조제유가 산패에 대한 안정성이 더 좋은 경우가 많다.

3-8-2 항산화제의 작용기구

항산화제는 자동산화과정의 제1단계에서 생성되는 과산화물(hydroperoxide)의 생성속도를 억제하지만, 한 번 생성된 과산화물이나 그 외의 과산화물이 카르보닐 화합물로 분해되는 과정은 억제할 수 없다.

항산화제의 작용기작은 ① 자동산화과정의 개시반응에서 기질(RH, substrate)이 탈수소되어 생성되는 유리기(R · radical)에 수소를 제공하여 유리기를 봉쇄한다. ② 전파반응에서 생성된 페록시(peroxy)기(ROO ·)에 수소를 제공하여 과산화물(ROOH)을 생성하므로 페록시기가 제거되어 새로운 기질의 유리기 생성을 억제한다. ③ 항산화제가 탈수소되어 항산화능력을 상실한 항산화제의 유리기(A ·)에 상승제(BH, synergist)의 수소를 제공받아서 항산화력이 부활된 재생 항산화제가 되어 항산화력을 다시 갖게 된다. ④ 상승제(BH)가 탈수소되어 상승제 능력을 상실한 상승제의 유리기(B ·)는 분해되거나 반응에서 이탈하는 것 등이다.

3-8-3 자연 항산화제

1) 토코페롤(tocopherol) 이 물질은 동물성유에는 존재하지 않고 각종 식물성 종자유 및 식물체에 널리 존재하는 대표적인 항산화제로, 비타민 E의 효력을 가진다.

2) 세사몰(sesamol) 참깨에 존재하며 참기름의 산패에 대한 안정성을 크게 한다.

3) 고시폴(gossypol) 면실유에 존재하며 항산화력은 강하나 독성이 강하여 식용은 곤란하였으나 알칼리정제로 고시폴을 제거하여 샐러드유 제조에 쓰인다.

4) 기타 양파의 케르세틴(quercetin), 고추의 캅사이신(capsaicin), 정향의 유제놀(eugenol), 생강의 진저론(gingerone), 강황의 쿠쿠민(curcumin), 폴리페놀(polyphenol)인 클로로제닉산(chlorogenic acid), 갈산(gallic acid) 등이 있다.

3-8-4 합성 항산화제

1) BHA(부틸히드록시아니솔, butylated hydroxy anisole) BHA는 유지와 알코올에 잘 용해되며 제품의 색, 냄새, 맛에 영향을 주지 않으므로 많이 사용되며 사용량은 식품의 종류에 따라 다르지만 약 0.1% 이하로 쓰인다. BHA는 불포화지방산과 함께 있을 때 먼저 BHA 자신이 산화되어 유지의 산패를 방지한다. 사용되는 식품으로는 껌 · 식용유지 · 쇼트닝 · 버터 · 크래커 · 어류 염장품 · 어류 냉동품이 있고 단점으로 독성이 있다.

2) BHT(부틸히드록시톨루엔, butylated hydroxy toluene) BHA와 BHT를 혼합 사용하기도 하며 항산화력은 BHA와 비슷하다. 합성 항산화제 중에서 안정성이 좋고 사용량은 0.1% 이하로 사용한다. 사용되는 식품으로는 껌 · 식용유지 · 쇼트닝 · 버터 · 크래커 · 어류 염장품 · 어류 냉동품이 있고 독성은 쥐에 대한 LD50(g/kg)가 1.7～1.97 정도이다.

3) 기타 PG(propyl gallate)는 수용성으로 많은 유지식품과 식용유지에 사용하며 사용량은 0.01% 정도이고 독성은 쥐에 대한 LD50(g/kg)가 3.8 정도이다. EP(ethyl protocachuate)는 유지와 버터에 0.05% 정도 사용하며 독성으로 쥐에 대한 LD50(g/kg)가 8.0 정도이다.

3-8-5 상승제

상승제(synergists) 자신은 항산화력을 갖지 않거나 갖고 있더라도 아주 약한 항산화력을 나타내는데 항산화제에 첨가하면 항산화제의 효력을 더욱 강화시켜 주는 물질을 상승제(相乘濟, synergists)라고 한다.

상승제로는 아스코르빈산(ascorbic acid), 시트르산(citric acid), 피트산(phytic acid), 중인산염이 있다. 이러한 물질들은 식품 중의 금속과 킬레이트(chelate) 화합물을 형성하여 금속의 촉매작용을 차단한다.

단원정리

① 지질은 대체로 물에 녹지 않고 유기용매인 사염화탄소, 에테르, 아세톤, 뜨거운 알코올, 벤젠, 클로로포름 등에 녹는 것으로 생체조직이 이용할 수 있는 것이다. 상온에서 액체상태로 있는 것을 기름(유, oil), 상온에서 고체상태로 있는 것을 지방(지, fat)이라 하며, 지질은 단순지질, 복합지질, 유도지질로 분류한다.

② 단순지질은 글리세롤 1분자에 각종 지방산 3분자가 에스테르결합하여 3분자의 물이 빠지며 이루어진 것으로 중성지질이라 한다. 지방산에는 단일결합만으로 이루어진 포화지방산, 이중결합을 가지는 불포화지방산이 있으며, 포화지방산은 상온에서 주로 고체로 대부분의 동물성 유지가 해당되며, 불포화지방산은 상온에서 주로 액체로 대부분의 식물성 유지가 해당된다. 특히 리놀레산, 리놀렌산, 아라키돈산은 필수지방산이며, 물고기 조직 및 어유 내에 함유된 EPA, DHA는 ω_3 지방산이다.

③ 복합지질은 C, H, O 외에 N, P, S 등을 함유한 지질을 말하여 인지질, 당지질, 지단백질, 황지질, 색소지질 등이 있다. 유도지질은 단순지질과 복합지질의 가수분해로 얻어지는 것으로 스테로이드와 스테롤 등이 있다.

④ 유지의 화학적 성질 측정에는 검화가, 산가, 요오드가, 수소첨가반응, 아세틸가 등이 사용된다.

⑤ 유지의 변질 종류에는 산화적 산패, 가수분해, 가열 및 중합, 변향 등이 있으며 유지의 불포화도, 효소작용, 광선, 온도, 중금속, 헤마틴 화합물들은 유지의 산화를 촉진시킨다. 자연 항산화제에는 토코페롤, 세사몰, 고시폴 등이 있고, 합성 항산화제에는 BHA, BHT, PG 등이 있으며, 상승제에는 아스코르빈산, 시트르산, 피트산 등이 있다.

제 4 장 단백질

4-1 단백질이란

단백질(蛋白質, protein)의 어원은 그리스어에서 첫째란 뜻의 'proteios'에서 유래한 말이며, 탄수화물, 지질과 함께 동·식물체의 주성분으로 생명유지에 가장 중요한 성분이다. 동·식물의 조직이나 기관을 형성하는 물질로, 생물체의 활성을 가지는 부분은 모두 단백질로 되어 있으며 미량의 생리활성물질에도 단백질이 결합되어 있는 것이 많다.

단백질의 필수적인 원소조성은 C(50～55%), H(6.9～7.3%), O(19～24%), N(15～19%)이며, 그 외 S, P 등과 미량의 여러 가지 무기질로 구성된다. 분자량은 수만～수백만의 고분자 화합물이다. 어느 식품에 함유된 조단백질(crude protein)의 양을 알기 위해 식품의 질소량을 측정하면 평균 16%의 N을 포함하고 있으므로, 그 값에 100/16 = 6.25를 곱한다. 이때의 6.25를 질소계수(N-factor)라 한다.

단백질은 근육과 조직의 구성요소이며, 생명체의 일반적 대사와 기능을 수행하고 조절하는 효소, 호르몬 및 항체의 주요성분이다. 단백질을 섭취하면 체내에서 아미노산으로 분해·흡수되고 혈액에서 각 조직으로 운반되어 체내의 구성성분으로서의 작용과 에너지원의 역할을 한다. 조직단백질은 계속하여 합성·분해되는데 혈액이나 간, 기타 내부기관의 단백질 수명은 10일 이내이며 근육단백질은 100일

정도이고, 결합조직의 단백질인 콜라겐은 1,000일 이상으로 분해 정도는 조직에 따라 크게 다르다.

단백질의 근원은 미생물을 포함하여 원칙적으로 식물로부터 합성되는데, 이는 탄소동화작용으로 합성된 탄수화물이 산화되어 유기산으로 된다. 각종의 아미노산(amino acid)은 유전인자의 지시에 의하여 배열순서와 아미노산 수에 따라 탈수·축합하여 펩티드(peptide)결합을 한다. 이 펩티드의 고분자 화합물이 단백질이다. 식품 중의 단백질은 체내에서 가수분해되어 아미노산으로 흡수되어 체조직 형성에 필요한 단백질로 다시 합성된다. 단백질의 합성에 관여하는 아미노산은 20여 종으로 알려져 있다.

4-2 아미노산

단백질은 최소단위가 아미노산(amino acid)이며, 아미노산이 축합되어 펩티드가 되고 펩티드가 여러 개 결합되면 단백질(polypeptide)이다. 아미노산의 구조는 4부분으로 아미노(amino)기($-NH_2$), 카르복실(carboxyl)기($-COOH$), 하이드로겐(hydrogen)($-H$) 및 알킬(alkyl)기($-R$)로서, R기에 결합된 구조의 차이에 따라서 아미노산의 종류가 다르다.

아미노산은 카르복실기를 기준으로 인접한 α·β·γ 위치의 탄소원자에 아미노기가 있을 때 이를 α-, β- 및 γ-아미노산(amino acid)이라고 한다. 구성단백질은 전부 α-형 아미노산이다.

또한 α-탄소원자에 결합된 4가지 $-NH_2$, $-COOH$, $-R$, $-H$의 구조가 각각 다르므로 부제탄소원자(asymmetric carbon atom)라 하며 광학적 활성을 갖는다.

천연 및 식품 단백질 중의 아미노산은 일반적으로 α-L-아미노산(amino acid)이다.

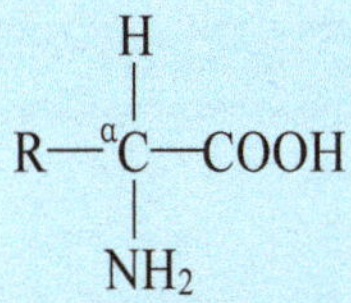

α-amino acid

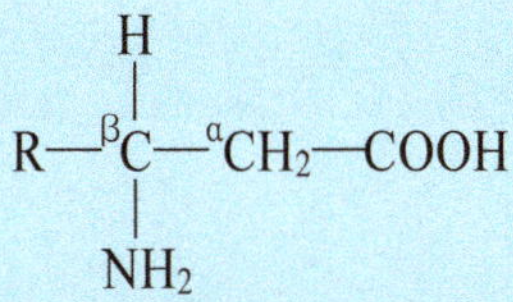

β-amino acid

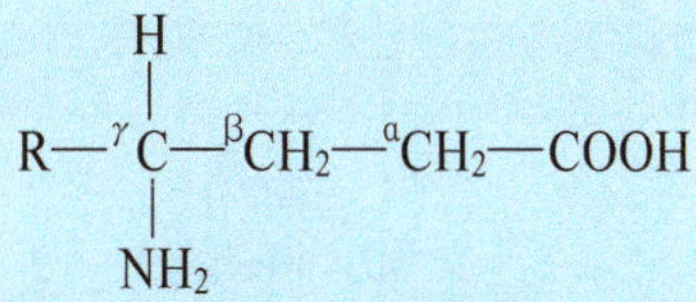

γ-amino acid

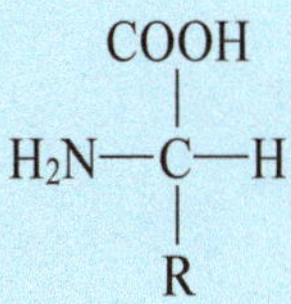

α-L-amino acid

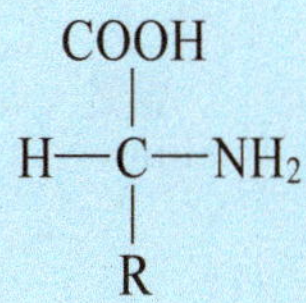

α-D-amino acid

4-2-1 단백질을 구성하는 아미노산

단백질을 구성하는 아미노산의 종류에 대한 견해는 학자에 따라 다르지만 약 20여 종으로 곁사슬(R)의 구조에 따라 <표 4-2-1a>와 같으며, 이 중에서 발린(valine), 루신(leucine), 이소루신(isoleucine), 트레오닌(threonine), 메티오닌(methionine), 라이신(lysine), 페닐알라닌(phenylalanine), 트립토판(tryptophan), 히스티딘(histidine) 등 9종을 필수아미노산, 이외의 다른 아미노산을 비필수아미노산이라고 한다. 단백질을 구성하는 아미노산은 중성, 산성, 염기성, 함황 및 방향족 아미노산으로 구분한다.

〈표 4-2-1a〉 단백질을 구성하는 아미노산(Ⅰ)

분류		명칭	곁사슬(R-)	공통구조
지방족 아미노산	중성	글리신 glycine(gly)	H—	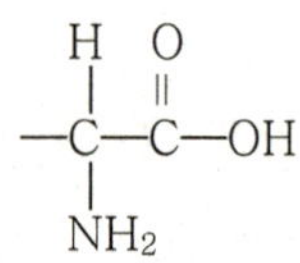
		알라닌 alanine(ala)	CH_3—	
		발린 valine(val)	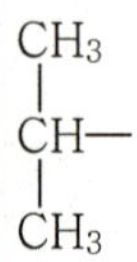	
		루신 leucine(leu)	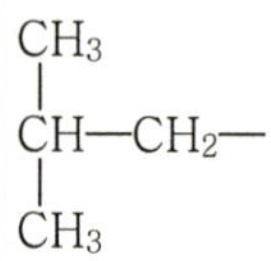	
		이소루신 isoleucine(ileu)	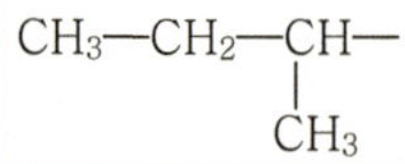	
	옥시	세린 serine(ser)	HO—CH_2—	
		트레오닌 threonine(thr)	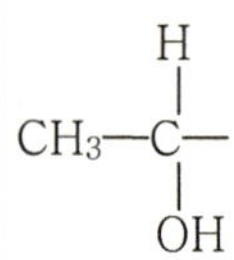	
	함황	시스테인 cysteine(cy)	HS—CH_2—	
		시스틴 cystine(cys)	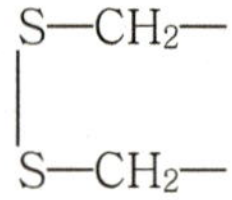	
		메티오닌 methionine(met)	CH_3—S—CH_2—CH_2—	

〈표 4-2-1a〉 단백질을 구성하는 아미노산(Ⅱ)

분류		명칭	곁사슬(R-)	공통구조
지방족 아미노산	산성	글루탐산 glutamic acid (glu)	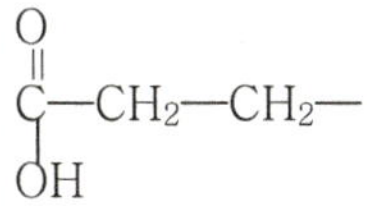	
		아스파르트산 aspartic acid (asp)	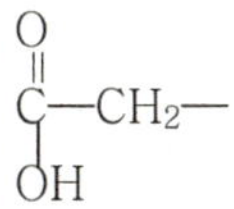	
		글루타민 glutamine(gln)	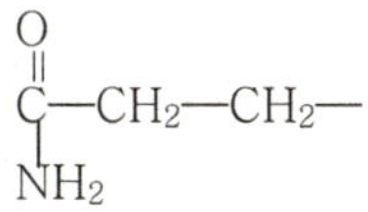	
		아스파라긴 asparagine(asn)	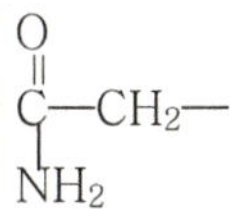	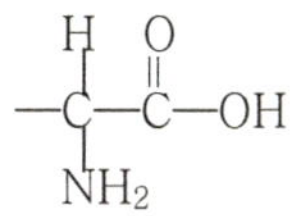
	염기성	리신 lysine(lys)	$H_2N—CH_2—CH_2—CH_2—CH_2—$	
		아르기닌 arginine(arg)	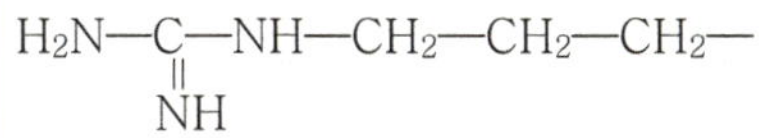	
환상 아미노산	방향족	페닐알라닌 phenylalanine(phe)	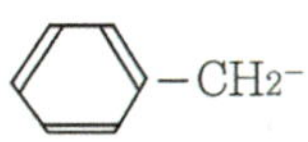	
		티로신 tyrosine(tyr)		
		트립토판 tryptophan(trp)	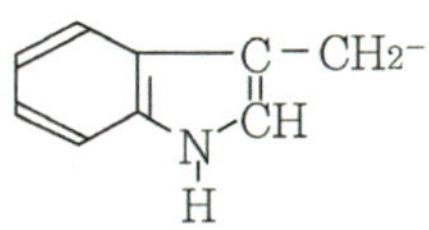	
		히스티딘 histidine(his)	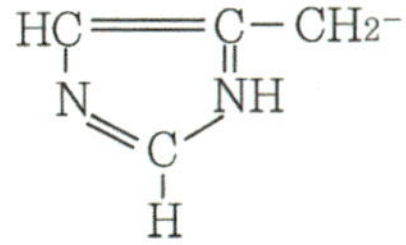	
	이미노산	프롤린 proline(pro)	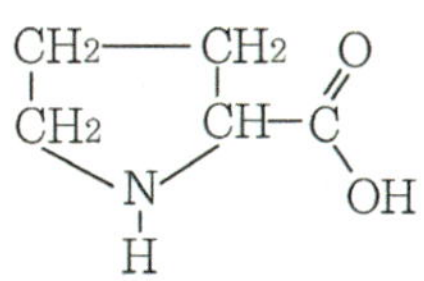	

■ 필수아미노산(Essential amino acid)이란?

신체의 성장과 유지, 생리작용에 꼭 필요하나 생체 내에서 합성할 수 없거나 그 합성속도가 수요에 비해 너무 느려서 외부로부터 공급해야 하는 아미노산을 말한다. 종류로는 발린, 루신, 이소루신, 트레오닌, 메티오닌, 라이신, 페닐알라닌, 트립토판이 있다.

■ 제한아미노산(Limiting amino acid)이란?

인간의 경우 8가지의 필수아미노산이 있는데, 이러한 필수아미노산은 동시에 섭취해야 가장 큰 효과를 나타낼 수 있다. 만약 섭취된 아미노산의 양과 비율이 크게 다른 경우 섭취량이 가장 적은 아미노산의 양을 기준으로 그 효과가 결정된다. 이 때 전체적인 효과를 결정해 주는 가장 섭취량이 적은 필수아미노산을 제한아미노산이라고 한다. 이 제한아미노산은 동시에 흡수된 필수아미노산들의 이용률을 결정해 준다. 식품단백질 중 트립토판이 필수아미노산 중 그 비율이 가장 낮으며, 따라서 이 트립토판이 제한아미노산이 되는 경우가 많다.

4-2-2 아미노산형이지만 단백질을 구성하지 않는 아미노산

아미노산 중 단백질의 구성성분이 아니면서 식품 중에 유리형으로 존재하는 단백질들은 식품의 특이한 맛 · 냄새 등을 나타내기도 한다. 그중 식품과 관계있는 유리아미노산은 다음과 같다. ① 간에 존재하는 오르니틴(ornithin), ② 동물조직, 담즙, 과일에 존재하는 β-알라닌(β-alanine), ③ 요에 존재하는 α-아미노부티르산(α-aminobutyric acid), ④ 뇌, 감자에 존재하는 γ-아미노부티르산(γ-aminobutyric acid), ⑤ 간, 수박에 존재하는 시트룰린(citruline), ⑥ 마늘에 존재하는 알리인(alliin), ⑦ 작두콩에 존재하는 카나바닌(canavanine), ⑧ 두류에 존재하는 호모세린(homoserine)

4-2-3 아미노산의 성질

1) 용해성 아미노산은 양성(兩性)물질, 즉 카르복실기(carboxylic group, $-COOH$)와 아미노기(amino group, $-NH_2$)를 가지므로 일반적으로 물에 녹기 쉽고 알코올, 에테르에는 녹지 않으나 묽은 산이나 알칼리에 쉽게 녹는다. 그러나 티로신

(tyrosine), 시스틴(cystine)은 물에 녹기 어려우며 프롤린(proline), 하이드록시프롤린(hydroxyproline)은 알코올에 잘 녹는다. 아미노산은 pH에 따라 용해도가 다르며 등전점에서 용해도가 가장 작다.

2) 양성 전해질 아미노산은 분자 내에 염기성인 아미노기와 산성인 카르복실기를 공유하고 있으므로 양성물질(兩性物質)이다. 따라서 아미노산이 물에 녹으면 $R \cdot CH\ NH_3^+ \cdot COO^-$의 형으로 분극하여 +, −의 양전하를 갖는 양성전해질(ampholyte)이 된다. 그러므로 아미노산을 물에 녹여 전기영동장치에서 전류를 통하면 산성에서는 알칼리로 작용하여($R \cdot CH\ NH_3^+ \cdot COOH$) 음극으로 이동하고, 알칼리성에서는 산으로 작용하여($R \cdot CH\ NH_2 \cdot COO^-$) 양극으로 이동한다. 하전이 0일 때는 $R \cdot CH\ NH_3^+ \cdot COO^-$의 형태로 되어 분자는 어느 극으로든 이동하지 않는다. 이러한 상태는 아미노산의 종류에 따라서 pH가 다르다. 아미노산의 전하가 0이 되고 전장에서 이동하지 않게 되는 pH를 등전점(等電點, isoelectric point)이라 한다. 일반적으로 중성아미노산의 등전점은 pH 7.0 부근, 산성아미노산의 등전점은 산성 쪽에, 염기성아미노산은 알칼리 쪽에 등전점이 있다.

3) 광학적 성질 아미노산은 글리신(glycine)을 제외하고는 모두 부제탄소원자를 가지고 있으므로 2개의 광학이성체가 존재한다. 단백질을 구성하는 아미노산은 거의 모두가 α-L-아미노산(α-L-amino acid)이다.

4) 맛 아미노산은 각각 특유의 맛을 가진다.

4-3 단백질의 분류

단백질은 용해도, 분자의 크기와 형태, 단백질의 조성, 단백질의 화학적 구조, 생화학적 활성도, 출처 등에 의하여 여러 가지로 분류될 수 있다.

4-3-1 이화학적 성질에 의한 분류

단백질은 그 조성과 이화학적 성질에 따라 단순단백질, 복합단백질, 유도단백질로 나눌 수 있다.

1) 단순단백질

가수분해에 의하여 α-형 아미노산 또는 그 유도물질만 생성되는 단백질을 말한다. 종류 및 특성은 다음과 같다.

(1) 알부민(albumin)

① 용해성 : 물, 산, 알칼리 및 염류에 녹는다.
② 응고성 : 가열과 알코올에 응고된다.
③ 특　징 : $(NH_4)_2SO_4$ 포화로 석출되며, 아미노산을 골고루 함유한다.
④ 식물성 식품 : 콩류(legumelin), 맥류(leucosin), 피마자(ricin), 강낭콩(phaselin) 등
⑤ 동물성 식품 : 혈청(serum albumin), 젖(lactalbumin), 난백(conalbumin), 난백(ovalbumin), 난황(livetin), 근육(myogen) 등

(2) 글로불린(globulin)

① 용해성 : 물에는 녹지 않고 산, 알칼리, 염류에는 녹는다.
② 응고성 : 열에 응고된다.
③ 특　징 : $(NH_4)_2SO_4$ 반포화로 석출되며, 각종 아미노산을 다수 함유한다.
④ 식물성 식품 : 콩류(glycinin), 고구마(ipomain), 감자(tuberin), 땅콩(arachin) 등
⑤ 동물성 식품 : 혈청(serum globulin), 젖(lactoglobulin), 난백(lysozyme), 난백(ovoglobulin), 혈장(fibrinogen), 근육(myosin) 등

(3) 글루텔린(glutelin)

① 용해성 : 물과 염류에는 불용이다. 묽은 산・알칼리에는 잘 녹는다.

② 응고성 : 가열에 응고되지 않는다.

③ 특 징 : 식물성 식품에 많이 함유되었으며 곡류의 종자에 많다.

④ 식물성 식품 : 쌀(oryzenin), 밀(glutenin), 보리(hordenin) 등

(4) 프롤라민(prolamin)

① 용해성 : 물과 염류에는 불용성, 70～90% 알코올, 묽은 산과 알칼리에 가용성이다.

② 응고성 : 가열에 응고되지 않는다.

③ 특 징 : 식물성 식품에 많이 함유되었으며 곡류에 많다. 아미노산 중에 글루탐산(glutamic acid), 프롤린(proline)을 많이 포함한다.

④ 식물성 식품 : 밀(gliadin), 보리(hordein), 옥수수(zein), 귀리(sativin) 등

(5) 히스톤(histone)

① 용해성 : 물과 묽은 산에 잘 녹고, 암모니아에는 녹지 않는다.

② 응고성 : 열에 응고되고, 알칼로이드(alkaloid) 시약에 침전된다.

③ 특 징 : 염기성 단백질이고, 아르기닌(arginine)을 많이 함유한다. 동물세포에서 핵산 등의 산성물질과 결합하며 식물성에는 없다. 식품으로의 가치는 적다.

④ 동물성 식품 : 적혈구(globin), 흉선(thymushistone) 등

(6) 프로타민(protamine)

① 용해성 : 물과 묽은 산에 잘 녹는다.

② 응고성 : 열에 응고되지 않고, 알칼로이드(alkaloid) 시약에 침전되지 않는다.

③ 특 징 : 염기성이 강한 단백질이고, 아르기닌을 많이 함유한다. 동물세포에서 성숙한 생식세포(어류의 정낭)에 핵산과 결합하며 식물성에는 없다. 식품으로의 가치는 적다.

④ 동물성 식품 : 연어(salmin), 고등어(scombrin), 정어리(clupeine), 상어(sturin) 등의 어류에 존재

(7) 알부미노이드(albuminoid)

① 용해성 : 물과 일반용매에도 녹지 않으며 가수분해도 어렵다.

② 특 징 : 경단백질(硬蛋白質, scleroprotein)이라고 한다. 동물의 세포 및 조직에 많이 들어 있으며, 글리신(glycine)과 프롤린(proline)은 많으나, 트립토판(tryptophan), 시스틴(cystine) 등은 거의 없으므로 영양가는 낮다.

③ 동물성 식품 : 털, 뿔(keratin), 견사(fibroin), 건(腱, elastin), 뼈(collagen) 등. 특히 동물성 단백질의 결체조직인 콜라겐에 물을 가하여 가열하면 수용성의 젤라틴이 된다.

2) 복합단백질

복합단백질은 단순단백질과 비단백질성분(prosthetic group)으로 구성된 것이며, 그 결합된 비단백질군의 종류에 따라 다음과 같이 나눈다.

(1) 핵(核)단백질(nucleoprotein)

① 구성 : 단순단백질 + 핵산(nucleic acid)

핵산 = 염기 + 당 + 인산

뉴클리오사이드(nucleoside)는 염기와 당이 결합된 상태를 말하며, 뉴클리오티드(nucleotide)는 뉴클리오사이드에 인산이 결합된 것이다.

② 특성 : 염기에는 퓨린 염기(purine base)와 피리미딘 염기(pyrimidine base)가 있고, 전자는 아데닌(adenine), 구아닌(guanine)으로, 후자는 시토신(cytosine), 티민(thymine), 우라실(uracil)로 나눈다.

당은 5탄당만 결합되며 D-리보스(D-ribose)와 D-디옥시리보스(D-deoxyribose)가 있다.

인산은 H_3PO_4가 결합된다.

③ 종류 : 동물성 식품에서 감칠맛을 내며 발효성 조미료로 이용하고 있다.

(2) 당(糖)단백질(glycoprotein, mucoprotein)

① 구성 : 단순단백질 + 당

② 특성 : 물과 염류용액에 녹지 않고 알칼리용액에 녹는다. 독특한 점성을 가지고 있고, 동식물의 조직과 세포를 보호하는 작용을 한다. 당단백질은 초산(acetic acid)에 침전되는 것은 뮤신(mucin), 침전되지 않는 것을 뮤코이드(mucoid)라고 한다.

③ 종류 : 난백(ovomucoid, ovomucin), 혈액(seromucoid, seroglycoid) 등

(3) 인(燐)단백질(phosphoprotein)

① 구성 : 단순단백질 + 인산

② 특성 : 동물성 식품에만 존재하는 산성단백질로서 묽은 알칼리용액에 녹는다.

③ 종류 : 우유(casein), 난황(vitellin, vitellenin, phosvitin) 등

(4) 색소(色素)단백질(chromoprotein)

① 구성 : 단순단백질 + 색소

② 특성 : 색소단백질은 금속과 결합되는 부분이 많다.

③ 종류

가. 헤모글로빈(hemoglobin) 척추동물의 혈색소이며, 단백질인 글로빈(globin) 1분자와 색소부분인 헴(heme) 4개가 결합한 것이다. 산소의 운반체이고 Fe가 관여한다.

나. 미오글로빈(myoglobin) 동물의 근육색소이며, 단백질인 글로빈 1분자와 색소부분인 헴 1개가 결합한 것이다. 산소의 저장체이고 Fe가 관여한다.

다. 헤모시아닌(hemocyanin) 낙지, 달팽이 등의 절족동물, 연체동물 피에 있고, 이는 산소와 결합하면 청색이 되며 헤모글로빈의 Fe 대신 Cu를 함유한다.

단백질 — 핵 산 { 당 / 인산 / purine 또는 pyrimidine 염기

핵단백질

purine 또는 pyrimidine 염기 — 당 — 인산

nucleoside

nucleotide

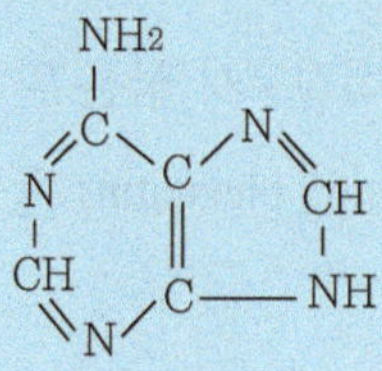

adenine

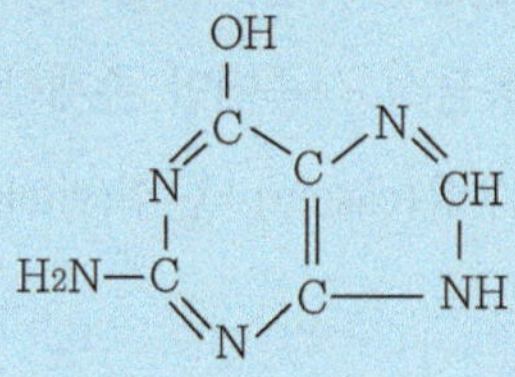

guanine

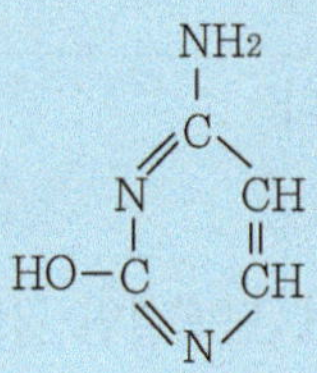

cytosine

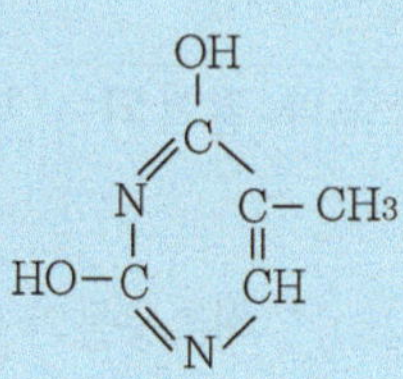

thymine

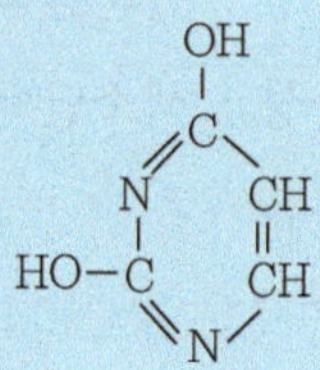

uracil

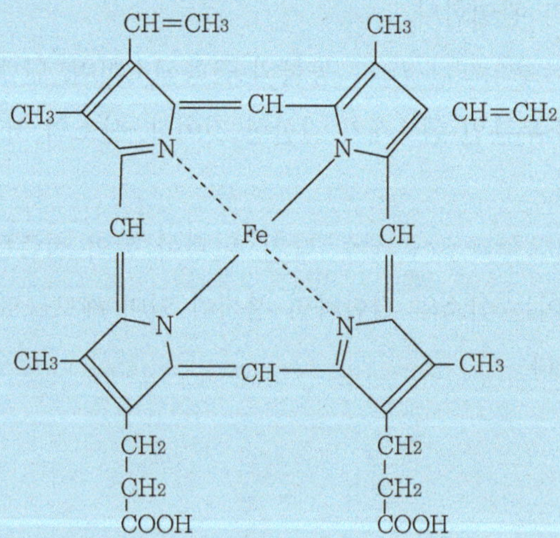

heme

라. 시토크롬(cytochrom), 카탈라아제(catalase) 및 페록시다아제(peroxidase) 헤모글로빈과 같이 헴을 가진 단백질로서 동식물의 여러 조직에 존재한다.

마. 플라빈(flavin) 효소 비타민 B_2의 인산에스테르에 단백질이 결합한 것으로 황색을 띠며 호흡에 관여한다.

(5) 지(脂)단백질(lipoprotein)

① 구성 : 단순단백질 + 지질

② 특성 : 지질은 인지질이 많으며 동식물체에 널리 있으나 완전분리는 어렵다.

③ 종류 : 난황(lipovitellin, lipovitellenin) 등

(6) 금속(金屬)단백질(metalloprotein)

① 구성 : 단순단백질 + 금속(Cu, Fe, Zn 등)

② 특성 : 자연계에 널리 존재하며 금속과 결합하여 여러 가지 색소를 가진다.

③ 종류 : 페리틴(ferritin), 인슐린(insulin), 티로시나아제(tyrosinase), 폴리페놀라아제(polyphenolase), 아스코르비나아제(ascorbinase) 등

3) 유도단백질

천연단백질이 물리적 · 화학적 및 효소적인 작용으로 분자량이 변화되며 상태에 따라 제 1유도단백질 및 제 2유도단백질로 구별한다.

(1) 제 1유도단백질

천연단백질(native protein)이 열, 자외선 등의 물리적 작용과 묽은 산, 알칼리 등의 화학적 작용 및 관련 효소작용을 약간 받은 단백질이다.

① 응고단백질 열, 알코올 등에 의하여 단백질이 변성하여 응고된 것을 말한다. 예를 들면, 달걀(egg albumin), 우유(lactalbumin), 젤라틴(gelatin), 콜라겐(collagen)을 물로 끓일 때 생긴다.

② 프로테안(proteans) 원래 수용성인 단백질이 물 · 효소 · 산 · 알칼리 · 열 등에

의하여 불용성 단백질로 되는 것이다. 예를 들면, 주로 글로불린(globulin)에서 일어나며 에데스틴(edestin), 미오신(myosin)이 각각 에데스탄(edestan), 미오산(myosan)으로 변한다.

③ 메타프로테인(metaprotein) 산, 알칼리에 의해 변성된 단백질이며 가열하면 더욱 잘 생성된다. 특히 중성용매에는 잘 녹지 않는 형태이다.

(2) 제 2유도단백질

제 1유도단백질에서 변성이 더욱 진행된 상태로 다시 분해되어 아미노산이 되기 전까지의 중간생성물이다.

① 프로테오스(proteose) 물에 용해되며 가열해도 응고되지 않는다. 이것은 단백질이 산, 효소(pepsin, trysin)에 의해 분해된 것을 말하며 $(NH_4)_2SO_4$의 포화로 침전한다.

② 펩톤(peptone) 프로테오스에서 더 분해된 것으로 물에는 용해되나 가열에 의해서는 응고되지 않으며 콜로이드 성질을 상실한다. 이는 효소(pepsin, trysin) 등에는 더 분해되지 않고 $(NH_4)_2SO_4$ 포화로 침전하지 않는다.

③ 펩티드(peptide) 2개 이상의 아미노산이 결합된 것을 말하며 이것은 단백질을 가수분해하여도 얻을 수 있다. 즉 아미노산이 결합할 때 물 한 분자가 빠진 펩티드결합이라 하며 단백질분자의 기본적인 결합이다.

4-3-2 기능에 의한 분류

생체 내에서 단백질은 각각의 생리적 기능을 가진다. 기능에 따라 분류하면 다음과 같다.

① 효소단백질 : 펩신(pepsin) 등

② 저장단백질 : 카제인(casein), 오브알부민(ovalbumin) 등

③ 운반단백질 : 헤모글로빈(hemoglobin) 등

④ 수축단백질 : 액틴(actin), 미오신(myosin) 등

⑤ 구조단백질 : 콜라겐(collagen), 케라틴(keratin) 등

⑥ 항체단백질 : 혈액의 글로불린(globulin), 피브리노겐(fibrinogen) 등

⑦ 호르몬 단백질(hormone protein) : 인슐린(insulin) 등

4-3-3 구조에 의한 분류

단백질은 구조와 형태에 따라 섬유상(纖維狀) 단백질(fibrous protein)과 구상(球狀) 단백질(globular protein)로 분류된다.

〈표 4-3-3a〉 섬유상 및 구상단백질의 비교

구분	섬유상단백질	구상단백질
형 태	• 지그재그 모양의 β-구조가 축에 나란히 달리면서 묶여 다발을 이룬다.	• α-나사구조가 구부러지고 겹쳐져 전체로는 구상을 이룬다.
이화학적 성질	• 안정성이 있으나 물에 불용액은 점도가 높다. • 결정성이다.	• 불안정하다. 일반적으로 물에 가용, 변성을 쉽게 일으킨다. 분자 내에 다량의 물을 함유한다.
생활기능 및 생명현상 관계	• 직접 관계가 없다. • 뼈를 형성한다. • 표피 보강 및 배설물이다.	• 활성물질로 분비되어 생활기능에 직접 관계한다. • 생물학적으로 중요하다. • 생명현상에 밀접한 관계가 있다.
분포상태	• 견사 fibrin • 털 gelatin • 건 collagen • 근육 myosin	• 단순단백질(albumin, globulin 등) • 복합단백질(casein, hemoglobin 등) • 핵단백질 등 원형질의 주성분 • 난백, 우유

4-3-4 출처에 의한 분류

단백질은 출처에 따라 나누면 식물성 단백질과 동물성 단백질로 분류되며, 이것

은 다음과 같이 세분할 수 있다.

1) 식물성 단백질

① 곡류단백질(cereal protein)

② 두류단백질(legume protein)

2) 동물성 단백질

① 육류단백질(meat protein)

② 우유단백질(milk protein)

③ 난류단백질(egg protein)

④ 어류단백질(fish protein)

4-4 단백질의 구조

단백질은 α-L-아미노산(α-L-amino acid)이 반복된 구조로서, α-위치의 카르복실기(-COOH)와 다른 아미노산의 α위치의 아미노기기(-NH_2)에서 1분자의 물이 빠지고 -CO-NH와 같은 펩티드(peptide)결합이 연속적으로 긴 사슬을 이루고 있는 것이다.

① 디펩티드(dipeptide) : 2개의 아미노산이 펩티드결합

② 트리펩티드(tripeptide) : 3개의 아미노산이 펩티드결합

③ 폴리펩티드(polypeptide) : 다수의 아미노산이 펩티드결합

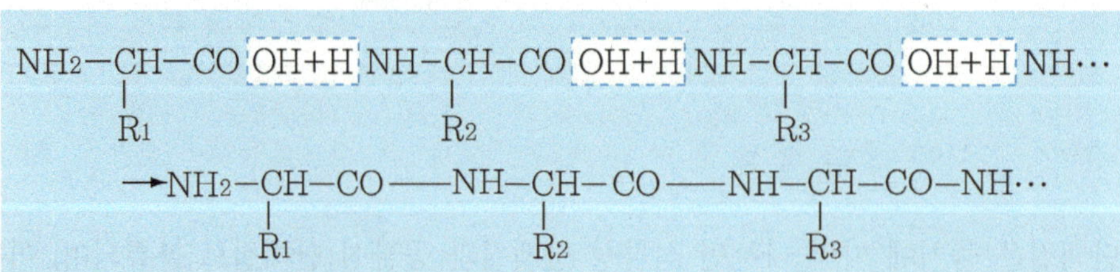

펩티드를 이루고 있는 아미노산 부분을 아미노산 잔기라 하고 R_1, R_2에 해당하는 부분을 아미노산 측쇄라 하며, 펩티드 사슬 속의 아미노산 잔기와 측쇄 그리고 펩티드 사슬의 한쪽 끝은 $-COOH$기가 유리되고, 다른 쪽 끝에는 $-NH_2$기가 유리되어 있기 때문에 각각을 카르복실기 말단(C-terminal), 아미노기 말단(N-terminal)이라 한다.

펩티드의 분자량은 수천에서 수십만에 이르고 보통 폴리펩티드(polypeptide)도 분자량이 수천에 이르는 것도 있다. 그러므로 단백질은 중합도가 매우 큰 고분자이다.

단백질의 구조는 1차구조(primary structure), 2차구조(second structure), 3차구조(tertiary structure) 및 4차구조(quaternary structure)가 있다.

4-4-1 1차구조

펩티드결합(-CO-NH-)이 기본적인 결합양식으로, 단백질의 아미노산 배열순서는 생체에서 단백질을 생합성할 때의 유전자에 들어 있는 DNA 정보로 각각 단백질 고유의 아미노산 배열을 갖게 한다. 이 아미노산의 배열순서를 단백질의 1차구조라 한다.

4-4-2 2차구조

1차구조의 폴리펩티드 사슬은 수소결합이나 이온결합 등에 의하여 β-구조, 나사구조 및 임의구조에 의하여 2차구조를 형성한다. 2차구조는 주사슬의 펩티드결합부의 $-C=O$의 O와 다른 펩티드결합의 $-NH$의 H와의 사이에 수소결합에 의하여 공간적 배치를 안정화시킨다.

4-4-3 3차구조

폴리펩티드의 측쇄(side chain) 사이의 결합을 크로스 연결(cross linkage)이라 하는데 이온결합, 수소결합, 소수결합, -S-S-결합, 펩티드결합 등에 의하여 휘어지고 구부러진 구상 및 섬유상의 복잡한 공간구조를 3차구조라 한다. 결합부위가 끊어지면 분자의 변형으로 변성이 일어나고, 분자 사이에 크로스 연결이 생기면 분자의 회합이나 응고가 일어난다. 곧 크로스 연결의 생성은 단백질의 성질에 중요한 영향을 준다. 3차구조는 구상단백질과 섬유상단백질로 대별된다.

4-4-4 4차구조

단백질 가운데서 생리활성을 가지는 3차구조의 단백질이 몇몇 모여서 결합체를 만드는 일이 많다. 이와 같이 몇몇 단백질이 모여서 가능을 가지는 단백질의 집합체를 만들 때 이 구조를 4차구조라 하며 회합의 기초가 되는 하나의 단백질을 서브유닛(subunit)이라 한다. 소단위 간의 회합은 수소결합, 정전기(electrostatic) 상호작용, 소수작용 등이 관여하고, 또한 pH · 염농도 · 계면활성체 · 금속이온 · 온도 등의 여러 인자에 의해 영향을 받는다([그림 4-4-4a~b] 참조).

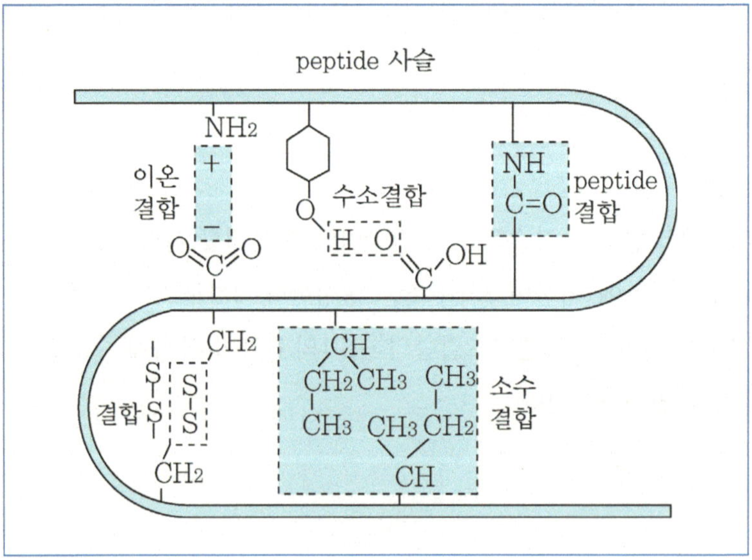

[그림 4-4-4a] 각종 단백질의 교차결합

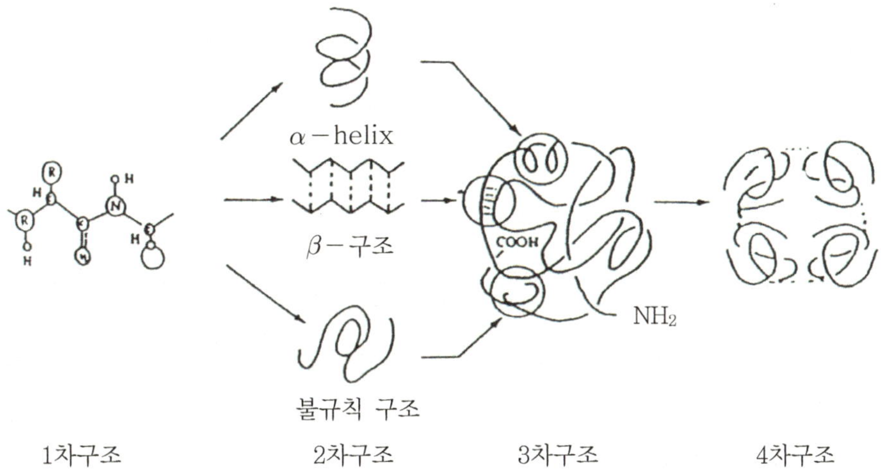

[그림 4-4-4b] 단백질의 입체구조

4-5 단백질의 성질

4-5-1 분자의 크기

단백질은 고분자질소화합물로서 분자량이 수만~수백만에 이른다. 단백질은 분자량이 대단히 크므로 수용액에서는 셀로판 등의 반투막을 통과하지 못하며, 물에 녹을 때 콜로이드(colloid)용액을 형성한다. 분자의 크기는 10~70μ 정도이다.

4-5-2 용해성

단백질이 용매에 녹는다는 것은 식염이나 설탕이 물에 녹아 용액을 만드는 것과 달리 용액 중에 분산되어 점성이 있는 콜로이드용액이 되는 것이다. 단백질은 종류에 따라 물, 묽은 산, 묽은 알칼리, 묽은 중성 염류용액, 알코올, 암모니아수 등에 녹는다. 이 성질은 각 단백질의 특성으로서 조리·가공에 이용된다.

물에 녹는 단백질은 −COOH, −COO, $-NH_2$, $-NH_3^+$, −OH, −SH, −NH, >C=O 등과 같은 친수성기(hydrophilic group)를 펩티드결합의 여러 곳에서 나온 측쇄에 가지고 있으므로 물분자에 둘러싸여 서로 끌어당김으로써 수화(水和, hydration)를 거쳐 용해되는 것이다.

4-5-3 양성전해질

아미노산 한 분자 내에 아미노기($-NH_2$)와 카르복실기(−COOH)를 아울러 가지고 있다. 이것은 수용액 중 −COOH에서 수소이온(proton, H^+)을 방출하여 $-COO^-$가 되고 $-NH_2$는 수소이온을 끌어당겨서 $-NH_3$가 된다. 따라서 아미노산은 (+)와 (−)의 극성을 기지는 이온의 형으로 존재한다. 이와 같은 것을 양성전해질(ampholyte)이라 한다(4장 "4-2-3. 2) 양성 전해질" 참조).

4-5-4 등전점

단백질은 산성용액 중에서 양(+)하전, 알칼리성에서 음(−)하전을 띠며 그 중간의, 즉 전하가 0이 되고 전장에서 움직이지 않게 되는 pH가 등전점(isoelectric point)이 된다. 일반적으로 중성 아미노산의 등전점은 pH 7.0, 산성 아미노산의 등전점은 산성 쪽으로, 염기성 아미노산은 알칼리성 쪽의 등전점을 갖는다. 각종 단백질의 등전점은 <표 4-5-4a>와 같이 pH 5 부근이다.

〈표 4-5-4a〉 식품단백질의 등전점

단백질	소재	등전점(pH)	단백질	소재	등전점(pH)
eggalbumin	달걀	4.5~4.9	glycinin	콩	4.0~5.0
casein	젖	4.8~4.85	glutenin	밀	5.2~5.4
lactoalbumin	젖	5.1	edestin	대마열매	5.5~6.0
lactoglobulin	젖	4.5~5.5	zein	옥수수	5.8
myosin	살코기	5.4	gliadin	밀	6.2~6.4
myogen	살코기	6.3			

단백질은 등전점에서 수화·팽윤·용해도·점도 등이 최소가 되고 흡착력과 기포력은 최대가 된다.

4-6 단백질의 변성

천연단백질은 아미노산들이 펩티드결합에 의해 연결되는 1차구조와 유리아미노기 또는 카르복실기에 의해서 분자 간의 이온결합, 수소결합, 디설파이드결합(disulfide bond) 등에 의해 단백질의 고유형태인 입체구조가 유지되고 있다. 그러나 단백질의 입체구조는 가열 등의 물리적 작용, 산·알칼리 같은 화학적 작용, 효소작용 등을 받아 입체구조가 변형하는 것을 변성(denaturation)이라 하며, 이러한 변화로 생성된 단백질을 변성단백질(denaturated protein)이라 한다.

4-6-1 단백질 변성기작

변성을 일으키는 원인으로는 ① 물리적인 요인에 가열·동결·교반·고압·조사·초음파 등이 있고, ② 화학적 요인에 묽은 산·알칼리·계면활성제·중금속·요소·알코올 등이 있으며, 또한 ③ 효소적 요인 등이 있다. 단백질 변성은 이들 요인에 의해 단백질의 분자형태가 풀어지게(unfolding) 된다. 단백질의 변성과정은 [그림 4-6-1a]와 같다.

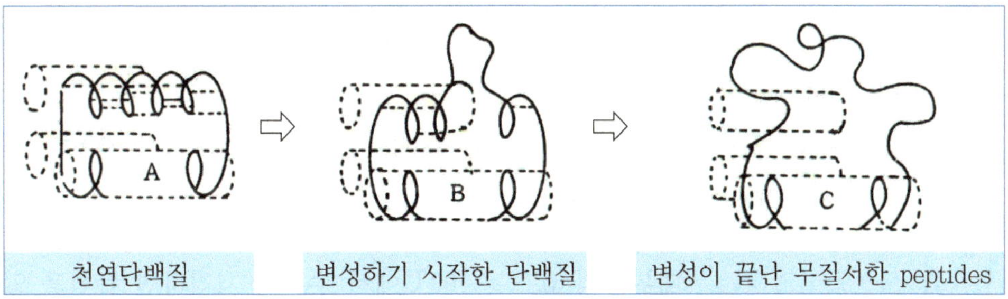

[그림 4-6-1a] 단백질의 변성

일반적으로 변성단백질은 천연단백질의 형태가 풀려서 −OH기, −SH기, −COOH기, $-NH_2$기 등의 활성기의 형성으로 용해도가 감소되고 수화성이 변한다.

초기 변성단백질은 효소작용을 받기 쉽기 때문에 소화가 잘되지만 지나치게 변성되면 효소작용을 받기 어려우므로 소화가 나빠진다. 생달걀이나 완숙보다 반숙의 소화가 더 잘되는 것은 바로 이 때문이다. 그 외에 생물학적 활성 · 호르몬의 생리작용 · 독성 · 면역성 등 단백질의 성질을 상실한다.

4-6-2 변성단백질의 일반성질

1) 용해도의 감소 단백질이 물에 녹아 있을 때 소수성기는 물에서 멀어지려고 내부에 들어 있으나 단백질이 변성되면 구조가 풀려 이것이 표면에 나타나므로 단백질의 친수성이 감소하고 용해성도 감소한다.

2) 효소에 대한 감수성 구상단백질은 변성에 의하여 효소의 작용을 받기 쉬워진다. 단백질이 열에 의해 변성되면 구형을 이루고 있던 폴리펩티드(polypeptide) 사슬이 열에 의해 풀어져서 효소가 작용할 수 있는 장소가 증가한다. 또한 지나친 가열은 단백질의 소화를 나쁘게 하는데, 이것은 가열로 인하여 생긴 새로운 크로스 연결로 응고물의 구조가 빽빽해지므로 효소의 작용장소가 다시 구조 내부로 묻혀버리기 때문이다. 그 예로 반숙한 달걀이나 콩 단백질을 습열로 변성시키면 분해가 잘된다. 이때의 용매는 물인데 알코올로 변성시키면 효소에 의한 분해율은 더욱 높아진다.

3) 반응성의 증가 단백질이 변성하면 구조의 내부에 있던 −SH, −OH, $-NH_2$, −COOH, 페놀(phenol)기 등의 활성기가 단백질 구조의 표면으로 나타나서 반응성이 증가한다. 예로 달걀 알부민(egg albumin)과 근육의 미오신이 변성하기 전보다 −SH기의 반응을 잘 나타낸다.

4) 생물학적 활성의 손실 대부분의 효소는 100℃에서 수분간 처리하면 활성을 잃게 된다. 열에 의해 효소단백질의 분자가 변형되면 효소는 활성을 잃게 된다.

그 반대의 경우도 있는데, 예로 β-아밀라아제(β-amylase)에 대하여 타닌(tannin)은 저해작용이 있으나, 젤라틴(gelatin)을 가함으로써 아밀라아제 활성은 복원된다.

5) 점도의 증가 콜라겐(collagen)에 물을 넣고 가열하면 점도가 2% 증가하는데, 이는 단백결합이 풀려서 원형이 없어지고 무질서의 구조로 변하기 때문이다.

4-6-3 물리적 작용에 의한 변성

1) 가열에 의한 변성

식품에서 가장 많이 일어나는 형태 중의 하나이며 단백질은 열에 의하여 대부분이 응고되어 바로 변성(denaturation)이라고 생각되지만, 응고가 일어나기 전에 용액 중에서 분자의 형태가 먼저 변하고 분자량이 증가하기 때문에 열에 의한 변성은 분자의 변성 → 회합 → 응고의 3단계로 이루어지는 것이다. 가용성 단백질을 가열하면 열변성이 일어나 불용성이 되어 응고하는데 육류 · 알류 · 어패류에서 그 예를 볼 수 있다. 그러나 이것과 반대로 불용성인 단백질에 의하여 가용성이 되는 경우가 있다. 즉 육류를 장시간 가열하면 결체조직 중의 콜라겐이 변성되어 가용성인 젤라틴이 되어 용출되는 것이다.

열변성의 조건으로는 온도 · 물 · 산 · 전해질(염화물, 황산염, 인산염, 젖산염 등) · pH에 의해서 영향을 받는다.

(1) 온도 대부분의 단백질의 경우 변성과 응고는 55~75℃에서 일어난다. 단백질 중 가용성 단백질인 알부민 및 글로불린의 열변성이 가장 잘된다. 즉 달걀 단백질인 오브알부민의 변성은 58℃(응고 시작) → 62~65℃(유동성 상실) → 70℃(완전 응고) 순서이다. 보통 알부민은 10℃ 상승하면 변성속도가 20배나 빨라진다.

가열변성은 pH · 가열방법 · 염 · 당 · 지방과 같은 공존물질 등의 영향을 크게 받는다. 식품의 단백질은 지질 · 당 · 염 등과 공존함으로써 고기나 알의 열에 대한 변성온도와 분리된 각각의 단백질의 응고온도는 다르다.

(2) 수분 열변성에서 수분이 많으면 비교적 저온에서 열에 의한 변성이 일어나나 수분이 적으면 고온에서 응고한다. 즉 건열살균이 습윤살균보다 고온을 필요로 하는 것은 이 때문이며 오브알부민의 수분과 응고온도와의 관계는 <표 4-6-3a>와 같다.

〈표 4-6-3a〉 오브알부민(ovalbumin)의 수분과 응고온도와의 관계

수분함량	응고온도(℃)	수분함량	응고온도(℃)
알부민(albumin) + 50% 물	56	알부민(albumin) + 6% 물	145
알부민(albumin) + 25% 물	74~80	알부민(albumin) + 0% 물	160~170
알부민(albumin) + 16% 물	80~90		

(3) 전해질 단백질에 염화물 · 인산염 · 젖산염 등의 전해질이 들어 있으면 변성온도가 낮아지며 변성속도가 빨라진다. 예를 들면, 두부 제조 시 콩단백질인 글리시닌은 가열하는 것만으로는 두부가 되지 않으나 70℃ 이상에서 $MgCl_2$를 가하면 잘 응고된다.

(4) 수소이온농도 수소이온농도는 단백질의 응고와 관계가 깊은데, 단백질은 등전점에서 가장 잘 응고된다. 예를 들면, 오브알부민의 등전점이 pH 4.8이므로 산을 넣어 pH 4.8로 하면 비교적 낮은 온도에서 잘 응고되나 그 외의 pH에서는 보다 더 산성으로 하여도 응고온도가 높아진다. 예컨대 생선을 조릴 때 식초를 넣어주면 살이 빨리 단단해지는 것은 바로 이 때문이다.

(5) 열응고의 방지 지방산염 · 당 · 당알코올은 달걀 알부민(egg albumin)이나 혈청 알부민(serum albumin)의 열응고를 방해한다. 지방산염 중에서 탄소수 7~8개인 것이 특히 유효하다. 당이나 당알코올의 포화용액은 달걀 알부민

의 열응고를 방지한다. 당의 보호작용은 당의 종류에 따라 다르며 포도당, 과당, 설탕이 가장 크다.

(6) 단백질의 겔(gel)화 단백질용액을 가열하였을 때 단백질분자가 응고·침전하지 않고, 용액 전체가 겔화하는 경우가 있다. 이것은 변성한 단백질 사슬 사이의 상호작용에 의하여 그물모양의 구조가 형성되고 그 속에 물이 들어간 현상이라 생각된다. 2.5~3.5% 소금물에 단백질인 미오신(myosin)이나 액토미오신(actomyosin)의 용액을 가하면 겔(gel)화한다. 이 현상을 이용하여 기계로 생선을 갈아서 생선묵의 조직을 얻는다. 겔화할 때 근원섬유단백질의 용해를 증가시켜 연제품의 탄력을 증강시키기 위해서는 어육의 pH를 6.5~7.0으로 하는 것이 유력하며 필요한 단백질의 양은 pH 5.8에서 최소가 된다.

2) 동결에 의한 변성

단백질이 얼면 변성이 일어난다. 변성된 단백질은 효소의 작용을 받기 쉽게 되어 자기분해되든가 부패가 일어나기 쉽게 된다. 즉 냉동시켰던 식품은 부패되기가 쉽다. 특히 어육단백질은 변성되기 쉬우며 동결 후 어육은 질겨지고 고무처럼 되어 수분을 잃는다. 우육은 −1.5~−3℃에서 어육은 −1~−5℃에서 가장 현저하게 변성이 일어나는 반면에 −20℃에서는 변성이 최소가 된다고 한다. 변성이 가장 현저한 −1~−5℃를 최대 빙결정생성대 또는 위험온도대(danger zone)라고 한다.

3) 건조에 의한 변성

건조한 어육은 염석(salting out), 응집(cohesion) 등에 의한 변성으로 물에 담가도 흡수성이 나쁘고 생육처럼 되지 않는다. 그러나 동결건조식품은 흡수성이 좋은 것은 물론 원상태와 유사하게 된다.

4) 계면장력에 의한 변성

단백질이 단일분자막의 상태로 얇은 막상을 형성하게 되어 마침내 불용성이 되는 현상을 단백질의 계면변성이라 한다. 달걀의 난백을 강하게 저어서 거품을 일게 하면 거품 표면에서의 계면장력도 작용하여 단백질을 변성시킨다. 빵의 반죽을 발효시키는 동안에 생긴 CO_2의 기포 표면에 밀가루 단백질인 글루텐(gluten)이 얇게 분산되어 표면장력으로 변성하여 강한 막을 형성한다. 계면변성이 되면 점차 점성이 커진다.

5) 광선, 압력 및 초음파에 의한 변성

단백질은 광선에 의해 3차구조의 결합이 절단되어 변성이 일어난다. 특히 α-, β -, γ-, χ-선 조사에 의해서 변성되고 상온에서 자외선을 조사하면 등전점에서 불용성이 된다. 단백질에 5,000~10,000기압의 압력을 가하면 응고한다. 또한 초음파에 의해서도 변성되고, 가용성 단백질을 건조 분쇄하여도 역시 불용성으로 변성한다.

4-6-4 화학물질에 의한 변성

1) 산 · 알칼리에 의한 변성

단백질용액에 산 또는 알칼리를 가하면 (+), (−)전하가 변하기 때문에 단백질이 변성된다. 이 물질의 변성은 단백질을 등전점에 이르게 하여 응고시키는 것이라고 할 수 있다. 예를 들면, 우유에 젖산균이 생육하면 pH가 저하하여 카제인(casein)의 등전점(pH 4.6)에 이르게 되어 카제인이 변성되어 등전침전한다. 예를 들어 요구르트, 치즈 등의 제조와 우유의 산패 시 단백질이 응고한 덩어리가 생긴다.

또한 생선의 초절임은 산으로 그 단백질을 응고시켜 연한 육질을 굳히는 것이다. 또 살이 너무 연한 생선을 삶을 때 식초를 조금 친 다음 물을 끓이는 것도 단백질을 변성시켜 생선살을 굳게 하기 위한 것이다.

2) 유기용매에 의한 변성

유기용매인 알코올 등을 단백질 수용액에 넣으면 단백질이 변성되어 침전하는데 등전점 부근에서 반응이 가장 잘 일어난다. 예를 들면 알코올 첨가에 의한 우유 침전반응의 유무를 보는 알코올 검사(alcohol test)는 우유의 신선도 판정에 이용하는 것이다. 이것은 우유가 변질되면 산이 증가하므로 등전점 부근의 pH가 되기 때문이다.

3) 금속이온에 의한 변성

일반적으로 +2~+3가(價) 금속이온은 단백질의 변성을 일으키는 데 효과가 크다. 예를 들면 대두 단백질인 글리시닌(glycinin)은 열에 의하여 변성되지 않으나 Ca^{++}, Mg^{++}에 의하여 쉽게 응고된다. 이 원리는 두부제조에 이용된다. 과일이나 채소를 설탕조림할 때 원형을 너무 헝클어뜨리지 않으려면 백반(alum)을 넣으면 된다. 이는 백반 중의 Al^{+++}이 단백질을 응고시키기 때문이다.

4) 중성염에 의한 변성

단백질용액에 소량의 중성염을 넣으면 단백질이 용해되기 쉬워지는데 이를 염용(salting in)이라 하고, 다량 넣으면 물이 염을 녹이는 데 사용되므로 단백질을 녹이는 데 부족하여 단백질이 침전되는 것을 염석(salting out)이라 한다. 중성염으로는 $(NH_4)_2SO_4$, Na_2SO_4, NaCl, $(NH_4)_2CO_3$ 등이 사용된다.

4-6-5 효소에 의한 변성

우유단백질의 약 80%를 차지하는 카제인은 구상단백질이며 Ca, P, 미량의 Mg 및 구연산을 함유하고 있다. α- 또는 β-카제인은 Ca^{++}이온이 존재하면 응집하나 k-카제인은 응집하지 않고 미셀(micell) 표면에 존재하여 보호 콜로이드(colloid)의 구실을 한다.

$$\text{rennin} + \text{k-casein} \rightarrow \text{para-k-casein} + \text{glycomacropeptide}$$

이때 글리코마이크로펩타이드(glycomacropeptide)는 친수성이 강하여 카제인에서 유리되므로 카제인은 불안정하게 되어서 Ca과 결합하여 디칼슘파라카제인(dicalcium paracasein)이 되어 응고하게 된다. 이 응고물을 응유(curd)라 한다. 예를 들면 동서양인의 식품인 치즈는 우유단백질인 카제인이 산이나 효소(rennin)에 의한 응고성을 이용하여 제조하는 먹거리이다.

단원정리

① 아미노산은 단백질의 최소단위로 아미노산이 축합되어 펩티드가 되고 펩티드가 여러 개 결합되면 단백질이 된다. 단백질을 구성하는 아미노산은 약 20여 종으로 곁사슬의 구조에 따라 중성, 산성, 염기성, 함황 및 방향족 아미노산으로 구분한다.

② 단백질은 그 조성과 이화학적 성질에 따라 단순단백질, 복합단백질, 유도단백질로 나눌 수 있다. 단순단백질에는 알부민(albumin), 글로불린(globulin), 글루텔린(glutelin), 프롤라민(prolamin), 히스톤(histone), 프로타민(protamine), 알부미노이드(albuminoid) 등이 있고, 복합단백질에는 핵단백질, 당단백질, 인단백질, 색소단백질, 지단백질, 금속단백질 등이 있으며, 유도단백질에는 응고단백질, 프로테안, 메타프로테인 등의 제1차 유도단백질과 프로테오스(proteose), 펩톤(peptone), 펩티드(peptide) 등의 제2차 유도단백질이 있다.

③ 단백질은 중합도가 매우 큰 고분자화합물로 단백질의 구조는 1차구조, 2차구조, 3차구조 및 4차구조가 있다.

④ 단백질은 분자량이 수만~수백만에 이르는 고분자질소화합물로 단백질의 종류에 따라 물, 묽은 산, 묽은 알칼리, 묽은 중성 염류용액, 알코올, 암모니아수 등에 용해되며 아미노산은 한 분자 내에 아미노기와 카르복실기를 가지고 있어 산 또는 염기로 작용하므로 양성질해질이라 한다. 단백질은 등전점에서 수화, 팽윤, 용해도, 점도 등이 최소가 되고 흡착력과 기포력은 최대가 된다.

⑤ 단백질의 입체구조가 변형하는 것을 변성이라 하며 이러한 변화로 생성된 단백질을 변성단백질이라 한다. 단백질은 가열, 동결, 교반, 고압, 조사, 초음파 등의 물리적 요인과 묽은 산, 알칼리, 계면활성제, 중금속, 요소, 알코올 등의 화학적 요인 및 효소적 요인에 의해 변성된다.

제 5 장 비타민

5-1 비타민이란

비타민(vitamins)은 생명의 유지에 중요한 질소화합물(窒素化合物)인데, 활력의, 생명의 뜻인 'vital'과 질소물인 아민 'amine'의 합성어이다. 사람을 비롯한 동물들에게는 생명을 유지하는 데 효소 · 비타민 · 호르몬이라는 미량의 유기화합물이 촉매로써 작용한다. 따라서 비타민이란 영양상 요구되는 양은 미량이지만 체내에서 합성할 수 없어 식품으로부터 빈드시 공급하어야 하는 영양소이다.

비타민은 현재 20여 종 알려져 있으나 상호 간에 화학구조상으로는 유사성이 없을 뿐 아니라 비타민의 작용도 여러 가지로 나눈다.

① 발견순서에 따라서 비타민 A, B, C, D, E, K, P, G, H 등으로 구분한다.

② 물리화학적 성질에 따라서 불포화 알코올, 페놀핵, 당류, 함질소화합물, 함황화합물, 인과 Co의 화합물, 착색, 산성, 염기성 등

③ 용해성에 따라서 ㉠ 지용성 비타민 A, D, E, K, F 등 ㉡ 수용성 비타민 B_1, B_2, B_6, B_{12}, C, 니아신(niacin), 엽산(folic acid), 판토텐산(pantothenic acid) 등

지용성 비타민은 소화 · 흡수 · 운반과 저장 등 모든 과정이 지질에 의존하여 이

루어진다. 지용성 비타민은 액체상태로 체내에 저장되어 있기 때문에 지나치면 독성을 일으킬 가능성이 있다.

수용성 비타민은 체내에 저장되지 않으므로 항상 필요량을 음식에 의해 공급받아야 한다. 대부분의 수용성 비타민은 혈중의 비타민 농도가 높아지면 소변으로 쉽게 배설된다. 그러므로 수용성 비타민은 쉽게 결핍증을 일으킬 수 있지만 과잉섭취로 인한 신체 장해는 지용성 비타민보다 적다.

한편 자연계에는 비타민류와 화학구조가 유사한 두 가지 물질이 존재하는데 한 가지는 비타민 전구체(provitamins)라 하고, 다른 한 가지는 항비타민(antivitamins)이라 한다.

비타민 전구체는 체내에 흡수되어야 비로소 활성화되는 비타민으로 비타민 A의 전구체인 카로틴류(α, β, γ-carotene)와 크립토크산틴(cryptoxanthin)의 네 가지가 있으며, 비타민 D의 전구체로 에르고스테롤(ergosterol)과 7-디하이드로콜레스테롤(7-dihydrocholesterol)이 있어 자외선 조사에 따라 각각 비타민 D_2 · D_3로 변한다. 카로틴은 소장벽에서 흡수되면서 비타민 A로 전환되며, 프로비타민 D는 자외선에 의해 피하에서 비타민 D로 전환되어 신장 내에서 활성화된다.

항비타민은 비타민 기능을 저해하는 물질로써 화학구조와 성질이 비타민과 매우 유사하므로 신체는 비타민과 구별하지 않고 받아들인다. 그러나 항비타민은 비타민류의 작용에 의하여 길항작용을 하는 물질이기 때문에 항비타민의 체내 흡수는 비타민 결핍을 초래할 수 있다.

5-2 지용성 비타민

〈표 5-2a〉 지용성 비타민의 생리작용과 결핍증

명 칭	성질	함유식품	생리작용	결핍증
비타민 A 레티놀(retinol) 악세로프톨(axerophthol)	산소·빛·금속에 불안정	당근, 파래, 김, 간, 버터	발육촉진, 상피세포 보호, 눈보호, 세포분화 및 증식	야맹증, 안구건조증, 각막연화증, 유아발육 부진
비타민 D 칼시페롤(calciferol)	열·광선·산소에 안정, 알칼리·산에 불안정	효모, 버섯, 우유, 난황, 등푸른 생선	Ca, P의 대사조절, 골조직 향상	곱추병, 골연화증, 유아발육 부진
비타민 E 토코페롤(tocopherol)	열·산에 안정, 알칼리·빛에 불안정	밀배아, 식물유, 쇼트닝	생식기능유지, 산화방지	불임증, 근육위축증
비타민 K 필로퀴논(phylloquinone)	열·산에 안정, 알칼리·빛·산화제에 불안정	간, 녹색채소, 달걀, 육류	혈액 중 프로트롬빈(prothrombin) 양의 정상화, 피응고성	혈액응고지연, 임신성유종, 신장염
비타민 F 필수지방산*		식물성 기름	산화환원반응	피부염

* linoleic acid, linolenic acid, arachidonic acid

5-2-1 비타민 A

비타민 A(axerophthol, retinol)는 담황색 유상물질로서 시각, 성장, 생식, 세포분화 및 증식에 관여하며, 최근에는 폐암, 식도암, 자궁경부암 등의 발생을 억제하는 항암효과도 밝혀지고 있다. 천연에는 비타민 A_1 및 A_2가 있다. 비타민 A_1은 해산물의 간유에, A_2는 담수어의 간유에 주로 많이 들어 있다. 이 밖에 고래의 간유 중에는 키톨(kitol)이 들어 있어 150~300℃로 가열하면 가수분해되어 비타민 A로 변한다. 비타민 A가 결핍되면 야맹증, 건조성 안염, 각막연화증 등이 생긴다.

1) 화학구조 및 성질 비타민 A의 구조는 β-이오논(β-ionone)핵과 이소프렌(isoprene) 사슬로 되어 있다. 그리고 비타민 A의 구조식 끝에는 알코올기($-CH_2OH$)가 있으므로 비타민 A 알코올이라고도 하며, 식품에는 대부분 이러한 구조로 들어 있다. 간유 중에 있는 비타민 A_1의 약 70%는 트랜스(trans)형이나 약 30%는 시스(cis)형이라 한다. 이 밖에 비타민 A_1의 알코올기가 팔미트산(palmitic acid), 기타의 고급 지방산과 결합하여 함유된 것도 있다. 담수어 간유 중의 비타민 A는 해수어에 들어 있는 비타민 A_1과 다른 비타민 A_2의 구조를 가지고 있다. 비타민 A_1은 물에 녹지 않으나 기름 및 유기용매에 잘 녹는 황색침상결정이다.

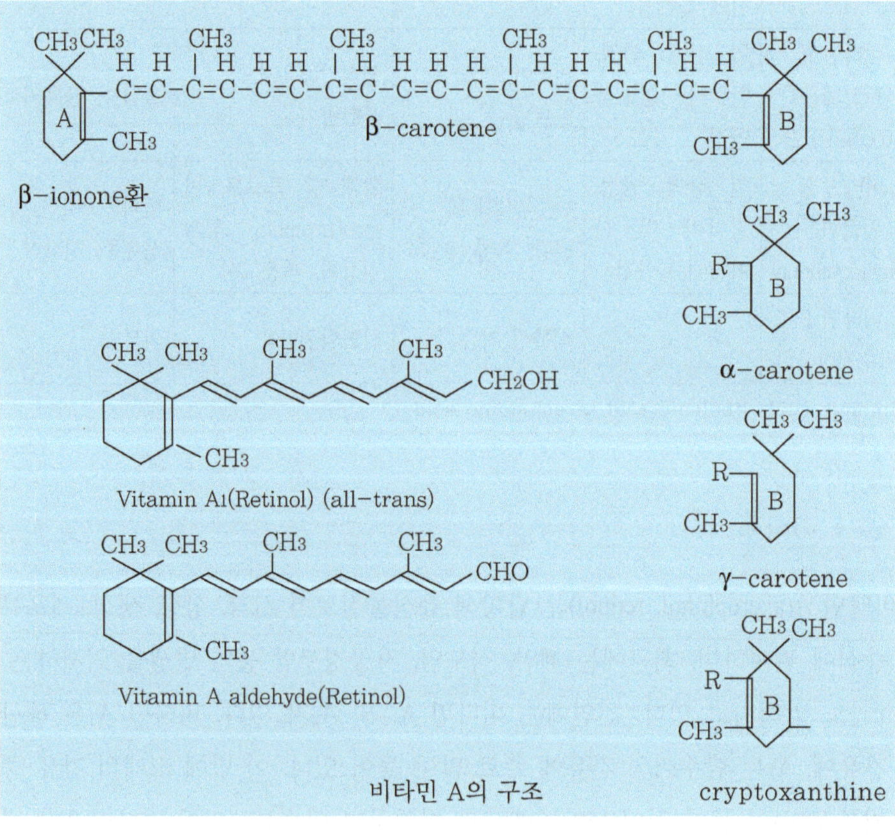

비타민 A의 구조

(R는 β-carotene의 B환 이외의 부분을 나타낸다.)

또한 상온에서 점조성을 가진 수지상태를 띠며, 열에 대해서는 비교적 안정하나 이중결합을 많이 가지고 있으므로 빛과 공기 중의 산소에 의하여 산화·분해되기 쉽다. 그러나 알칼리성에서는 비교적 안정하다.

2) 프로비타민 A(provitamin A) 동물체 내에서 비타민으로 변할 수 있는 비타민을 프로비타민이라 한다. 카로티노이드(carotenoid)계 색소 중의 어떤 것은 그 구조가 비타민 A와는 다르나 이것을 섭취하면 체내에서 비타민 A로 변하므로 프로비타민(provitamin) A라 한다. 카로티노이드계 색소 중에 프로비타민이 되는 것은 구조상 β-이오논핵을 가진 α-카로틴(α-carotene), β-카로틴(β-carotene), γ-카로틴(γ-carotene) 및 크립토크산틴(cryptoxanthin)이다. 카로틴도 비타민 A와 같이 산화되기 쉽다. 카로틴은 흡수율이 나빠 10~30% 정도밖에 흡수되지 않는다고 한다. 그러나 지질과 함께 섭취하면 흡수율이 50% 이상이 된다. 따라서 조리할 때 주의하여야 한다.

3) 비타민 A의 단위 및 소요량 비타민 A의 단위는 일반적으로 국제단위(International Unit, I.U.)를 사용하였는데 이것은 비타민 A 아세트산(acetate) 0.344μg[비타민 A(retinol) 0.3μg에 해당] 및 β-카로틴 0.6μg과 같은 효력이 흰쥐에 대하여 나타나는 효력을 I.U.로 정한 것이다. 그러나 비타민 A와 프로비타민 A 간에는 흡수율에 차이가 있어 체내에서 비타민 A의 활성도가 다르게 나타나므로 혼동하기 쉬워 근래에 와서는 I.U. 대신에 레티놀 당량(Retinol Equivalent; R.E.)을 사용하는 경향이 있다. 1R.E.는 1μg의 레티놀(retinol)에 해당하고 6μg의 β-카로틴 또는 12μg의 프로비타민 A인 카로티노이드에 해당하는 것이다. 우리나라 성인남녀의 하루 권장섭취량은 남자 750μgRE, 여자 650μgRE이다.

1R.E.(retinol 당량) = 1μg retinol = 6μg β-carotene

4) 식품 중 비타민 A의 분포 비타민 A의 가장 좋은 급원은 동물의 간, 어유, 달걀 등이고, 비타민 A 전구체인 카로티노이드는 주로 녹황색 채소, 몇몇 과일류들에 존재한다. 당근, 호박, 녹색 엽채류, 옥수수, 토마토, 오렌지, 귤 및 김 등에 카로티노이드 함량이 높은데, 이들의 색깔이 짙다고 해서 카로티노이드 함량이 높은 것은 아니다. 토마토의 경우 리코펜(lycopene) 함량이 제일 높아 색깔이 짙지만, 이 리코펜은 비타민 A의 활성이 없다.

단위무게당 또는 단위에너지(kcal)당 비타민 A 함량이 가장 높은 것은 동물의 간이며, 식물성 식품의 카로틴 함유량은 당근에 가장 많이 들어 있으며 시금치, 무 등의 푸른 잎 식품에도 비교적 많다. 김 등에도 특히 카로틴이 많이 함유되어 있으나 흡수율이 대단히 나쁘다. 우리나라 국민은 비타민 A의 80% 이상을 카로티노이드에서 섭취한다. 비타민 A가 많이 들어 있는 음식은 <표 5-2a>와 같다.

5) 비타민 A의 체내기능 비타민 A의 주요기능은 ① 시각관련 기능으로 망막의 간상세포(rod cell)와 원추세포(cone cell)가 각각 어두운 곳과 밝은 곳의 시각작용을 담당한다. 간상세포에서 레티날(retinal)은 단백질인 옵신(opsin)과 결합하여 로돕신(rhodopsin)을 형성하며, 이것은 약한 빛을 감지할 수 있어 어두운 곳에서의 시각기능에 필수적이다. ② 비타민 A는 세포분화 관련 기능인 상피세포가 분화되는 과정에 관여하는 비타민이다. 핵의 레티노산(retinoic acid) 수용체에 레티노산이 결합함으로써 유전자의 발현을 활성화 또는 저해하여 세포분화를 조절한다. 이러한 비타민 A의 작용은 특히 배아의 발달과정에서 중요하다. 비타민 A가 결핍된 동물의 배아는 제대로 발달되지 못해 기관의 분화가 일어나지 못하므로 기형 또는 사산으로 이어질 수 있다. 또한 세포분화는 점액분비세포와 뮤코(muco) 다당류의 합성에 매우 중요하다. 따라서 비타민 A가 부족하면 점액분비 저하로 각막의 상피세포, 폐, 피부, 장점막 등의 각질화가 발생한다. ③ 항암작용 및 항산화작용도 있다. 비타민 A 자체의 항암효과보

다는 카로티노이드들의 항암효과에 관해 더 많은 연구가 이루어졌다.

5-2-2 비타민 D

비타민 D에는 비타민 D_2, D_3, D_4, D_5, D_6 등이 있으나 중요한 것은 D_2와 D_3이며, 다른 비타민과 달리 비타민 D는 체내 합성이 가능하고, 이는 스테로이드 호르몬(steroid hormone)과 유사하여 프로호르몬(prohormone)으로 분류하기도 한다. 비타민 D는 석회화(石灰化, calcification)와 관계가 있어 칼시페롤(calciferol)이라고도 한다.

비타민 D는 동물체 내의 인산과 Ca을 결합시켜 인산칼슘을 만들어서 뼈를 이루게 하는 작용이 있다. 따라서 비타민 D가 부족하면 동물체내에서 석회화가 잘 안되어 소아는 구루병(rickets), 어른은 골연화증(骨軟化症, osteomalacia)에 걸리며, 임산부 및 수유부는 뼈나 치아의 탈회현상이 일어난다.

1) 비타민 D와 프로비타민 D의 화학구조 및 성질　비타민 D는 스테롤핵을 가진 프로비타민 D가 자외선의 조사를 받아 생기는 것이다. 즉 프로비타민 D는 C_5와 C_6, C_7과 C_8 사이에 이중결합을 가지고 있는데, 이것이 자외선에 의하여 C_9와 C_{10}의 결합이 끊어져 C_{10}에 결합한 메틸기(methyl)가 메틸렌기(methylene, $=CH_2$)로 변화하여 비타민 D가 되는 것이다.

이때 R은 여러 가지가 있어 <표 5-2-2a>와 같이 R의 종류에 따라 각기 다른 비타민 D가 생기게 된다. 비타민 D는 일반적으로 안정한 지용성 비타민으로서 열에 안전하나 알칼리성에서는 불안정하여 쉽게 분해되며 산성에서도 천천히 분해된다.

〈표 5-2-2a〉 비타민 D의 구조

프로비타민(Provitamin) D	비타민(Vitamin) D	측쇄 R
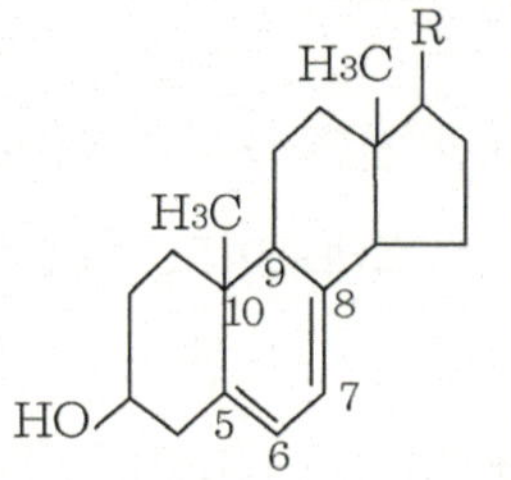	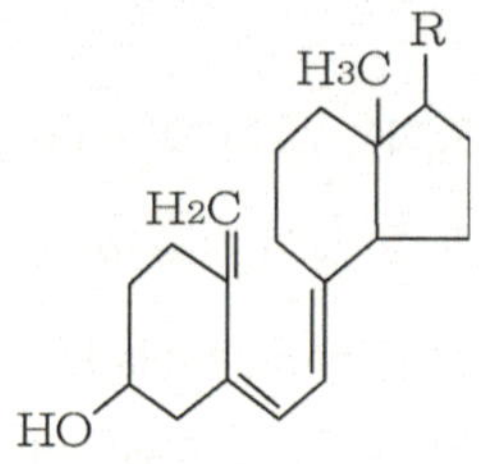	
에르고스테롤(Ergosterol)	D_2 칼시페롤(Calciferol) 또는 에르고칼시페롤(Ergocalciferol)	
7-데히드로콜레스테롤(7-Dehydrocholesterol)	D_3 콜레칼시페롤(Cholecalciferol)	$-CH(CH_3)-CH=CH-CH(CH_3)-CH(CH_3)_2$
22-디히드로에르고스테롤(22-Dihydroergosterol)	D_4	$-CH(CH_3)-CH_2-CH_2-CH_2-CH(CH_3)_2$
7-데히드로시토스테롤(7-Dehydrositosterol)	D_5	$-CH(CH_3)-CH_2-CH_2-CH(CH_3)-CH(CH_3)_2$
7-데히드로스티그마스테롤(7-Dehydrostigmasterol)	D_6 콜레스테롤 술폰산염(Cholesterol sulfonate)	

2) 비타민 D의 단위와 소요량 비타민 D도 국제단위를 사용하는데 1I.U.는 비타민 D_3 결정을 식물성 기름에 녹여 그 1μg이 D_3 0.025μg을 함유하는 액으로 나타내고 있다. 프로비타민 D는 일반식품에 들어 있으나 이것을 섭취하면 피부 밑에 저장되는데, 이것이 햇빛의 자외선에 쪼이게 되면 비타민 D로 변한다. 비타민 D의 하루 충분섭취량은 6~49세는 5μg, 그 외의 연령에서는 10μg이다.

3) 식품 중의 비타민 D 분포 비타민 D가 가장 많은 식품은 간유이다. 그러나 비타민 A가 많이 든 간유라 하여 반드시 비타민 D가 많은 것은 아니다. 연어의

살, 버터, 달걀 등에도 비교적 많이 들어 있다. 젓갈류 중에는 극히 적게 들어 있으나 자외선을 조사하여 비타민 D로 변화시키는 강화법이 쓰이기도 한다. 식물성 식품에는 비타민 D가 들어 있지 않으나 효모, 사상균, 버섯류에는 에르고스테롤(ergosterol)이 많이 들어 있다.

4) 비타민 D의 체내기능 비타민 D의 주요기능은 ① 혈중 칼슘농도를 조절한다. 즉 비타민 D의 가장 잘 알려진 기능은 부갑상선 호르몬(parathyroid hormone; PTH)과 함께 혈장의 칼슘 항상성을 유지하는 것이다. 이러한 작용은 뼈의 대사와 구조뿐 아니라 칼슘이온의 유출에 의해 조절되는 세포나 신경의 기능을 유지하는 데 중요하다. 즉 활성형 비타민 D는 첫째, 소장점막세포에서 칼슘과 인의 흡수를 촉진시킨다. 둘째, 파골세포(osteoclast)에서 뼈의 칼슘이 혈액으로 용해되어 나오는 것을 촉진한다. 셋째, 비타민 D는 신장에서 칼슘의 배설을 감소시킨다. 따라서 즉각적으로 혈장의 칼슘농도를 증가시키며 뼈에 칼슘이 축적되는 것을 조절한다. ② 비타민 D는 면역조절세포·상피세포·악성종양세포 등 여러 세포의 증식과 분화의 조절에도 관여한다. 또한 근력발달·면역·상피세포의 분화·성숙 등에도 관여하며, 비타민 D를 섭취함으로써 유방암·결장암·전립선암 등의 발생을 억제한다고 한다.

5-2-3 비타민 E

비타민 E는 1922년 에반스와 비숍(Evans & Bishop)이 숫쥐에 산패된 라드를 먹여 실험한 결과, 식물성 기름에 숫쥐의 생식에 필수적인 성분이 있음을 발견하여 이를 토코페롤(tocopherol)이라 명명하였고(toco=off spring), 슈어(Sure)에 의해 비타민 E로 명명되었다. 비타민 E가 결핍되면 숫쥐에서는 고환의 퇴화, 암쥐에서는 유산이 일어난다. 이와 같이 비타민 E는 출산(tocos)과 관계가 있다고 하며 토코페롤(tocopherol)이라고도 한다. 우리가 섭취하는 식물성 식품에 함유된 비타민 E는 서로 다른 생물학적 활성을 갖는 4개의 토코페롤과 4개의 토코트리에놀(tocotrienols)을 합하여 8개의 천연화합물로 구성되어 있다.

1) 비타민 E의 구조와 성질 비타민 E는 토콜(tocol)의 유도체로서 크로만(chromane)핵에 결합하는 메틸기(methyl)의 수와 위치에 따라 여러 종류가 생긴다.

비타민 E는 물에는 녹지 않으나 에테르(ether), 벤젠(benzene) 등에 잘 녹으며, 공기 중의 산소·열·빛 등에 대하여 비교적 안전하다. 또 이들은 쉽게 산화될 수 있으므로 항산화제(抗酸化劑, antioxidant)로 작용한다.

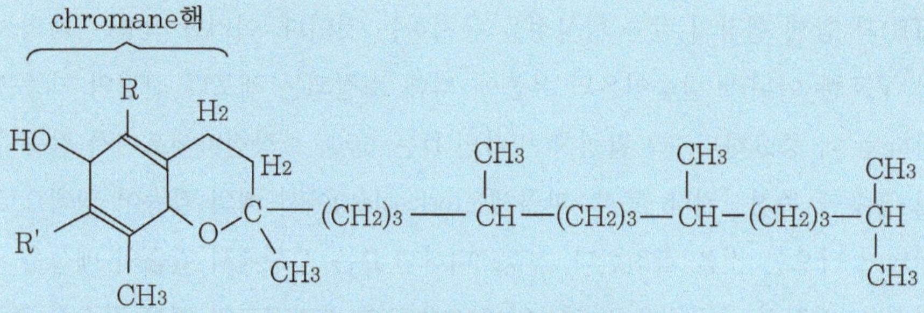

α−tocopherol : $R=R'=CH_3$
β−tocopherol : $R=CH_3$, $R'=H$
γ−tocopherol : $R=H$, $R'=CH_3$
δ−tocopherol : $R=R'=H$

2) 단위 및 소요량 비타민 E의 단위는 α−토코페롤(α−tocopherol) 1mg이 나타내는 효력을 1I.U.로 정하고 있으나 보통 mg단위로 나타낸다. 흰쥐의 소요량은 하루에 3mg이라 하나 사람에 대하여서는 그 결핍증이 분명하지 않으므로 소요량도 확정하기 어렵다. 우리나라 성인남녀의 하루 충분섭취량은 남자 12mg α−TE, 여자 10mg α−TE이다.

3) 식품 중 비타민 E의 분포 비타민 E는 식물성 기름, 밀의 배아, 땅콩, 아스파라거스, 마가린 등에 많이 존재한다. 식품 내 함량은 불포화지방산과 밀접한 관계가 있으며, 특히 리놀레산(linoleic acid)의 농도와 비타민 E의 농도는 관련이 있다. 곡류나 다른 종자류의 배아에는 식물성 기름이 풍부하나, 종자로부터 기름을 추출하는 방법과 정제과정에 따라 실제로 섭취하는 기름 내의 비타민 E 양

은 다르다.

시판되는 식물성 기름을 생산하는 과정에서 비타민 E의 2/3가 손실된다. 밀을 제분하는 과정에서 배아가 떨어져 나가므로 대부분의 비타민 E가 손실되며, 이 때 남은 소량의 비타민 E도 표백과정에서 거의 소실되며, 간을 제외한 동물성 식품은 비타민 E가 거의 함유되어 있지 않다. 또한 비타민 E는 산소, 금속, 빛에 노출되거나 기름에 과도하게 튀기면 쉽게 파괴되므로 식품 내의 비타민 E 함량은 수확, 정제, 보관, 조리방법에 따라 달라져야 한다.

4) 비타민 E의 체내기능 비타민 E의 주요기능은 항산화제의 기능이다. ① 지용성 영양소의 이중결합이 파괴되는 것을 보호, ② 적혈구막 보호, ③ 노화지연, ④ 면역반응 증진, ⑤ 암의 예방 및 분변 내 돌연변이원 생성억제, ⑥ 심혈관 질환의 예방, ⑦ 신경과 근육의 기능 유지 및 운동능력 개선 등이다.

5-2-4 비타민 F

비타민 F는 리놀레산(linoleic acid), 리놀렌산(linolenic acid) 및 아라키돈산(arachidonic acid)인 소위 필수지방산이나 이들 양이 비타민보다 많이 소요되므로 현재는 보통 필수지방산(essential fatty acid; EFA)이라고 하는 경우가 많다. 이들 불포화지방산이 결핍되면 탈모증이 생기며, 사람에 있어서는 기관지염 및 습진 등이 나타난다.

사람은 보통 총 칼로리의 1%를 함유하는 양이면 적당하다고 한다. 대부분의 식물유는 리놀레산, 리놀렌산이 많이 들어 있으나, 동물성 유지에는 적게 들어 있다. 그리고 우유에는 사람 젖의 약 1/10밖에 들어 있지 않다.

5-2-5 비타민 K

비타민 K는 피가 날 때 혈액을 응고시켜서 출혈을 막는 효과가 있다. 따라서 혈액응고(血液凝固, koagulation)와 관계가 있으므로 그 첫자를 따서 비타민 K라 명명하였다. 비타민 K에는 K_1, K_2, K_3, K_4, K_5, K_6 및 K_7의 7가지 종류가 있으나, 그중 K_1 및 K_2만이 자연계에 있고 나머지는 합성품이다. 사람에게 비타민 K가 결핍되면 피부에 출혈증상이 나타나고 혈액의 응고성이 낮아진다. 실제로 사람에게 비타민 K의 결핍증은 일어나지 않는다. 왜냐하면 일반식품에 비타민 K가 들어 있는 동시에 장내에서 합성되기 때문이다.

1) 비타민 K의 구조와 성질 비타민 K는 모두 나프토퀴논(naphthoquinone)의 유도체이며, K_1을 필로퀴논(phylloquinone)이라 하고, K_2는 파노퀴논(farnoquinone)이라 하기도 한다.

비타민 K_1은 상온에서 담황색 유상으로 저온에서 결정이 되며, 빛에 의하여 쉽게 분해된다. 열에는 안정하나 강한 산 또는 산화에는 불안정하다. K_2는 담황색 결정이나 빛과 알칼리에 대하여 K_1보다 안정하다.

2) 비타민 K의 분포 실제로 사람에게는 결핍증상이 나타나지 않으므로 그 소요량을 정하기 어려우나 담석이나 폐색성 황달의 경우에는 비타민 K의 흡수가 나빠지게 되므로 이때는 하루에 1~2mg을 투여한다.

비타민 K의 주된 급원식품은 간, 녹색채소, 브로콜리, 콩류 등이다. 섭취한 비타민 K의 대부분은 하루가 지나면 체내에서 없어진다. 그러나 식사 중 비타민 K의 양은 많을 뿐 아니라 장내세균에 의해서도 합성되므로 결핍증은 흔하지 않다. 또한 비타민 K는 조리에 의해서도 그다지 파괴되지 않는다.

3) 비타민 K의 체내기능 및 소요량 비타민 K의 주요기능은 간에서 혈액응고인자의 합성에 관여하는 것이다. 몇몇 혈액응고인자들은 간에서 불활성형 단백질의 형태로 합성되며, 활성화되기 위하여 비타민 K가 필요하다.

우리나라 성인남녀의 하루 충분섭취량은 남자 75μg, 여자 65μg이다.

5-3 수용성 비타민

인간은 오랜 기간에 걸쳐 각기병, 괴혈병, 악성빈혈, 펠라그라 등의 고통에 원인도 모른 채 시달려 왔었다. 그러나 이들 질병들이 식사 중에 어떠한 필수성분의 부족으로 초래되는지가 알려지게 되었다. 이러한 필수성분들은 수용성 물질이며, 비타민 B복합체와 비타민 C라 명명하였다. 현재까지 8가지 비타민 B복합체 중 B_6(pyridoxine)와 B_{12}(cyanocobalamine) 외에 비타민 B_1(thiamin), 비타민 B_2(riboflavin), 니아신(niacin), 판토텐산(pantothenic acid), 비오틴(biotin), 엽산(folic acid)으로 부른다.

비타민 B복합체는 특정 이온이나 원자단을 이동시켜 주는 반응을 도와 세포 내 대사과정이 정상적으로 진행되도록 돕는다. 열쇠와 자물쇠(key & lock)의 개념으로 이해하면 된다. 즉 비타민 B복합체는 조효소(coenzyme)를 형성함으로써 효소가 제 기능을 할 수 있도록 도와준다. 식품 내 비타민 B복합체의 평균 흡수율은 50~90%이며, 흡수된 비타민 B복합체는 체내에서 조효소형태로 전환되어 열량대사 및 여러 가지 다른 화학반응에 관여한다. 비타민 C는 조효소로 작용하지는 않지만 세포 내의 몇 가지 중요한 성분들을 합성하는 과정에 필수적이다.

수용성 비타민은 공통적으로 물에 잘 용해되므로 지용성 비타민보다 체외로 쉽게 배설된다. 대부분의 수용성 비타민은 가열에 의한 조리과정이나 알칼리 처리에서 쉽게 파괴되며, 조리수를 통한 손실률도 많다. 따라서 비타민 B복합체와 비타민 C의 식품 내 소실량을 줄이기 위해서는 중요한 함유식품의 경우 찌거나 볶는 조리, 전자레인지를 이용한 조리법, 소량의 물을 사용하는 조리방법이 유리하다.

비타민 B복합체의 중요성은 티아민, 리보플라빈, 니아신 등은 탄수화물, 아미노산, 지방산 대사에 관여하기 때문이다. 강화된 곡류는 이 세 가지 비타민을 공급받을 수 있는 좋은 급원이다. 돼지고기는 티아민의 좋은 급원이고, 우유는 리보플라빈의 우수한 급원이며, 단백질 식품은 니아신의 좋은 급원이다. 알코올 중독자는 이 세 가지 비타민이 결핍되기 쉬우며 특히 티아민이 결핍되기 쉽다. 니아신은 과량 섭취하면 부작용을 나타내므로 주의해야 한다.

〈표 5-3a〉 수용성 비타민의 생리작용과 결핍증

명 칭	성질	함유식품	생 리 작 용	결 핍 증
비타민 B_1 thiamine (aneurin)	산에 안정, 알칼리에 분해	배아, 쌀겨, 효모, 생선눈	당대사 촉진, 식욕 및 소화기능 자극, 신경기능 조절	피로, 권태, 식욕부진, 각기병, 신경염
비타민 B_2 riboflavin	열에 안정, 빛에 분해	효모, 분유, 달걀, 송이	발육 촉진, 식욕 증진, 입안 점막 보호, 체내 산화·환원반응에 작용	발육저해, 구강염, 설염, 위장장애
비타민 B_6 pyridoxine	열에 안정, 빛에 분해	간, 배아, 마늘, 파래	단백질 대사작용, 피부질환, 빈혈 증상에 효과, 지질합성에 관여	피부염, 습진, 기관지염
비타민 B_{12} cyanocobal-amin	열에 안정, 산·알칼리에 불안정	간, 우유, 생선, 달걀, 굴, 해조류	증혈작용, 성장촉진작용	악성빈혈, 간장질환
엽산 folic acid	산에 불안정	시금치, 간, 두류, 과일	항빈혈작용, 성장촉진	빈혈
니아신 niacin	안정	효모, 밀배아, 간, 커피, 두류	탄수화물 대사촉진, pellagra 피부염을 예방	pellagra, 흑설병
판토텐산 pantothenic acid	산·알칼리에 불안정	간, 곡류, 두류, 감자	에너지 생성, 지방산 합성, 헤모글로빈 합성, 스테롤 합성	피로, 불면, 근육경련, 빈혈
비오틴 biotin	알칼리·산화제에 불안정	간, 신장, 난황, 두류, 우유	포도당과 지방산 합성	탈모, 발톱 깨짐, 위장증상
비타민 C L-ascorbic acid	열·알칼리·미량금속에 불안정	고추, 양배추, 무청, 레몬	콜라겐·스테로이드 호르몬 합성, 감기예방, 철분흡수 촉진	괴혈병, 잇몸출혈, 전염병에 약함
비타민 L anthrann-ilic acid	-	쇠간	젖분비 촉진	젖분비 저하
비타민 P rutin hesperidine	-	메밀, 오렌지 과피	혈관의 저항력, 혈관의 삼투압 정상화	자반병, 신장염

5-3-1 비타민 B_1

비타민 B_1은 티아민(thiamine)이라고 하며 이는 함유황 아민(amine)이란 뜻이며 항다발성 신경염이란 뜻으로도 이해된다. 비타민 B_1이 결핍되면 사람에서는 각기병이 되고, 동물에서는 신경염 증상에 걸리며, 피부 및 수족이 마비되고 부종을 일으킨다. 티아민은 장시간 가열조리하면 분자 내 화학구조가 끊어져 비타민으로의 기능이 상실된다. 또한 알칼리 조건(pH>8.0)하에서 파괴되므로 완두콩의 녹색을 선명하게 유지하거나 말린 콩을 빨리 무르게 할 목적으로 식소다를 첨가하는 조리법은 영양상 바람직하지 못하다.

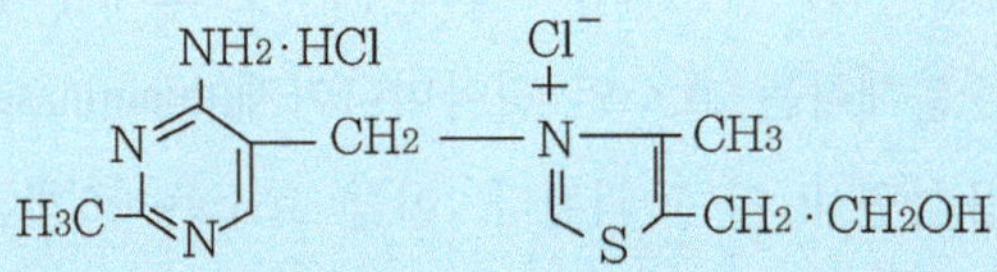

비타민 B_1 염산염

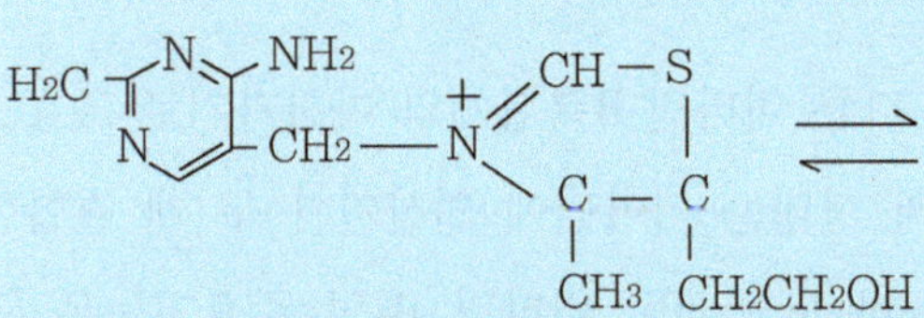

Ammonium형 B_1

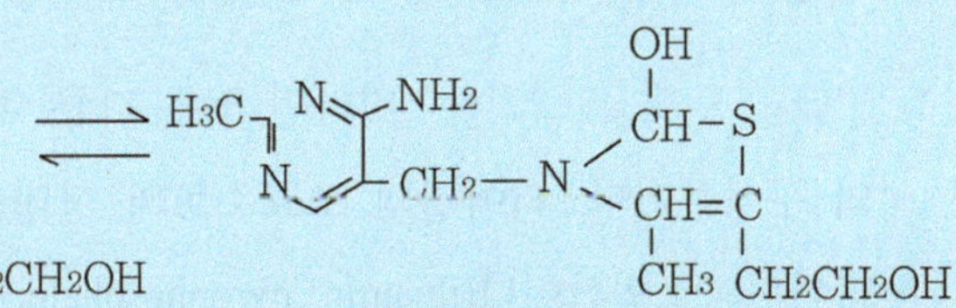

Pseudo형 B_1

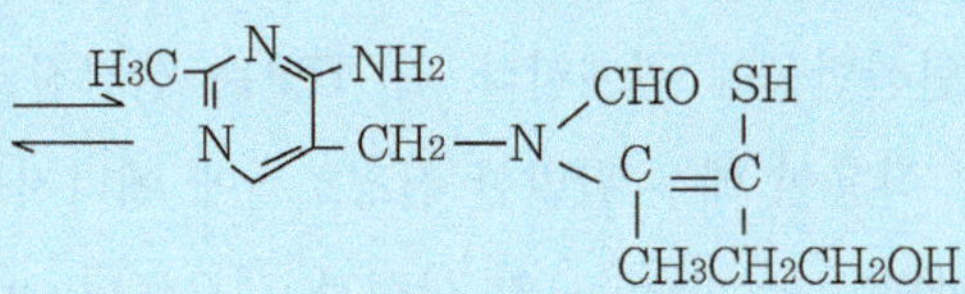

Thiol형 B_1

1) 비타민 B_1의 구조 및 성질 비타민 B_1은 피리미딘(pyrimidine)핵과 티아졸(thiazole)핵이 결합된 것으로서 일반적으로 염산염으로 결정화된다. 비타민 B_1

은 흰색결정으로서 물에는 녹기 쉬우나 유기용매에는 잘 녹지 않는다. 열에 대한 안정도는 산성에서는 안정하나 중성 특히 알칼리성에서는 불안정하다.

2) 단위 및 소요량 비타민 B_1은 티아민염산염의 3μg이 나타내는 효력을 1I.U.로 정하고 있으나 보통 mg 또는 μg단위를 사용한다. 비타민 B_1은 탄수화물 대사에 관여하므로 비타민 B_1의 소요량은 열량을 내는 탄수화물의 섭취량에 비례하여 요구된다. 우리나라 성인남녀의 하루 권장섭취량은 남자 1.2mg, 여자 1.1mg이다.

3) 식품 중 비타민 B_1의 분포 비타민 B_1은 동물계에 널리 분포되어 있으나 일반적으로 동물성 식품보다 식물성 식품에 많이 들어 있다. 식물성 식품에는 두류 · 곡류에, 동물성 식품에는 육류 · 물고기류 및 조개류 등에 많다.

천연에는 B_1을 분해하는 효소인 티아미나아제(thiaminase, aneurinase)가 있어 이것이 B_1에 작용하면 B_1이 파괴된다. 이들 효소는 조개류, 물고기류의 내장, 고사리 또는 어떤 종류의 장내세균에 들어 있으나 가열조리하면 이 효소가 불활성으로 되므로 실제로는 문제가 되지 않는다.

4) 비타민 B_1의 체내기능 비타민 B_1은 다른 비타민 B복합체와 마찬가지로 조효소의 구성분이다. 티아민의 조효소로의 형태는 티아민에 인산기가 두 개 결합한 티아민피로인산이다(thiamin pyrophosphate; TPP). 비타민 B_1의 주요기능은 ① 탄수화물의 대사인데, TPP(thiamin pyrophosphate)가 조효소로 작용하는 주된 반응은 에너지 대사과정으로서 기질(α-keto acid)로부터 카르복실기를 CO_2 형태로 제거하는 탈탄산반응에 관여한다. ② TPP는 신경전달물질인 아세틸콜린의 합성을 도와주고 작용이 매우 활발한 신경조직에 에너지를 공급하기 위해서 필요하며, 카테콜아민(catecholamine)의 합성과 세로토닌(serotonin)을 시냅스로 유입하는 과정에 관여함으로써 신경자극의 전달을 조절하는 것이다. ③ TPP는 DNA와 RNA 합성에 필요한 5탄당인 디옥시리보스(deoxyribose)와 리보스(ribose)를 생성하는 오탄당 인산경로(pentose phosphate pathway)에서 케톨기 전이효소(transketolase)의 조효소로 작용하는데, 이 과정에서 NADPH가 생성된다.

따라서 비타민 B_1이 결핍되면 탄수화물의 에너지 대사가 원활하지 않아 ATP 합성이 저조해지고, 지방산과 핵산합성에 이상을 가져와, 이로 인해 신경전달 및 조절에 장애가 온다.

5-3-2 비타민 B_2

비타민 B_2는 성장(growth)인자란 뜻에서 비타민 G라고도 하며, 또한 리보스(ribose)를 구성하므로 리보플라빈(riboflavin)이라고도 한다. 특히 우유에는 락토플라빈(lactoflavin), 난백에 오보플라빈(ovoflavin), 간장에 헤파토플라빈(hepatoflavin)이 있다. 리보플라빈은 여러 대사과정에서 다른 비타민 B복합체(비타민 B_6, 니아신, 티아민, 엽산)와 함께 작용한다. 비타민 B_2, B_1 및 니아신은 동일 식품에 동시에 함유되어 있어서 리보플라빈 단독으로 결핍되는 증세는 거의 없다. 결핍증세로는 성장정지, 피로, 식욕감퇴, 구각염, 설염, 귀, 코, 눈 주위에 피부염 등의 증상을 나타낸다. 비타민 B_2는 체내에 들어가면 산화환원효소에 관여하는 조효소의 형태(flavin mononucleotide; FMN, flavin adenosine dinucleotide; FAD)를 구성하는 것이다. 대부분의 식품에는 리보플라빈이 조효소로 함유되어 있고, 우유와 영양강화 곡류식품에는 유리된 형태로 함유되어 있는데, 형태에 관계없이 모두 체내에서 이용될 수 있다.

1) 비타민 B_2의 구조 및 성질 비타민 B_2의 구조식은 이소알록사진(isoalloxazine)핵에 리비톨(ribitol, ribose의 알코올)이 결합된 것이다. 비타민 B_2는 수용성 황색 결정인데, 순수한 결정은 물에 잘 녹지 않을 뿐 아니라 에테르, 아세톤, 클로로포름 등의 유기용매에도 잘 녹지 않는다. 산성 또는 중성에서는 열에 대하여 안정하다. 비타민 B_2는 빛에 의하여 분해되기 쉬운데 중성 또는 산성에서는 루미크롬(lumichrome)이 되고 알칼리성에서는 루미플라빈(lumiflavin)으로 변화된다.

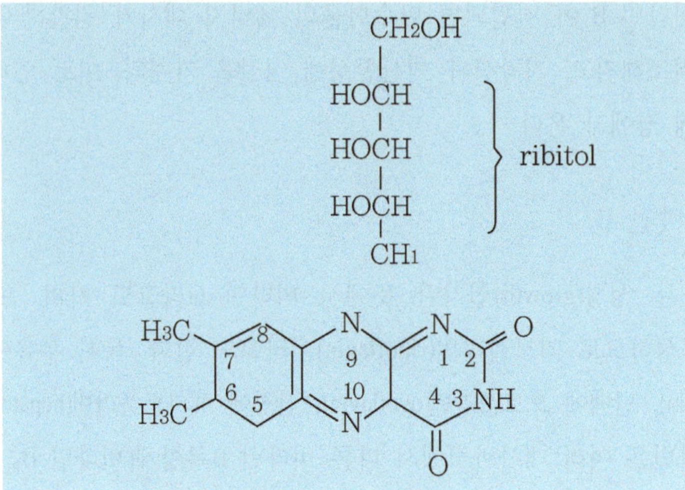

vitamin B_2(riboflavin)의 구조

2) 비타민 B_2의 소요량 및 분포 비타민 B_2의 소요량은 B_1과 같이 체중, 식사의 종류, 근육활동의 정도 등에 따라 달라진다. 예를 들면 지질을 많이 섭취하면 B_2의 소요량이 많아진다. 따라서 신생아, 어린이, 임산부의 필요량은 활발한 성장이 일어나는 때이므로 증가된다. 우리나라 성인남녀의 하루 권장섭취량은 남자 1.5mg, 여자 1.2mg이다.

우유, 요구르트, 치즈는 비타민 B_2가 가장 풍부하고 우유 1컵에는 리보플라빈이 약 0.5mg이 함유되어 있으며, 그 외에도 육류, 달걀, 강화 곡류에도 상당량 함유되어 있다. 특히 우유와 유제품의 섭취가 적은 사람은 육류를 충분히 섭취해야 한다. 그 외에도 시금치 등 엽채류, 브로콜리, 아스파라거스, 간, 버섯, 저지방유, 탈지유, 효모 등에도 리보플라빈이 상당량 있다.

3) 비타민 B_2의 체내기능 비타민 B_2의 체내기능은 다음과 같다. ① FMN과 FAD가 여러 대사과정과 전자전달 P에서 산화-환원 반응의 조효소로 작용한다. 영양소가 산화되어 에너지를 발생하는 TCA회로와 지방산 β-산화과정에서 FAD는 전자(수소)수용체로 작용하여 $FADH_2$로 환원된다. ② 리보플라빈은 글루타

티온과산화효소(glutathione peroxidase)의 활성을 유지하는 과정에도 관여하므로 체내에서 항산화기능도 하는 것으로 추정된다.

5-3-3 비타민 B_6

비타민 B_6는 자연계에 존재하는 물질로 피리독신(pyridoxine), 피리독살(pyridoxal), 피리독사민(pyridoxamine) 등 세 가지가 있고, 인산결합체들은 B_6의 조효소로서 단백질 대사에 주로 관여하는 조효소이다. 항피부염성의 뜻인 아데민(adermin)이라 하고, 비타민 B_6가 부족하면 생장정지, 두드러기, 피부염 등 B_2 결핍에 유사한 증상을 나타낸다.

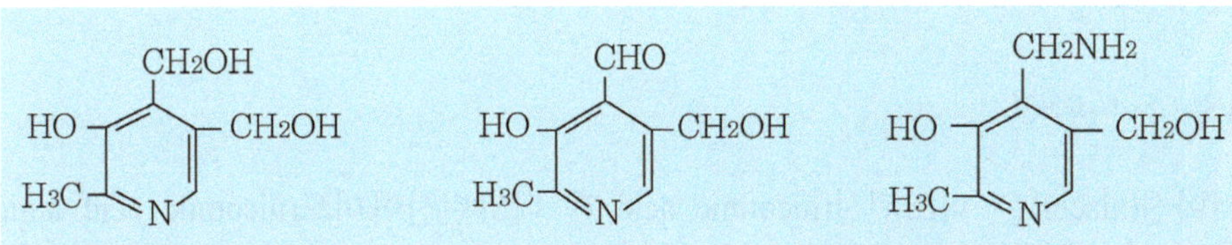

Pyridoxine　　Pyridoxal　　Pyridoxamine

1) 비타민 B_6의 구소 및 성실　피리독살과 피리독사민은 산성 조건에서는 열에 대하여 안정하지만 알칼리 조건에서는 열에 불안정하고 비타민 B_6는 광선에 의해 빠른 속도로 분해된다. 동물성 식품에는 주로 피리독살이나 피리독살 5-인산이 단백질에 결합된 형태로 존재하며, 식물성 식품에는 피리독신과 피리독사민이 당과 결합된 형태로 존재한다. 비타민 B_6는 탄수화물, 지질, 단백질 대사에 필요한 여러 가지 효소의 활성화에 필요하다.

2) 비타민 B_6를 함유한 식품 및 소요량　비타민 B_6는 동물의 근육조직에 저장되어 있으므로 육류, 생선류, 가금류가 가장 우수한 급원식품이다. 동물성 식품 속의 비타민 B_6는 식물성 식품에 있는 것보다 쉽게 흡수되지만 밀의 배아, 밀겨, 전곡 등도 좋은 급원식품이다. 그러나 비타민 B_6는 곡류의 도정과정에서 손실되

고 열과 알칼리에 불안정하므로 정제, 가공된 음식을 주로 먹는 사람들에게 간혹 부족될 수 있다.

우리나라 성인남녀의 하루 권장섭취량은 남자 1.5mg, 여자 1.4mg이다.

3) 비타민 B_6의 체내기능 비타민 B_6의 주요기능은 다음과 같다. ① 아미노산과 단백질 대사과정에 관여하며, ② 혈구세포 합성으로, 즉 피리독살 포스페이트는 적혈구에서 산소를 운반해 주는 헤모글로빈의 포르피린 고리구조를 합성하는 데 중요한 역할을 한다. ③ 탄수화물 대사로, 즉 비타민 B_6는 글리코겐 분해과정과 아미노산으로부터 당을 형성하는 당 신생과정에 참여한다. ④ 신경전달물질 합성, ⑤ 노인인 경우 비타민 B_6, 엽산, 비타민 B_{12} 등이 부족한 식이를 섭취할 경우 심장병에 걸릴 확률이 높아진다는 보고도 있다.

5-3-4 니아신

니아신(niacin)은 니코틴산(nicotinic acid)과 니코틴산아미드(nicotinic acid amide)를 총칭한다. 니아신의 전구체가 트립토판(tryptophan)으로 알려지면서 치료의 길이 열렸다. 니아신 함량표시 단위로 니아신 동량(niacin equivalent; NE)은 1NE = 1mg niacin = 60mg tryptophan으로 나타낸다. 피부염인 소위 펠라그라(pellagra)는 이탈리아 어원으로 'pell'은 피부의 뜻, 'agra'는 거칢의 뜻이다.

1) 구조 및 성질 니코틴산 및 니코틴산아미드의 구조식은 아주 간단하다. 니아신은 무색의 침상결정으로서 열, 산, 알칼리, 빛, 산화제에 대하여 안정하다. 니코틴산아미드를 알칼리용액과 함께 가열하면 니아신으로 분해된다.

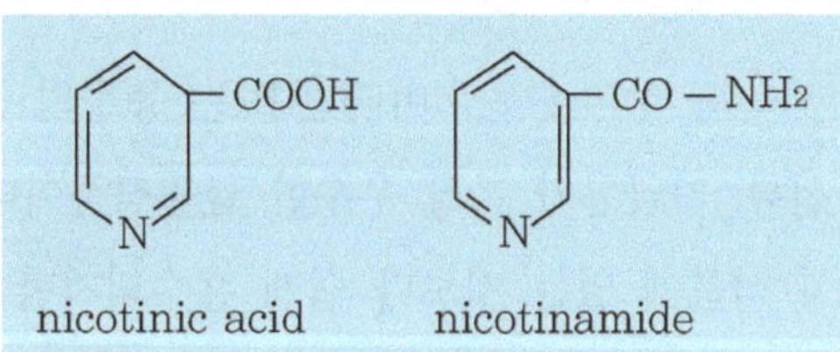

2) 니아신 함유식품 및 소요량 니아신의 함량이 높은 식품은 버섯, 참치, 닭고기, 칠면조, 아스파라거스, 땅콩, 밀기울 등이다. 동물성 단백질은 트립토판의 좋은 급원식품으로 우유류, 난류는 니아신을 거의 함유하지 않으나 간접적으로 니아신을 제공할 수 있는 트립토판을 다량 함유하고 있다. 육류와 곡류의 니아신 용량은 비교적 높다. 니아신의 필요량은 에너지 섭취량과 관계가 있으며 또한 식사 중 트립토판의 양에 따라 달라진다. 트립토판 60mg은 니아신 1mg으로 전환되며 니아신 중 50%를 트립토판으로부터 합성한다. 따라서 우리나라 성인남녀의 하루 권장섭취량은 남자 16mg, 여자 14mg이다.

3) 니아신의 체내기능 니아신의 주요기능은 다음과 같다. ① 체내의 산화-환원 반응에 관여한다. 특히 ATP를 생성하는 과정, 즉 열량 영양소들의 대사과정에 필수적인 조효소로 작용한다. ② 니아신은 심장병환자들의 혈청 콜레스테롤 수치를 낮추는 약리작용을 한다. ③ 니아신은 혈관확장제로 이용되는데, 피부홍조, 소화기관 장애, 가려움증 등의 부작용이 나타날 수 있다. 참고로 펠라그라의 3대 증상은 피부염, 설사, 지능저하 등이다. 또한 니아신과 트립토판이 결핍되면 펠라그라에 걸린다.

5-3-5 판토텐산

판토텐산(pantothenic acid)은 어느 곳에나 있는 산이란 뜻의 '판토텐(pantothen)'으로서 식품 중에 광범위하게 분포하며, 그 작용은 당질과 지질의 대사에 관여하여 피부의 영양을 강화하며 동창, 습진 등의 예방치료에 유효하고 백발방지에도 효과가 있다. 그리고 물에 잘 녹고 산성백토에 잘 흡착되지 않고 여액 쪽으로 들어가므로 일명 여과성인자(濾過性因子, filtrate factor)라고도 한다.

1) 판토텐산의 구조, 성질 및 생리작용 판토텐산은 판토산(pantoic acid)과 β-알라닌(β-alanine)이 펩티드결합을 한 것이다. 보통 Ca염으로 합성된다. 이것은 높은 수율이다. 유리한 상태의 것은 점질성 노란 기름 모양을 띤다.

물과 빙초산에는 잘 녹으나 클로로포름에는 잘 녹지 않는다. 산·알칼리·열에 대하여 안정하다. Ca염은 물에 7% 정도 녹으나 알코올에는 녹지 않는다.

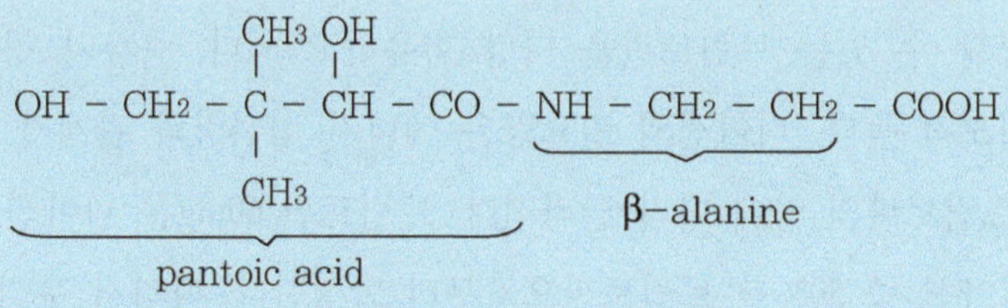

Pantothenic acid의 구조

2) 판토텐산 함유식품 및 소요량 사람에 대한 판토텐산의 소요량은 체중 1kg에 대하여 판토텐산칼슘 100μg 정도라 하는데, 이 정도는 보통 식사로서 충분하다.

판토텐산은 모든 식품에 널리 들어 있으나 특히 많이 들어 있는 것은 버섯·간·땅콩·닭고기·곡류 등이다. 우유·채소·과일 등에는 소량 함유한다. 판토텐산은 일반조리과정이나 저장 중에는 잘 보유되지만 통조림 열처리과정 등에서 파괴된다.

우리나라 성인남녀의 하루 충분섭취량은 5mg이다.

3) 판토텐산의 체내기능 판토텐산은 영양소의 산화과정뿐만 아니라 지방산, 콜레스테롤, 스테로이드 등의 지질 합성, 신경전달 물질 합성 등 여러 반응에 참여하고 있다. 즉 ① 지방산 합성, ② 아미노산의 아세틸화 반응, ③ 아세틸기의 활성화 반응, ④ 헴의 합성 등이다.

- 판토텐산이 결핍되기 쉬운 조건 ① 알코올 중독, ② 당뇨병, ③ 궤양 및 과립상 대장염

5-3-6 비오틴(biotin : vitamin H)

비오틴은 황을 함유한 수용성 비타민으로서, 이 비타민은 보아스(Boas, 1927)가

항난백장해인자로서 발견하였는데, 기오르기(Gyorgi, 1931)는 이들 인자가 피부염에 관계가 있어 항피부염인자(haupto factor)인 점에서 비타민 H라 한다.

한편 쾨글(Kogl, 1936)은 인공배지에서 효모를 배양할 때 미지의 증식인자를 분리하는데 성공하며, 이것을 비오틴(biotin)이라 명명하였다. 비오틴은 일반 피부염에 유효하며, 특히 날달걀을 많이 먹었을 때 생기는 피부염에 유효하다. 또 털의 발육불량은 이 비타민의 결핍에 기인하는 것이다.

1) 구조 및 성질 비오틴의 결정은 색이 없는 사상결정(斜狀結晶)으로서 더운물과 묽은 알칼리용액에 녹으나, 보통 물과 묽은 산에는 잘 녹지 않고 기름에도 녹지 않는다. 그 수용액은 열에 안정하나 강한 산과 알칼리와 함께 장시간 가열하면 분해한다. 그러나 보통 조리에서는 안정하다.

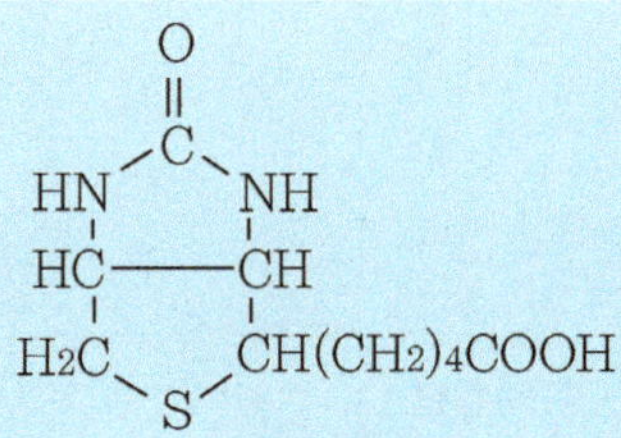

Biotin

2) 비오틴 함유식품 및 소요량 일반식품에 널리 들어 있을 뿐 아니라 실제로 날달걀을 너무 많이 먹는 경우는 적고, 또한 장내세균에 의하여 합성되므로 사람에게 비오틴 결핍증은 별로 나타나지 않는다. 비오틴의 영양밀도가 높은 급원식품으로 난황 · 간 · 땅콩 · 대두밀 · 이스트 · 치즈 등이 있으며, 채소류 · 과일류 · 육류 등은 좋은 급원식품이 아니다.

우리나라 성인남녀의 하루 충분섭취량은 30μg이다.

3) 비오틴의 체내기능 비오틴의 주요기능은 포도당 합성 및 지방산 합성과정에서 조효소로 작용하며 아미노산으로부터 에너지 생성과정과 DNA 합성에서도 중

요한 역할을 한다. 비오틴은 생체 내 대사과정 중 카르복실기를 제공하는 카르복실화 효소(carboxylase)의 조효소로 작용한다. 또한 CO_2를 제거하는 탈탄산효소(decarboxylase)의 조효소로도 작용하는데, 이는 카르복실화 반응(carboxylation)과 카르복실기 전이반응(transcarboxylation) 등이다.

5-3-7 엽산

엽산이란 용어가 라틴어인 폴리엄(folium, 식물의 잎 foliage라는 뜻)에서 유래하였고, 녹색식물의 잎(folium)에 들어 있다는 뜻에서 엽산(葉酸, folic acid)이라 한다. 엽산이 결핍되면 악성빈혈이 일어나는데 임산부의 빈혈 등을 그 결핍증으로 들 수 있다. 특히 엽산과 비타민 B_{12}의 결핍증세는 매우 유사한데, 이는 두 비타민 모두가 DNA 합성과정과 세포분열에 필요하며 생화학적으로 서로 관계가 있기 때문이다.

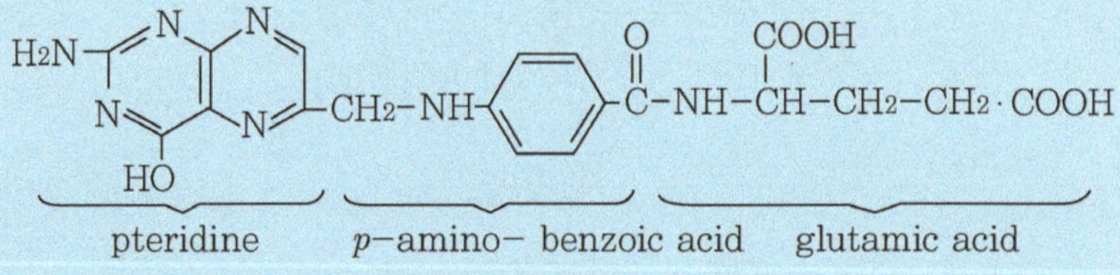

Folic acid

1) 엽산의 구조 및 성질 엽산은 프테리딘(pteridine), 파라-아미노 벤조산(p-aminobenzoic acid) 및 글루탐산(glutamic acid)이 결합되어 있다. 엽산은 엷은 황색의 결정으로 물에 녹기 쉽고 산에 불안정하며 열에 비교적 안전하다. 그리고 광선에 의하여 쉽게 파괴된다.

2) 엽산 함유식품 및 소요량 시금치, 근대, 브로콜리, 아스파라거스 등의 녹색채소에 많이 함유되어 있고, 두류에는 강낭콩과 완두콩, 과일 중에는 오렌지와 바

나나, 육류에는 소와 닭의 간에 다량 함유되어 있다. 특히 한 컵의 오렌지 주스는 100㎍의 엽산이 함유되어 있으므로 비타민 C도 들어 있는데, 비타민 C는 엽산이 산화로 인해 파괴되는 것을 보호하는 역할을 한다. 엽산은 산화되어 파괴되기 쉬우므로 식품을 조리·가공하는 과정에서 50~90%까지 파괴된다. 따라서 조리할 때 지나친 열처리를 하지 않는 것이 좋다.

우리나라 성인남녀의 하루 권장섭취량은 320㎍ DFE이고 임신 시에는 200㎍ DFE를 추가로 더 섭취해야 한다.

3) 엽산의 체내기능　엽산은 ① 인체, 포유류, 박테리아의 성장인자로 작용하며 항빈혈작용을 하는 물질이다. ② 엽산과 비타민 B_{12}의 대사과정은 생화학적으로 상호 밀접하게 연관되어 있다. 혈관성 치매의 중요한 위험인자인 호모시스테인(homocysteine)을 쉽게 낮출 수 있는 물질이 바로 엽산이다. 호모시스테인은 콜레스테롤이나 흡연 등으로 혈관을 손상시키는 물질이다.

5-3-8 비타민 B_{12}

동물성 식품에만 함유되어 있다. 식물성 식품에는 비타민 B_{12}가 함유되지 않으나 박테리아, 세균 등의 미생물이 비타민 B_{12}를 합성할 수 있으므로 토양에는 풍부하다. 이 비타민 B_{12}가 항악성빈혈인자, 동물단백질인자(Animal Protein Factor; APF) 또는 젖산균의 발육을 촉진시키는 효과가 있으므로 LLD인자(Lactobacillus Lactis Dorner)라고도 한다.

비타민 B_{12}는 악성빈혈에 가장 유효한 인자이다. 또한 핵산합성에 유효하고, 여러 가지 아미노산의 생성이 저해되었을 때 조직단백질을 정상으로 하는 효과가 있을 뿐 아니라 탄수화물 및 지질의 대사에도 상당히 관계가 있다.

1) 비타민 B_{12}의 구조 및 성질　이는 많은 종류가 있으나, 보통 시안(CN)과 코발트(Co)를 함유하고 있는 시아노코발아민(cyanocobalamin)을 비타민 B_{12}라 하고 있다.

2) 비타민 B_{12}의 함유식품 및 소요량 비타민 B_{12}는 육류, 가금류, 어패류에 풍부하며, 비타민 B_{12}가 많은 식품은 내장육(간, 신장 및 심장육)·어패류·쇠고기·달걀·소시지·햄 등이며, 우유와 유제품에도 많이 함유되어 있다.

19세 이상 성인의 하루 권장섭취량은 2.0㎍이다.

3) 비타민 B_{12}의 체내기능 비타민 B_{12}의 주요기능은 ① 메티오닌(methionin) 합성, ② 신경섬유의 수초 유지 등이다.

5-3-9 비타민 C

비타민 C는 항괴혈병성 산이란 뜻으로 아스코르빈산(ascorbic acid)이라고도 한다. 비타민 C가 결핍되면 빈혈을 일으키고 치근·점막·피부에 출혈이 일어난다. 이 과정은 아직 확실하게 밝혀지지 않았으나 간질세포, 예를 들면 근육의 섬유조직·뼈·상아질·혈관내피 등에 겔상 물질이 비타민 C 결핍으로 생성되지 않는다. 이 밖에 티로신(tyrosine), 페닐알라닌(phenylalanine), 트립토판(tryptophan)의 대사에도 관여한다.

1) 비타민 C의 구조 및 성질 비타민 C(ascorbic acid)는 L형으로서 L-아스코르빈산(L-ascorbic acid)이라고 하며, 당과 유사한 구조를 가지고 있다. 물에 잘 녹으며 수용액에서 산성을 나타낸다. L-아스코르빈산은 강한 환원성을 나타낸다. 즉 L-아스코르빈산 자체는 쉽게 산화되는데, 이것은 C_2와 C_3의 OH에서 H가 유리하여 L-아스코르빈산이 디하이드로 아스코르빈산(dehydro ascorbic acid)이 되는 까닭이다.

아스코르빈산 수용액은 공기에 의하여 산화되는데 Cu·Fe 등의 금속이온에 의하여 촉진된다. 공기가 없을 때는 열에 대하여 안정하다.

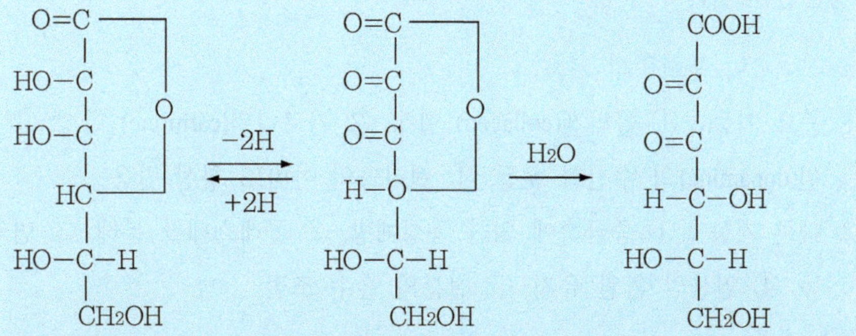

L-ascorbic acid (환원형) L-Dehydroascorbic acid (산화형) 2,3-Diketogluconic acid

2) 비타민 C의 함유식품 및 소요량 비타민 C는 쉽게 산화되므로 저장, 조리 및 가공과정, 계절변화에 민감하다. 비타민 C의 주요 급원식품은 감귤류와 녹색채소로서 오렌지 · 자몽 · 토마토 · 레몬 등이다(<표 5-3a> 참조).

채소나 과일에 들어 있는 천연방부제인 이소아스코르빈산(isoascorbic acid)은 비타민 C의 활성은 없으나 체내에서 항산화제로 작용한다. 일반적으로 채소의 조리 시 가장 손실되기 쉬운 비타민 성분이 바로 비타민 C이다. 난류, 우유 및 유제품에는 소량 들어 있고, 곡류에는 거의 없다. 토마토의 경우 색도가 진할 때 비타민 C 함량이 높다.

우리나라 성인남녀의 하루 권장섭취량은 100mg이며, 상한섭취량은 2,000mg이다.

3) 비타민 C의 체내기능 스트레스를 받으면 아드레날린(adrenaline)이라는 호르몬이 분비되어 스트레스와 싸운다. 이 아드레날린 분비에 있어 가장 중요한 원료가 비타민 C이다. 즉 비타민 C를 공급하지 않으면 아드레날린이 분비되지 않고 스트레스를 많이 받게 되면 심할 경우 죽을 수도 있다. 항산화 비타민 중 비타민 C는 심장병을 줄이고, 당뇨합병증을 억제하며 다발성관절염과 조산을 예방한다. 그러나 비타민 C를 과용할 경우 지질을 분해하여 DNA 손상을 유발하는

독성물질을 만든다.

(1) 비타민 C의 생화학적 기능

① 중요 기능 : ① 콜라겐(collagen) 합성, ② 카르니틴(carnitine) 합성, ③ 도파민(dopamine)의 수산화 운동, ④ 펩티드의 아미드 형성 반응

② 다른 기능 : ① 중금속에 의한 독성예방, ② 콜레스테롤 분해, ③ 면역 기능, ④ 엽산의 환원 유지, ⑤ 철분의 흡수 조절

(2) 비타민 C가 결핍되기 쉬운 조건

① 알코올 중독, ② 흡연, ③ 노화, ④ 식이섭취 부족, ⑤ 스트레스, ⑥ 갑상선 기능항진, ⑦ 암 환자

5-3-10 비타민 P

비타민 P는 모세혈관의 침투성(permeability)을 조절한다는 뜻에서 명명한 것으로 시트린(citrin)이라 한다. 비타민 P에는 헤스페리딘(hesperidin), 에리오딕틴(eriodictin), 루틴(rutin) 등이 있으나, 그중 헤스페리딘이 가장 일반적인 것이다. 비타민 P가 결핍되면 혈관의 침투성이 커져서 혈액이 침투되어 피부에 자색반점이 생기게 된다. 비타민 P는 비타민 C와 협동하여 모세관의 기능을 정상적으로 유지하는 작용이 있다.

비타민 P는 어느 것이나 모두 플라보노이드(flavonoid)에 2당류인 루티노스(rutinose)가 결합한 배당체이다. 비타민 P는 그 소요량은 분명하지 않으나 비타민 C와 같이 비교적 많은 양이 소요되는 것으로 생각된다. 엽채류에 널리 분포되고 감귤류 및 과피에도 많이 들어 있다.

단원정리

① 비타민은 영양상 요구되는 양은 미량이지만 체내에서 합성할 수 없어 반드시 식품으로부터 공급하여야 하는 영양소로 지용성 비타민과 수용성 비타민으로 분류한다.

② 지용성 비타민은 소화, 흡수, 운반과 저장 등 모든 과정이 지질에 의존하여 이루어진다. 지용성 비타민은 액체상태로 체내에 저장되어 있기 때문에 지나치면 독성을 일으킬 가능성이 있다. 지용성 비타민에는 비타민 A, D, E, K, F(필수지방산) 등이 있다.

③ 수용성 비타민은 체내에 저장되지 않으므로 항상 필요량을 음식에 의해 공급받아야 한다. 대부분 혈중의 비타민 농도가 높아지면 소변으로 쉽게 배설되므로 쉽게 결핍증을 일으킬 수 있지만 과잉섭취로 인한 신체의 장해는 지용성 비타민보다 적다. 수용성 비타민에는 비타민 B_1, B_2, B_6, B_{12}, 엽산, 니아신, 판토텐산, 비오틴, C 등이 있다.

제 6 장 무기질

무기질(inorganic substance)은 회분(灰分), 미네랄(mineral), 애시(ash)라고도 하며 생명체 내에서 에너지원은 되지 않으나 구성성분으로서 매우 중요하다. 인체에는 현재까지 92가지의 천연 화학원소가 있는 것으로 밝혀졌으며, 이들 중 50여 종류는 인체의 조직과 체액에서 발견되고 있다. 우리 몸에 들어 있는 원소 중 탄소(C), 수소(H), 산소(O) 및 질소(N)가 96%를 차지하고 약 4%가 무기질이다. 식품을 약 550~600℃에서 태워 재가 되어 남는 부분을 회분이라고 한다. 이들 원소는 대부분 무기염의 형태로 식품 중에 존재하나 단백질, 혈색소, 효소, 엽록소 등과 결합한 유기화합체와 결합된 형태로 존재하기도 하며, 특히 골격에 다량 함유되어 있다.

각각의 무기질은 체내 필요량은 적지만 신체의 발육을 촉진하고 생리적 기능을 조절하는 중요한 기능을 하고, 분뇨나 땀으로 매일 다량 유출되므로 식품을 통하여 계속해서 섭취해야 한다. 이러한 무기질은 주로 과일류, 채소류 및 해조류에 특히 많은데, 이들 종류에 따라서 함유하는 무기질의 종류도 다양하므로 골고루 먹어야 한다. 현대인은 열량소인 탄수화물, 지질, 단백질보다 오히려 무기질의 중요성을 강조하고 있다.

〈표 6〉 체구성(體構成) 원소

원소의 종류	비율(%)	원소의 종류	비율(%)
산소(oxygen, O)	65.0	마그네슘(magnesium, Mg)	0.05
탄소(carbon, C)	18.0	철(iron, Fe)	0.004
수소(hydrogen, H)	10.0	망간(manganese, Mn)	0.0003
질소(nitrogen, N)	3.0	구리(copper, Cu)	0.00015
칼슘(calcium, Ca)	1.5~2.2	요오드(iodine, I)	0.00004
인(phosphorus, P)	0.8~1.2	코발트(cobalt, Co)	극미량
칼륨(potassium, K)	0.35	불소(fluoride, F)	극미량
황(sulfur, S)	0.25	규소(Si)	극미량
염소(chloride, Cl)	0.15	아연(zinc, Zn)	극미량
나트륨(sodium, Na)	0.15		

6-1 무기질의 기능

무기질은 다른 영양소로부터 합성되거나 전환될 수 없으므로 반드시 식품으로 공급되어야 한다. 무기질은 ① 산·알칼리의 균형, ② 신체 경조직의 구성성분, ③ 효소, 호르몬 및 비타민의 구성성분, ④ 물의 균형을 조절, ⑤ 촉매작용 등의 기능을 한다. 또한 참고로 무기질은 외부로부터 열선, 자기선, 전자선, 방사선, 우주선 등과 같은 활성입자의 자극을 받게 되면 다른 유기질 구성원자에 비교되지 않을 만큼 자극에 적극적이고 활동에너지로서의 역할을 한다.

6-1-1 산·알칼리 균형에 관여한다

체내에서는 항상 대사과정이 정상으로 이루어져야 하며 체액이 산도(acidity)나 알칼리도(alkalinity)에서 적당히 정상으로 유지되게 pH를 조절한다. 이때 무기질은 물에 녹아 이온화되는데, ① 양이온을 형성하는 Na·K·Mg·Ca 등은 수산기

(−OH^-)와 결합하여 알칼리를 형성하므로 체액의 알칼리도를 증가시키고, ② 음이온을 형성하는 Cl · S · P 등은 수소(H^+)와 결합하여 산도를 증가시킨다. 이러한 성질에 의해 식품은 <표 6−1−1a>와 같이 체내에서 산을 형성하는 무기질이 풍부한 산성식품, 체내에서 알칼리성을 갖는 무기질이 풍부한 알칼리성 식품과 대사 후에 생성되는 양이온과 음이온의 비율이 비슷하므로 체내산도에 영향을 미치지 않는 중성식품으로 나누어진다.

〈표 6−1−1a〉 산 · 알칼리 성질에 따른 식품 분류

구 분	무기질	식품류
산성식품	염소(Cl), 황(S), 인(P)	곡류, 육류, 난류, 가금류, 어류
알칼리성 식품	칼슘(Ca), 철(Fe), 마그네슘(Mg), 칼륨(K), 나트륨(Na)	두류, 과일류, 채소류, 해조류
중성식품	칼슘(Ca), 인(P)	우유, 유제품

6−1−2 신체의 경조직 구성성분이다

Ca · P · Mg · F 등은 뼈 · 치아 같은 경조직 발달과 생성에 관여하고, Zn · Cu · Mn 등은 연골 · 피부 · 뼈 주위 조직과 같은 연조직의 형성에 관여한다. 따라서 이들 무기질이 적당히 공급되어야 원활한 골격성장으로 건강하게 생명을 유지할 수 있다.

6−1−3 호르몬, 효소 및 비타민의 구성성분이다

신체 내에서 중요한 기능을 담당하는 호르몬(hormone), 효소(enzyme), 비타민(vitamin) 등의 구성물질로 작용한다. 호르몬의 구성성분인 I는 갑상선 호르몬을, Zn은 인슐린 호르몬을 형성한다. 효소의 구성성분이 되는 무기질인 Fe은 시토크롬 효소(cytochrome enzyme), Zn은 탄산 탈수소효소, Mo은 산틴(xanthine) 산화효소에 함유되어 있다. 비타민 중에도 S은 티아민(thiamine)과 비오틴(biotin)의 구성분이고,

Co는 비타민 B_{12}의 구성분이다. 그 외에 Fe은 헤모글로빈(hemoglobin), Cl는 위산(HCl)의 구성성분으로 존재한다.

6-1-4 물의 균형을 이루어야 한다

체액은 세포 내·외 및 세포 사이에 존재한다. 세포가 영양을 적절히 취하기 위해서는 혈액으로부터 영양소를 공급받아야 한다. 물은 반투과성 세포막을 통과하는 삼투현상에 의해 운반되며, 이동방향과 양은 무기질 농도에 의해 결정된다. 무기질의 균형이 이루어지지 않을 경우 체액은 부종 또는 탈수를 일으키게 된다.

6-1-5 체내 촉매작용에 관여한다

무기질은 영양소가 체내에서 대사되는 여러 과정에서 촉매 역할을 한다. Mg은 탄수화물·지질·단백질의 합성과 분해에 필요하며, 그 외 Ca·Mg·P·Mn·Zn 등은 이화작용(catabolism), 동화작용(anabolism)의 촉매나 효소의 구성분으로 필요하다. 즉 Ca은 근육수축, K, Na 및 Mg은 근육이완, Cu는 헤모글로빈 합성 등에 이용된다.

6-2 무기질의 분류

인체와 식품의 구성에 필요한 무기질은 약 20여 종으로 보고 있다. 무기질의 다량원소 및 미량원소의 생리작용, 함유식품을 살펴보기로 하자.

1) 다량 무기질

식품에 비교적 많이 함유된 무기질로 체중의 0.05% 이상이거나 또는 1일 권장량이 100mg 이상인 무기질을 말한다.

- 칼슘(Ca), 인(P), 나트륨(Na), 칼륨(K), 마그네슘(Mg), 염소(Cl), 황(S) 등

2) 미량 무기질

식품에 미량 또는 극미량 함유되어 있으나 그 역할이 중요한 무기질로 체중의 0.05% 미만이거나 또는 1일 권장량이 100mg 미만인 무기질을 말한다.

- 철(Fe), 코발트(Co), 아연(Zn), 망간(Mn), 요오드(I), 몰리브덴(Mo), 셀레늄(Se), 불소(F), 크롬(Cr) 등

3) 체내에 존재하지만 기능 및 중요성이 일부 미확인

- 주석(Sn), 니켈(Ni), 규소(Si), 바나듐(V) 등

4) 인체의 생명과 활동에 해를 주는 일부 확인

주로 오염물질로 취급한다.

- 납(Pb), 카드뮴(Cd), 수은(Hg), 비소(As), 바리움(Ba), 스트론튬(Sr), 붕소(B), 알루미늄(Al), 리튬(Li), 베릴륨(Be), 루비디움(Rb) 등

6-2-1 다량 무기질의 분류

1) 칼슘(Ca)

인체 내 무기질 성분 중 가장 많이 함유된다. 인체 체중의 1.5~2.2% 정도가 칼슘이다.

(1) 체내기능 작용

① 골격구성 : 체내 존재 칼슘의 99%가 골격과 치아에 존재한다.

② 혈액응고 : 출혈 시 프로트롬빈(prothrombin)을 트롬빈(thrombin)으로 전환되며, 피브리노겐(fibrinogen)을 불용성 피브린(fibrin)으로 전환되어 혈액이 응고된다.

③ 신경전달 : 세포 내 칼슘의 농도가 높아지면 신경전달물질이 방출되어 신경자극이 일어난다.

④ 근육이완 및 수축 : 신경자극으로 근육이 흥분되면 칼슘이 방출되어 액틴

(actin)과 미오신(myosin)이 결합하여 근육이 수축되고 칼슘이 세포 내로 돌아가면 두 단백질이 분리되어 근육이 이완된다.

⑤ 효소의 활성화

⑥ 삼투압 유지

(2) 함유식품과 섭취량

우리나라 19~29세 이상 성인남녀의 하루 권장섭취량은 남자 750mg, 여자 650mg이며, 임신기에는 하루 280mg, 수유기에는 하루 370mg을 추가적으로 섭취할 것을 권장한다. 급원식품으로 체내 이용률이 가장 우수한 것은 우유와 유제품이고, 멸치 등의 뼈째 먹는 생선, 짙은 녹색채소, 두류, 곡류, 해조류 등이다. 그러나 식물성 식품류는 칼슘의 이용률을 방해하는 섬유질 · 수산(oxalic acid) · 피트산(phytic acid) 등이 있어서 체내 이용률이 낮다. 보통 동물성 식품의 칼슘 흡수율이 25%인 반면, 식물성 식품의 흡수율은 5% 이하로 보고 있다.

2) 인(P)

(1) 체내기능 작용

① 골격과 치아 형성 : 체내 인 함량의 85% 정도가 뼈와 치아의 석회화에 사용된다.

② 에너지 대사에 필수 : 나머지 15%의 인은 모든 세포에 골고루 분포되어 있다.

③ 신체의 구성성분 : 인은 DNA, RNA 등 핵산의 구성분이며, 모든 세포의 세포벽과 지단백질(lipoprotein) 구성에 필요하다.

④ 비타민과 효소의 활성화 : 인은 니아신 · 티아민 · 피리독신 등 여러 비타민의 활성화에 필요하다. 또한 인산화효소로 활성이 조절된다.

⑤ 완충작용 : 혈액과 세포 내에서 인산으로 산과 염기의 평형을 조절하는 완충작용을 한다.

(2) 함유식품과 섭취량

우리나라 성인남녀의 하루 권장섭취량은 700mg인데 섭취량은 약 600~1,500mg으로 칼슘과 인의 평균비율이 1 : 1.5에 해당한다. 급원식품은 거의 모든 식품에 풍부하게 들어 있다. 보통 단백질 함량이 많은 어육류, 난류, 우유와 유제품, 곡류에 많고, 가공식품과 탄산음료에 과량 함유되어 있어서 골격약화가 우려되므로 현대인은 과잉섭취에 주의해야 한다.

3) 나트륨(Na)

(1) 체내기능 작용

① 수분평형조절 : 세포 내·외의 삼투압으로 수분의 이동이 이루어지며 나트륨이온과 칼륨이온에 의해 조절된다.

② 산·알칼리의 평형 유지 : 염소와 함께 체액의 산·알칼리 평형에 관여한다.

③ 근육의 흥분성을 유지하며 신경자극의 전달에 관여한다.

(2) 함유식품과 섭취량

나트륨 권장량은 정해지지 않았으나 신체기능을 정상으로 유지하기 위해 건강한 성인은 하루 1.5g을 충분섭취량으로 설정하였고, 다른 영양소와 달리 상한섭취량 대신 식이관련 만성질환을 예방하기 위하여 목표섭취량을 하루 2,000mg(식염 5g/day)으로 정하였다. 미국인은 하루 5~15g 정도 소금을 섭취하고 있으나 우리 국민은 장류·젓갈·김치 등을 주로 섭취하기 때문에 15~30g 이상 소금을 섭취하고 있다. 급원식품은 주로 동물성 식품에 다량 존재한다. 육류·생선·닭고기·유제품·치즈·햄·소시지·달걀 등에 많이 함유되어 있다.

4) 마그네슘(Mg)

마그네슘은 엽록소의 구성성분으로 식물성 식품에 풍부하게 함유되어 있고, 성인 체내에 약 25~30g의 마그네슘이 존재한다.

(1) 체내기능 작용

① 심장과 신경기능에 중요하며 많은 효소반응을 돕는다.

② 60~70%는 칼슘, 인과 결합하여 골격과 치아 같은 경조직을 구성하며, 30~40%는 연조직(주로 근육과 간)과 혈액에 들어 있다.

③ 마그네슘은 골격과 치아의 구성성분으로, 특히 치아 에나멜층에서 칼슘의 안정성을 증가시켜 충치를 예방한다.

④ 신체 내에서 일어나는 중요한 효소반응에서 여러 효소의 보조인자나 활성제로 작용하며, ATP구조의 안정 및 에너지 대사에 관여하며, mRNA와 리보솜의 결합, DNA합성과 분해과정 등 단백질 합성의 여러 단계에 관여한다.

⑤ 마그네슘은 칼슘, 칼륨, 나트륨과 함께 신경자극 전달과 근육의 수축 및 이완작용을 조절하는 4가지 양이온 중 하나이다. 칼슘과 마그네슘은 서로 상반된 기능을 하여 마그네슘은 근육을 이완시키고 신경을 안정시키는 반면, 칼슘은 근육긴장·신경흥분작용이 있다.

(2) 함유식품과 섭취량

일반적으로 마그네슘 섭취량은 우리나라의 식단으로도 충분하지만 19~29세의 하루 권장섭취량은 남자 400mg, 여자 280mg이다. 급원식품은 채소류·견과류·대두·곡류에 많다. 그러나 곡류와 시금치에 함유된 피틴산은 마그네슘의 흡수를 방해한다. 마그네슘은 엽록소의 구성성분이므로 식물성 식품에 풍부하다.

5) 칼륨(K)

칼륨은 나트륨의 2배 정도 존재하며 체내에 약 210g 정도 함유되어 있다.

(1) 체내기능 작용

① 칼륨은 세포 내액의 중요한 양이온으로 체액의 정상적인 삼투압을 유지한다.

② 산·알칼리 평형유지에 영향을 미친다.

③ 칼슘, 나트륨과 더불어 신경의 흥분성과 근육, 특히 심장근육의 수축과 이완작용에 관여한다.

④ 탄수화물 대사와 단백질 합성에도 관여한다.

(2) 함유식품과 섭취량

칼륨은 여러 식품에 골고루 분포되어 있다. 특히, 콩류·곡류·오렌지·바나나 등의 과일과 녹색채소·감자·육류에 상당량 들어 있다. 우리나라 성인남녀의 하루 충분섭취량은 3.5g이며, 보통의 식사에 필요한 칼륨이 함유되어 있다.

6) 염소(Cl)

염소는 나트륨과 결합하여 염화나트륨(NaCl)의 형태로 존재하며 생체 내에서 이온상태로 존재한다. 체내 무기질의 약 3%를 차지하며 세포 외액의 중요한 음이온이다.

(1) 체내기능 작용

① 나트륨과 함께 체액의 삼투압 유지와 수분 평형에 관여한다.

② 위점막에서 분비되는 위산의 성분이다.

③ 펩시노겐(pepsinogen)을 펩신(pepsin)으로 전환시키는 소화에 필요하다.

④ 면역반응과 신경자극 전달에 관여한다.

(2) 함유식품과 섭취량

우리나라 19~49세 성인남녀의 하루 충분섭취량은 2.3g이며, 나트륨의 섭취가 적절하면 염소는 충분히 공급된다. 소금의 60%가 염소이므로 소금섭취량으로 알 수 있다. 급원식품은 소금의 형태로 존재하므로 나트륨이 풍부한 식품에 함께 함유되어 있다.

7) 황(S)

인간에게는 중요한 무기질의 하나이며, 함황 아미노산인 메티오닌(methionine), 시스테인(cysteine), 시스틴(cystine) 및 타우린(taurine), 점액다당류의 콘드로이틴

(chondroitin) 황산, 비타민 B_1, 비오틴(biotin) 및 코엔자임 A(coenzyme A), 무의 메틸설파이드(methylsulfide), 파의 아릴설파이드(allylsulfide), 겨자의 시니그린(sinigrin) 등은 모두 황을 함유하고 있다.

(1) 체내기능 작용

① 함 유황 아미노산의 구성성분이다.

② 효소의 활성화에도 관여한다.

③ 항독소작용이 있다.

④ 세포 단백질의 구성요소이다.

(2) 함유식품과 섭취량

육류, 어류, 우유, 달걀, 두류, 함유황 채소(무 · 양배추 · 브로콜리 · 파 · 양파 · 마늘 등) 등에 두루 함유되어 있다.

6-2-2 미량 무기질의 분류

1) 철분(Fe)

인체 내 철분의 70%가 헤모글로빈, 5%는 근육의 미오글로빈, 20%는 간, 비장, 골수의 페리틴(ferritin)의 형태로 저장, 5%는 산화효소의 주요 구성성분으로 존재한다.

(1) 체내기능 작용

① 산소의 이동과 저장 : 철은 적혈구 헤모글로빈의 헴성분이며, 헤모글로빈은 체내 세포 내 대사과정에 필수적인 산소를 공급해 준다. 미오글로빈도 헤모글로빈과 같이 근육에서 산소와 결합하다가 당질, 지질, 단백질이 산화할 때 에너지 발생을 돕는다.

② 효소의 보조인자 : 미토콘드리아의 전자전달계에서 산화 · 환원과정에 작용하는 시토크롬(cytochrome) 효소의 구성성분으로 에너지 대사에 필요하다.

(2) 함유식품과 섭취량

19~29세 하루 성인의 권장섭취량은 남자 10mg, 여자 14mg이며, 임신부는 10mg을 추가적으로 섭취할 것을 권장한다. 한국인은 철분의 섭취량이 권장량에 미치지 못하므로 낮다. 철분 급원식품으로는 헴을 함유하고 있는 육류·어패류·가금류 등의 동물성 식품이며, 곡류나 그 가공품, 두류, 녹색채소류도 중요한 철분섭취 식품이다. 그러나 우유와 유제품은 철분함유량이 낮을 뿐 아니라 칼슘이 다량 들어 있어 철분의 흡수를 저해한다.

2) 요오드(I)

요오드는 천연에는 유리상태로 존재하지 않으며, 주로 해조류와 해산동물 속에 존재한다. 갑상선 호르몬인 티록신(tyroxine)의 구성성분으로 체내 함유량의 70~80%는 갑상선에 존재한다.

(1) 체내기능 작용

① 티록신은 아미노산인 티로신(tyrosine)을 원료로 하여 만들어지며 요오드는 활성형 호르몬이 되도록 하는 데 필수적이다.

② 체내 대사율을 조절하고 성장발달을 촉진하는 데 관여한다.

③ 갑상선 호르몬은 산소의 이용을 증가시켜서 에너지 생산, 즉 기초대사를 조절하는 일을 하며 단백질 합성을 도와 성장기 아동의 발달에 관여한다.

(2) 함유식품과 섭취량

우리나라 성인남녀의 하루 권장섭취량은 150㎍, 청소년은 130㎍, 임신 및 수유기에는 각각 90㎍, 180㎍씩 더 섭취할 것을 권장하고 있다. 요오드 급원식품으로는 김, 미역, 다시마 등의 해조류와 해산물이다.

3) 아연(Zn)

근육, 심장, 폐, 뇌 속에 함유되어 있는 아연은 식이 섭취와 무관하지만, 뼈, 고환, 머리카락, 혈액 내 함량은 식품 섭취량에 따라 달라진다. 아연은 체내에 1.5~

2.5g 정도 소량 존재하지만 거의 모든 조직에 필요하며 효소의 구성분, 핵산합성, 면역작용 등 대사기능 면에서 중요한 무기질이다.

(1) 체내기능 작용

① 생체 내 여러 금속효소의 구성요소 : 여러 효소의 구조적 성분이며 아연을 함유하는 효소에는 단백질 분해효소, 이산화탄소 운반효소, 탄수화물 대사효소, 세포의 산화적 손상방지효소 등이다.

② 생체막 구조와 기능에 관여 : 세포막에 결합된 형태로 세포막의 기능과 안정성유지에 중요한 기능을 한다.

③ DNA와 RNA 같은 핵산합성에 관여하여 단백질 대사와 합성을 조절하며, 상처 회복, 성장을 도우며, 면역기능을 증진시킨다.

④ 인슐린 호르몬의 구성성분으로 탄수화물 대사에 관여한다.

(2) 함유식품과 섭취량

우리나라 성인남녀의 하루 권장섭취량은 남자 9~10mg, 여자 7~8mg이고, 임신부와 수유부는 각각 2.5mg, 5mg을 더 섭취할 것을 권장한다. 아연은 특히 성장기 어린이의 성장발달에 매우 중요하므로 영아는 2.8mg, 11세 미만 아동은 3~8mg을 권장한다. 아연의 급원식품으로는 육류, 패류(굴 · 게 · 새우 등), 간, 가금류 등으로 체내 이용성이 높다. 식물성 식품은 두류 · 전곡류 · 견과류 등이나 함유량이 적다. 그러나 피트산(phytic acid)이 있으므로 아연의 이용률은 낮다.

4) 구리(Cu)

헤모글로빈 형성에 철분 외 구리가 필요하다. 여러 효소의 구성성분으로 존재하며, 기능과 대사 등이 철분과 유사하다.

(1) 체내기능 작용

① 철분의 흡수와 이용을 돕는다.

② 결합조직과 건강에 관여한다. : 결합조직 내의 콜라겐(collagen)과 엘라스틴

(elastin)의 상호 연결에 중요한 효소의 일부로 골격 형성과 심장순환계의 결합조직을 정상으로 유지한다.

③ 여러 금속효소의 구성성분 : 시토크롬 산화효소(cytochrome oxidase)의 일부로 ATP를 형성한다.

(2) 함유식품과 섭취량

우리나라 성인남녀의 하루 권장섭취량은 800㎍으로 미국의 경우와 같다. 구리의 급원식품으로는 간 등의 내장고기, 해산물(굴・가재・패류 등), 견과류, 두류 등에 풍부하다.

5) 불소(F)

불소의 95% 정도가 뼈, 치아에 함유되어 있으며, 충치 예방과 치료 면에서는 식품 중의 불소보다는 음료수에 첨가하는 것이 더 효과적이다. 따라서 불화나트륨(NaF), 불화 제1주석(SnF_2) 용액을 치아 표면에 바르면 약 1ppm으로 치아의 에나멜질을 형성하며 치아에서 생기는 CaF는 구강 내의 젖산균을 살균한다.

(1) 체내기능 작용

① 충치 발생을 억제한다.

② 세균에 의해 형성된 산이 치아를 부식하지 못하게 한다.

③ 폐경기 이후의 여성에 있어 골다공증 빈도를 감소시킨다.

(2) 함유식품과 섭취량

우리나라는 불소의 권장섭취량이 정해져 있지 않으나 성인의 경우 10mg을 상한 섭취량으로 정하고 있다. 불소 급원식품으로는 해조류・해산물・자연수・차 등에 함유되며, 치약에도 포함되어 있다.

6) 셀레늄(Se)

대표적 항산화 무기질로서 비타민 E와 함께 지질의 과산화를 방지하고 세포막을 보호한다. 셀레늄은 간 기능 유지에 필수적이지만 5ppm 이상이면 독성을 나타낸다. 또 셀레늄이 결핍되면 심장병이나 암 발생률이 증가한다고 알려져 있고, 어떤 화합물의 독성이나 발암작용을 증강하거나 감소시킨다. 셀레늄은 신장피질·췌장·뇌하수체·간에 존재하며 과잉의 셀레늄은 셀레늄화합물을 만들어서 요 중으로 배설된다.

(1) 체내기능 작용

① 노화를 방지한다. : 항산화효소인 글루타티온 페록시다아제(glutathione peroxidase)의 구성요소로 산화적 손상을 방지하고, 지질의 과산화로 생긴 유리기(free radical)로부터 세포와 세포막을 보호한다.

② 비타민 E와 Se는 서로 절약작용을 한다.

③ 유리기가 DNA를 변형시켜 발생하는 암을 예방하고 방사선 방어작용도 한다고 알려져 있다.

④ 단백질 합성, 특히 면역 글로불린의 합성을 촉진하며 ATP에서의 고에너지 인산결합의 효과적인 형성에 의한 최적의 에너지 흐름에 필요하다.

(2) 함유식품과 섭취량

우리나라 성인의 하루 권장섭취량은 55㎍이다. 셀레늄의 급원식품은 육류의 내장, 알류, 패류, 곡류, 우유 및 유제품 등에 많이 함유되어 있다.

7) 망간(Mn)

망간은 간·췌장·신장 등의 장기에 많고, 다른 미량 무기질처럼 금속효소의 구성원소로서 대사반응의 촉매로 작용한다. 섭취 망간의 3~5%만 흡수하고 나머지는 배설된다. 체내에 약 20mg 정도 함유되어 있다.

(1) 체내기능 작용

① 가수분해효소 및 인산화효소 등을 활성화하여 탄수화물, 단백질, 지질 대사에 관여한다.

② 간, 췌장의 기능을 조절한다.

(2) 함유식품과 섭취량

우리나라 성인남녀의 충분섭취량은 남자 4.0mg, 여자 3.5mg이다. 일반적인 식사에서 하루 3~9mg 정도 제공되므로 충분하다. 망간의 급원식품으로는 식물성 식품인 곡류·두류·종자류·엽채류·차·커피 등에 풍부하다.

8) 기타의 금속원소

① 코발트(Co) : 비타민 B_{12}의 구성성분이고 여러 효소 등의 보조인자로 작용한다. 체내에 약 1mg 존재하고, 권장량은 알려져 있지 않고, 자연계에 널리 분포한다.

② 몰리브덴(Mo) : 크산틴옥시다아제(xanthine oxidase) 산환원효소, 질소분해효소 등에 필수성분이며 체내에 다량으로 존재하면 구리의 배설이 증가하여 구리결핍증이 발생하고, 결핍되면 통풍이 발생한다. 우리나라 성인의 하루 상한섭취량은 600㎍이다.

③ 크롬(Cr) : 포도당 내성의 정상화에 관여하며 인슐린의 작용을 증강한다.

④ 니켈(Ni) : 특수한 효소나 단백질의 구성성분으로 되거나 장에서의 철 흡수를 촉진하고 간장의 막구조를 유지한다. 니켈은 우레아제(urease)의 보조인자이며 니켈이 부족하면 적혈구 감소, 생장저해 등이 나타난다.

⑤ 바나듐(V) : Na^+, K^+, ATPase나 나트륨 펌프의 조절인자로 작용한다.

⑥ 리튬(Li) : 세포 내외에 분포하고 있으며 동맥경화성 심질환 예방작용이 있다.

⑦ 규소(Si) : 콜라겐에 의한 결합조직이나 골기질의 형성과 뼈의 석회화 초기에 중요한 역할을 하고 있다. 또 규소는 피부 등의 탄력성을 유지하며 몰리브덴과 밀접한 상호관계를 가진다. 대부분 폐·피부·뼈·뇌·털 등에 존재한다.

⑧ 비소(As) : 아연 또는 아르기닌(arginine)의 대사에 관여하고 있다.

⑨ 주석(Sn) : 바나듐과 마찬가지로 지질대사에 관여한다.

⑩ 알루미늄(Al) : 신경계에 많이 존재하며 알츠하이머형 치매증 환자에서는 알루미늄의 뇌 내 농도가 높으나 그 원인은 확실하지 않다.

⑪ 카드뮴(Cd) : 체조직 내에서 칼슘과 인의 대사의 불균형을 초래하여 골다공증을 일으키고, 신장에서는 신장기능 장해를 일으켜 칼슘과 인의 손실로 골연화증도 유발한다.

6-3 무기질의 흡수조건

인체구조, 세포 내의 효소활성, 세포와 세포 사이의 대사반응과 삼투압의 평형 등을 통제하기 위하여 필요한 체액의 pH 조절은 모두가 무기질의 작용으로 이루어진다. 따라서 무기질의 부족은 신체조직과 대사진행에 계속적인 문제를 야기한다. 신체의 영양대사에서 무기질대사를 무시하고 어떠한 결과를 추측한다는 것은 무의미하다. 영양소의 생화학적 평가와 영양대사, 기능적이고 화학구조적인 성분관계 등은 무기질의 흡수와 작용에 따라 다르게 나타나기 때문이다. 중요한 것은 무기질이 각각의 특성을 가지고 있어 식품으로 섭취된 다음 체내에 흡수되는 과정이 까다롭고 흡수에 영향을 주는 복잡한 식품소재들 간의 상호작용, 무기질이온 간의 경쟁적 행동 등의 여러 가지 조건이 갖추어져야 한다는 것이다.

6-3-1 무기질이 비타민에 미치는 영향

무기질의 체내 흡수에는 소화물 내에 존재하는 무기화합물의 형태와 무기질 상호 간의 작용, 그리고 장관벽을 통하여 흡수될 수 있는 조건 등의 매우 예민한 상관관계가 있다. 따라서 무기질을 흡수하기 위한 생리적 조건을 확정짓기가 어렵다. 이러한 현상은 무기질의 성질 및 영양소의 질과 관계가 있으며 비타민과 같은 영양소도 무기질 흡수에 정(正)과 부(負)의 영향을 똑같이 일으킨다. 예로써 비타민 D는 소화관인 장관내(腸管內)에 있는 칼슘이온의 흡수를 조절하는 것으로 알려져 있다. 비타민 D는 칼슘의 흡수를 조절하기 위하여 대사적으로 변화되지 않으면 안 된다. 비타민 D는 간에서 변화가 시작되고 신장에 들어가 비타민 D_3란 호르몬을 생산하기 위하여 다시 변하게 된다. 이 호르몬은 전기화학적인 전위차를 가지고 있는 칼슘을 자극하므로 활성화를 일으켜 장으로부터 칼슘이온의 흡수를 조절한다.

6-4 산성식품과 알칼리성 식품

우리가 섭취하는 식품이 소화기관에서 소화효소의 작용을 받아 분해・흡수되어 조직세포 내에서 연소・축적되는 과정에서 식품에 함유된 원소의 종류와 양에 따라 생성되는 물질의 종류와 양도 달라지므로 식품에 따라 산성반응 또는 알칼리 반응을 나타내게 된다.

① 탄수화물의 연소 → 젖산 + 피루브산(pyruvic acid) → CO_2 + H_2O
즉, 이산화탄소 + 물 → 탄산 : 산성반응, 즉 산성식품

② 지질분해 → 지방산 + 글리세롤 → 이산화탄소 + 물 → 탄산 : 산성식품 또한 지질이 많고 탄수화물이 적은 식사를 하였을 때와 같이 비정상적인 식사를 하게 되면 산화가 불안전하게 일어나서 아세톤(acetone), 아세토아세트산(acetoacetic acid), β-하이드록시부티르산(β-hydroxybutyric acid) 등의 이른바 아세톤체(acetone body)가 많이 생기는데 이것도 산성(酸性)을 띠게 된다.

③ 단백질분해 → 아미노산 → 암모니아(ammonia) → CO_2 + H_2O : 산성물질

이상 설명한 몇 가지 영양소는 연소・산화되면 이산화탄소와 같은 산을 만드는 물질이 많이 생겨 산성을 띠게 되는 것이다. 그리고 황이 들어 있는 단백질 또는 인을 함유한 다른 유기물질을 섭취할 때는 황과 인이 체내에서 산화되어 황산(H_2S0_4)과 인산(H_3PO_4)이 된다. 이 밖에 소금을 섭취하였을 때도 그중 염소가 몸속

에서 염산(HCl)을 형성하게 되므로 산성을 띠게 된다.

위는 체내에서 대사가 이루어질 때 산성물질을 형성하는 경우이나 식품에는 알칼리원소와 같은 무기질이 유기물과 결합되어 있는 경우가 있다. 따라서 식품을 섭취하면 유기물질은 앞에서 설명한 대로 연소되나 무기물질은 알칼리성 물질을 형성하거나 산(酸)과 결합하여 염(鹽)이 된다. 예를 들면 과일에 들어 있는 칼슘, 마그네슘과 같은 알칼리성 원소는 시트르산(citric acid), 말산(malic acid)과 같은 유기산과 결합하며 염을 만들게 된다. 그리고 육류에 들어 있는 철분의 대부분은 단백질과 결합하여 미오글로빈을 형성하고 있다.

산성을 형성하는 원소가 알칼리성을 형성하는 원소보다 훨씬 많으면 산성식품이 되고 반대로 알칼리성을 형성하는 원소가 산성을 형성하는 원소보다 훨씬 많으면 알칼리성 식품이 될 것이다. 산성 또는 알칼리성 물질을 형성하는 원소를 예로 들면 <표 6-4a>와 같다. 그리고 우리들이 먹는 식품을 <표 6-4b>와 같이 산을 형성하는 산성식품과 알칼리를 형성하는 알칼리성 식품으로 분류할 수 있다.

〈표 6-4a〉 산 · 알칼리를 형성하는 원소

분 류	원 소
산 형성 - 음이온 생성	황(S), 인(P), 염소(Cl)
알칼리 형성 - 양이온 생성	나트륨(Na), 칼륨(K), 칼슘(Ca), 마그네슘(Mg), 철분(Fe)

〈표 6-4b〉 산 · 알칼리를 형성하는 식품

분 류	식품의 종류
산성식품	난류, 육류, 생선, 곡류(밥 · 국수 · 빵 · 떡 · 과자 등)
알칼리성 식품	대부분의 과일류, 채소류, 해조류, 우유

산성식품에는 고기류와 같이 맛 좋은 것이 많은데 이것을 너무 많이 섭취하면 혈

액이 산성 쪽으로 기울어지는 경향이 있어 소위 산중독증(酸中毒症, acidosis)에 걸리게 된다. 이 산중독증에 걸리면 결국 혈액 및 조직 중에 불완전 연소물인 초산(acetic acid), 젖산(lactic acid), 피루브산(pyruvic acid) 등이 증가되는 것이므로 이것이 원인이 되어 여러 가지 병에 걸리기 쉬운 생리상태가 된다.

한편 알칼리성 식품인 과일류, 채소류 등은 다소 많이 섭취한다 해도 생체 내 알칼리성 물질의 배설과 조절이 비교적 잘 이루어지므로 알칼리중독증에 걸리는 경우는 없다.

특히 과일 중 사과, 밀감 등은 대체로 신맛을 가지고 있지만 신맛의 주 물질인 유기산은 체내에서 산화되어 이산화탄소와 물로 분해되면, 함유 무기질이 알칼리성 생성원소이기 때문에 알칼리성 식품에 속한다.

곡류는 탄수화물을 많이 가지므로 체내에서 산화·분해되어 이산화탄소와 물로 생성되어 탄산(H_2CO_3)이 되므로 산성식품이다.

육류나 어류는 단백질과 지질을 많이 함유하고 있으며, 단백질에는 황, 지질에는 인이 많이 함유되어 있다. 이들은 황산(H_2SO_4)과 인산(H_3PO_4)을 생성하여 산성화되므로 산성식품이라고 한다.

식품의 산성 및 알칼리성의 정도를 각각 산도(acidity) 및 알칼리도(alkalinity)라고 하는데, 이것은 식품 100g을 연소시켜 얻은 회분의 수용액을 중화하는 데 소요되는 0.1 N NaOH 또는 0.1 N HCl의 ml수로써 표시한다.

단 원 정 리

① 무기질은 생명체 내에서 에너지원은 되지 않으나 생물체의 구성성분으로 중요한 생리작용에 관여하는데, 체내의 무기질 양은 소량이지만 세포가 적절한 기능을 수행하는 데 필수적인 영양소이다.

② 무기질은 체내에서 산, 알칼리 균형, 경조직, 호르몬, 효소 및 비타민의 구성성분, 물의 균형, 촉매작용에 관여한다.

③ 다량 무기질은 식품에 비교적 많이 함유된 무기질로 체중의 0.05% 이상이거나 또는 1일 권장량 100mg 이상인 무기질로 칼슘, 인, 나트륨, 칼륨, 마그네슘, 염소, 황 등이 있다.

④ 미량 무기질은 식품에 미량 또는 극미량 함유되어 있으나 그 역할이 중요한 무기질로, 체중의 0.05% 미만이거나 1일 권장량이 100mg 미만인 무기질로 철, 코발트, 아연, 망간, 요오드, 몰리브덴, 셀레늄, 불소, 크롬 등이 있다.

⑤ 무기질은 이온을 형성하기 때문에 산 또는 알칼리로 작용한다. 양이온(+)을 형성하는 무기질은 나트륨, 칼륨, 마그네슘, 칼슘 등으로 알칼리도를 증진시키며, 음이온(−)을 형성하는 무기질은 염소, 황, 인 등으로 산성을 띤다. 산을 형성하는 무기질은 곡류, 육류, 달걀, 생선에 비교적 풍부하며, 알칼리를 형성하는 무기질은 과일, 채소에 풍부하다.

단원 3 특수성분

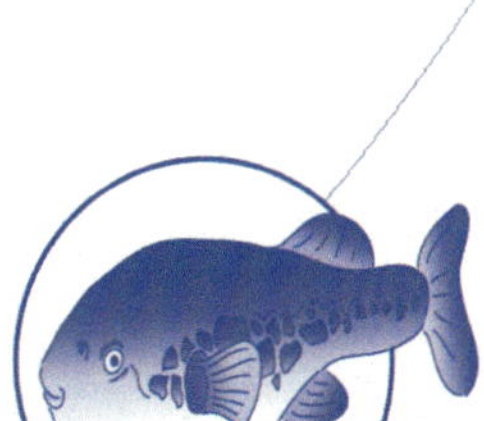

제 7 장 식품의 맛성분

식품에는 각각 고유의 맛이 있으며, 냄새, 색깔 및 물성 등과 함께 식품의 기호도를 좌우한다. 식품을 가공 · 조리하는 과정에 따라 식품의 좋은 맛은 식욕을 증진시키며, 소화흡수에도 좋은 영향을 미치기 때문에 식품의 품질을 결정하는 중요한 요소가 된다. 식품의 맛은 주로 미각에 의해 결정되지만 다른 감각(시각 · 촉각 · 청각 · 통각 · 온각 등), 나이, 성별, 식습관, 종족, 기후, 온도 등에 따라 다르므로 정신적 · 생리적 · 화학적 및 심리적 영향에 대한 폭넓은 연구가 이루어져야 한다.

① 식품 맛의 느낌 : 정미성분 → 입안의 타액에 용해 → 혀의 유두에 미뢰 → 맛 세포 자극 → 신경섬유 → 중추에 전달 → 감각([그림 7a] 참조)

② 미각신경 : 화학적 + 물리적 + 정신적인 자극 → 맛 느낌

③ 맛성분 : 오감 + (건강 · 식습관 · 기호도 · 나이 · 성별 · 기후 · 심리 상태 등)

↓ 감각

종합적인 맛을 느낌

④ 풍미(flavor) : 음식물의 맛 + 향기 + 질감 → 개인의 차

↓판정

관능검사(organoleptic test)

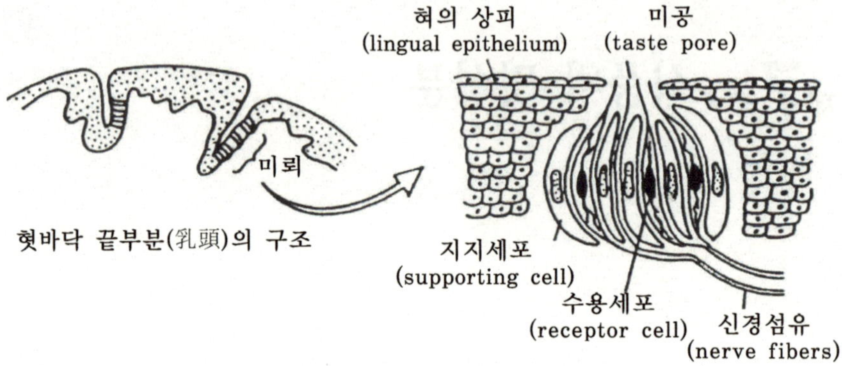

[그림 7a] 유두(乳頭)와 미뢰(味蕾)의 구조

맛은 헤닝(Henning)이 분류한 단맛 감미(甘味, sweet taste), 신맛 산미(酸味, sour taste), 쓴맛 고미(苦味, bitter taste), 짠맛 염미(鹽味, saline taste)를 4원미([그림 7b] 참조) 또는 기본 맛이라 한다. 동양에서는 이 4가지 맛에 매운맛을 합한 5원미로 분류한다. 4원미의 대표적 정미물질을 단맛-설탕, 짠맛-소금, 쓴맛-퀴닌설페이트(quinine sulfate), 신맛-주석산 나트륨(sodium tartarate)이라고 하였다.

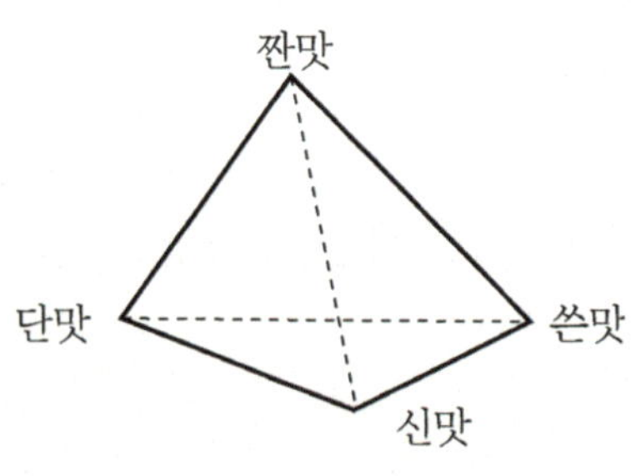

[그림 7b] 네 기본 맛의 4면체(面體)

그 외 맛으로 매운맛(신미, 辛味, hot taste), 감칠맛(지미, 旨味, palatable taste), 떫은맛(삽미, 澁味, astringent taste), 아린 맛(acrid taste), 알칼리 맛(alkali taste), 금속맛

(metalic taste), 교질맛(colloidal taste) 등으로 분류할 수 있다. 이들은 생리적으로 맛을 느끼는 양상이 기본 맛과는 다르다. 즉 매운맛은 통감과 온도감각의 복합감각이고, 떫은맛은 혀 점막면의 수렴감이 혼합된 것이다.

7-1 맛의 과학

7-1-1 미각과 감수성

미각이란 식품성분이 혀에서 반응하는 정도를 말하며 혀의 표면에 존재하는 미각수용기가 다양한 유두(papillae)의 미공 안에 폭 30~40μ, 길이 70μ의 미뢰(taste bud)가 있다. 미공의 수는 약 800개 정도이며, 유두는 윤상유두, 이상유두, 엽상유두 및 사상유두의 4종류([그림 7-1-1a] 참조)가 있다.

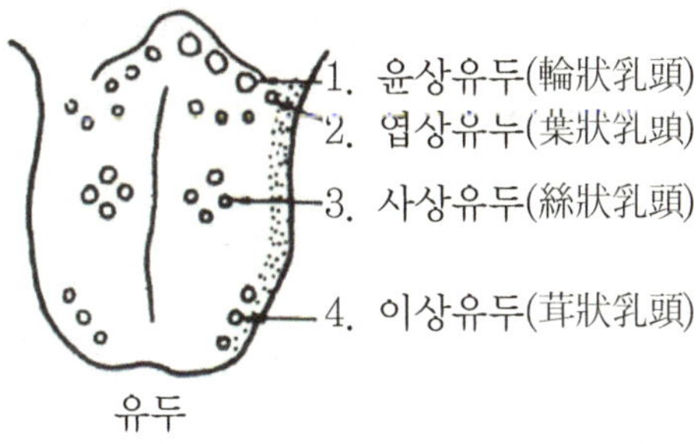

[그림 7-1-1a] 유두

식품 중의 정미성분이 타액에 녹아 미공을 거쳐 미뢰에 들어가 맛 세포를 자극하여 내부에 분포된 신경에 전달되어 대뇌의 미각중추에 전달되는 과정을 거쳐야 맛을 느낀다. 그러나 물에 녹지 않는 것은 모두 무미라 할 수 있다. 유아나 소아는 혀의 표면뿐만 아니라 구개, 인두, 혀의 하부나 표면중앙부 등에도 미뢰가 있으나,

나이가 들수록 미뢰가 퇴화되어 노인은 극단적으로 미각이 쇠퇴한다.

혀 부위에 따른 맛의 감수성은 조금 다른데 주로 단맛은 혀의 앞부분, 쓴맛은 혀의 뒷부분, 신맛은 혀의 양쪽 갓부분, 짠맛은 혀의 앞과 양쪽 갓부분, 매운맛은 혀끝에서 가장 강하게 느낀다. 혀의 중앙부분은 미각을 별로 느끼지 못한다([그림 7-1-1b] 참조).

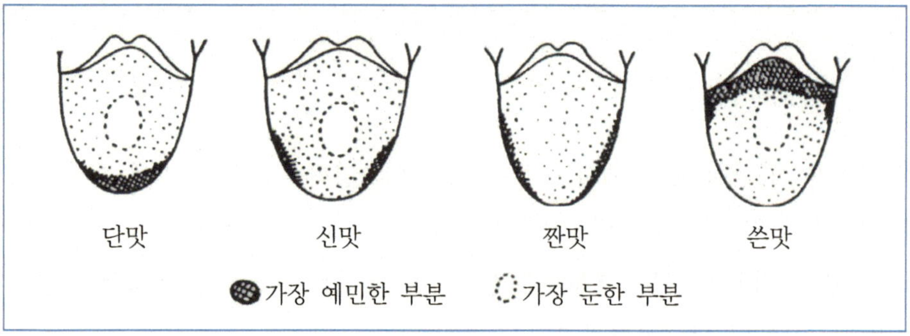

[그림 7-1-1b] 혀 겉면의 각 부위에 따른 맛의 예민도

정미성분이 혀에 닿을 때부터 맛성분을 느낄 때까지의 시간을 미각의 발현이라 하며 소금> 설탕> 염산> 퀴닌설페이트 순서로 미각이 발현된다(<표 7-1-1a> 참조).

〈표 7-1-1a〉 미각의 발현

미 각	맛성분	반응시간	농 도
짠 맛	NaCl	1.1~1.6초	450m mole
단 맛	sucrose	1.2~1.7초	170m mole
신 맛	HCl	1.4~1.7초	200m mole
쓴 맛	quinine sulfate	1.6~2.1초	16m mole

물에 녹기 쉬운 설탕 같은 물질은 미각의 발현이 빠르고 미각을 계속 느끼는 지속시간은 짧다. 그러나 물에 녹기 어려운 감초 같은 물질은 미각의 발현이 느리고

미각의 지속시간은 길다.

7-1-2 맛과 화학구조

① 콘(Cohn)의 학설 정미성분의 화학적인 구조가 맛을 느끼게 한다는 설이다.

- 단맛 : $-OH$, α-형의 $-NH_2$, $-SO_2NH_2$ 같은 감미기
- 쓴맛 : $-SO_2(OH)$, $-SO_2H_3$, $N\equiv$, $=N=$, $-NO_2$ 같은 고미기
- 신맛 : H^+기의 산미기

② 오스테일(Oerstheyl)과 메이어(Meyer) 학설 발미단+조미단 ⇒ 정상적인 맛

- 감미기의 발미단 : $-OH$, α-형의 $-NH_2$, $-SO_2NH_2$, 아미노산, $-ONO_2$ 등
- 조미단 : $-H$, $-CH_3$, $-C_2H_5$ 등

7-1-3 맛의 역가

정미성분을 느낄 수 있는 최저농도를 그 정미성분의 역치(閾値, threshold value)라 하는데 일반적으로 쓴맛은 민감도가 높고 단맛은 가장 낮다. 남자보다는 여자가 정미성분에 대해서 예민하다.

〈표 7-1-3a〉 정미성분의 역치

정미성분	남 자	여 자	정미성분	남 자	여 자
소 금	0.297	0.288	초 산	0.0181	0.0133
설 탕	0.496	0.418	quinine chloride	0.00104	0.00088

정미성분은 쓴맛 > 신맛 > 짠맛 > 단맛의 순서로 예민하다. 쓴맛 성분인 퀴닌 클로라이드(quinine chloride)의 민감도가 가장 높고 단맛 성분인 설탕이 가장 낮음을 볼 수 있다.

〈표 7-1-3b〉 정미성분별 역치

정미성분	농도(g/100㎖)	정미성분	농도(g/100㎖)
사카린(saccharin)	0.01~0.005	염화퀴니네(quinine chloride)	0.00005~0.00029
과당(fructose)	0.15	카페인(caffeine)	0.03
설탕(sucrose)	0.30~0.49	모르핀(morphine)	0.15~0.02
포도당(glucose)	0.48	구연산(citric acid)	0.0025
소금(sodium chloride)	0.25~0.75	젖산(lactic acid)	0.004
염산(hydrochloric acid)	0.01	초산(acetic acid)	0.004~0.009

7-1-4 미각의 변화

1) 온도에 의한 변화

혀의 미각은 일반적으로 10~40℃에서 가장 잘 느끼고 특히 30℃일 때에 가장 예민하다. 이보다 온도가 낮거나 높으면 미각이 둔해진다. 매운맛은 50~60℃, 쓴맛은 40~50℃, 짠맛은 30~40℃, 신맛은 25~50℃, 단맛은 20~50℃에서 가장 그 맛이 예민하게 느껴지는데 온도의 저하됨에 따라 쓴맛의 감소가 특히 심하다.

〈표 7-1-4a〉 맛의 종류와 온도

정미물질	맛의 종류	역 치		상온의 맛이 100일 때 0℃의 맛	적온(℃)
		상온	0℃		
염산퀴니네 (quinine hydrochloride)	쓴 맛	0.0001	0.003	3	40~50
소금(sodium chloride)	짠 맛	0.05	0.25	20	30~40
구연산(citric acid)	신 맛	0.0025	0.003	83	25~50
설탕(sucrose)	단 맛	0.1	0.4	25	20~50

중국과 서양요리에서 시간적 간격을 적당히 두고 하나씩 나오는 것은 맛과 온의 관계에 의한다. 적온에서 먹는 것이 요리를 가장 맛있게 먹는 방법이며 식생활

에 적당한 온도는 <표 7-1-4b>와 같다.

〈표 7-1-4b〉 식생활에 적당한 온도

적 온	종 류	적 온	종 류	적 온	종 류
0~5℃	사이다, 소다수	27~35℃	빵 발효	70℃	수프, 된장국
10℃ 이하	전기냉장고	50~60℃	청 주	95℃	전골
6~10℃	맥 주	60℃	식혜 당화	180℃	도넛, 튀김
14~18℃	냉 수	65℃	커피, 홍차	230℃	빵 굽기

2) 맛의 혼합효과

(1) 맛의 대비효과(맛의 강화효과, contrast effect)

맛성분의 주정미성분에 소량의 다른 맛성분을 넣으면 강한 쪽의 맛이 더욱 강해지는 현상이다.

① 10%의 설탕용액에 0.1%의 소금을 첨가하면 단맛이 강화됨을 알 수 있다.

② 단맛 강화효과의 예로는 흑설탕이 백설탕보다 단맛이 강한데, 이는 흑설탕 속에 있는 소량의 불순물 때문이다.

③ 소금에 유기산(구연산 · 젓산 등)을 첨가하면 짠맛이 증가한다.

④ 팥죽을 끓일 때 설탕을 넣고 다시 소량의 소금을 첨가하면 단맛이 강화된다.

⑤ MSG에 소량의 소금을 첨가하면 감칠맛이 증가되는데 시중에 맛소금으로 시판하고 있다.

(2) 맛의 상승효과(synergist effect)

같은 맛성분을 가진 두 종류를 혼합하면 각각이 가지는 맛보다 훨씬 강하게 느껴진다.

① MSG에 소량의 핵산계 조미료를 첨가하면 감칠맛이 강해진다.

② 설탕에 인공감미료(사카린 등)를 첨가하면 단맛이 강해진다.

(3) 맛의 상쇄효과(compensation effect)

두 가지 맛성분을 혼합함으로써 각각의 고유 맛이 약해지거나 없어지는 현상이다.

① 김치 맛은 짠맛과 신맛이 서로 상쇄되어 조화된 맛을 느낄 수 있다.

② 된장에서 생성된 신맛이나 감칠맛에 소금의 짠맛이 서로 상쇄된 맛임을 알 수 있다.

(4) 맛의 억제효과

서로 다른 맛성분이 몇 가지 혼합되었을 경우 주된 맛성분의 맛이 약화되는 현상이다.

① 쓴맛의 커피에 설탕을 첨가하면 쓴맛이 억제되는 현상이다.

② 신맛의 과일에 설탕을 첨가하면 신맛이 억제되는 현상이다.

(5) 맛의 피로

동일한 맛성분을 장시간 계속 맛보면 미각이 차츰 약해져 그 맛성분을 잘 느끼지 못해 역치가 높아지는 경우를 순응 또는 피로라 한다.

① 주식이 거의 무미함을 느끼는 이유이다.

② 청수를 언제든 맛있게 마실 수 있는 것도 이 때문이다.

(6) 맛의 변조

한 종류의 정미성분을 먹은 후 다른 종류의 정미성분에서 정상적인 맛이 느껴지지 않거나 다른 종류의 맛이 느껴지는 경우를 맛의 변조라 한다.

① 짠맛·쓴맛·신맛 등의 식품을 맛본 직후 맹물을 먹으면 단맛으로 느껴진다.

② 설탕을 먹은 직후에 물맛은 신맛이나 쓴맛을 나타낸다.

③ 오징어를 먹은 직후에 식초나 밀감을 맛보면 쓴맛으로 느껴진다.

④ 쓴 약을 먹은 직후에 물맛은 단맛으로 느껴진다.

3) 미각의 이상현상

(1) 미맹 식품의 맛을 정상인과 다르게 느낄 때 미맹(taste blind)이라 한다.

① 페닐티오카바마이드(PTC, phenylthiocarbamide)는 쓴맛을 갖는데 이 쓴맛을 못 느끼는 사람을 말한다.

② 문화인일수록 미맹자 수가 많다. 예를 들면 백인의 경우 약 30%, 황인 15%, 흑인 2～3%에 해당한다고 한다.

(2) 단맛이나 쓴맛 상실물질 김네마(Gymnema)라는 열대성 식물의 잎을 씹은 후 일시적으로 1～2시간 동안 단맛과 쓴맛을 느낄 수 없게 되는 것은 김네미산(gymnemic acid)에 의한다. 이 기작은 단맛과 쓴맛의 신경부위를 길항적으로 억제하기 때문이다.

① 김네미산을 씹은 뒤에 설탕 맛이 모래알과 같은 감촉으로 느껴진다.

7-2 단맛

단맛(sweet taste)을 갖는 물질로써 천연감미료로는 당류, 당알코올, 아미노산과 펩티드, 황화합물이 있고, 인공감미료로는 사카린(saccharine), 아스파탐(aspartame) 등이 있다.

설탕을 단맛의 기준으로 삼는 이유는 α-D-포도당(α-D-glucose)과 β-D-과당(β-D-fructose)이 결합하여 단맛이 강한 α-글루코사이드-β-D-프룩토시드(α-glucoside-β-fructoside) 때문이며, 유리상태의 카르보닐(carbonyl)기가 없는 비환원당으로 변선광을 일으키지 않아 물에 녹이거나 가열하여도 단맛의 변화가 없으므로 설탕을 감미도의 기준으로 한다. 단맛 성분의 감미도는 10% 설탕용액의 감미도를 100으로 할 때 <표 7-2a>와 같다.

〈표 7-2a〉 단맛 성분의 감미도

종 류	감 미 도	종 류	감 미 도
당류		이노시톨(inositol)	45
설탕(sucrose)	100	만니톨(mannitol)	45
맥아당(maltose)	50~60	둘시톨(dulcitol)	41
유당(lactose)	16~27	글리세롤(glycerol)	48
만노스(mannose)	32~60	글리콜(glycol)	49
포도당(glucose)	50~74	방향족 화합물	
과당(fructose)	100~173	글리시리진(glycyrrhizin)	15,000
갈락토스(galactose)	27~32	필로둘신(phyllodulcin)	60
람노스(rhamnose)	60	페릴라르틴(perillartin)	200,000~500,000
자일로스(xylose)	40	스테비오사이드(stevioside)	300,000
라피노스(raffinose)	23	rebeaudioside A	390,000
글루코사민(glucosamine)	50	인공감미료	
전화당(invert sugar)	120	사카린(saccharin)	20,000~70,000
당알코올		둘신(dulcin)	7,000~35,000
자일리톨(xylitol)	75	Na-cyclohexyl-sulfamate	3,000~4,000
솔비톨(sorbitol)	48~70		
에리스리톨(erythritol)	45	아스파탐(aspartame)	15,000~20,000

7-2-1 당류

1) 단당류(본문 2-4-1) 참조

2) 이당류

① 맥아당(maltose) 일반적으로 β-맥아당(β-maltose)으로 단맛이 적으나 수용액에서는 α-맥아당(α-maltose)으로 되어 단맛이 강해진다. 예로는 식혜가 해당한다.

② 유당(lactose) β-유당(β-lactose)이 α-유당(α-lactose)보다 달며 결합수를 가지지 않아서 비결합성이며, α-유당은 결합수 1분자를 가져서 결합성이다.

α-유당을 60℃ 이상으로 가열하면 결정수가 제거되어 β-유당이 되어 단맛이 강해지나 유당이 흡습하면 β-유당이 α-유당으로 되어 단맛이 줄어들고 유아에 설사를 유발하며 덩어리를 형성하여 결정이 되므로 분유는 7~8% 이하의 수분을 갖도록 해야 한다.

③ 설탕(sucrose) 설탕은 가열하거나 결정이거나 수용액의 상태에서도 온도에 의한 단맛의 변화가 없이 항상 일정한 단맛을 가지므로 단맛의 표준물질로 정한다.

3) 당알코올

단당류의 카르보닐기에 -H를 첨가하면 알코올이 생성되는 현상을 말한다.

① D-자일리톨(D-xylitol)은 D-자일로스(D-xylose)가 환원된 물질이며 충치예방에 효과적이다.

② D-솔비톨(D-sorbitol)은 D-포도당(D-glucose)이 환원된 물질로서 칼로리가 없으므로 당뇨병환자의 감미료로 이용되며 식품에 보습보향제로 산업화되고 있다.

③ D-만니톨(D-mannitol)은 D-만노스(D-mannose)가 환원된 물질이며 칼로리가 없다.

7-2-2 함질소화합물

아미노산은 특유의 맛이 있으며 글리신(glycine)을 제외한 모든 아미노산은 광학적 활성이 있기 때문에 L- 및 D-형에 따라 맛이 다른데 D-형의 아미노산은 단맛이 있고, L-형은 쓴맛이 있고, L-글루탐산(L-glutamate)은 강한 감칠맛을 갖는다. 분자량이 증가하면 용해도가 감소하여 마침내 무미가 된다. 단맛을 갖는 아미노산은 감칠맛을 동반하는 경우가 많다. L-루신산(L-leucinic acid)은 온화한 단맛을 가지며, 당뇨병환자의 감미료로 사용한다.

육류 추출물에는 글리신, 알라닌, 세린, 트레오닌이 아미노산으로 존재하며 새우·게·낙지·조개류에는 글리신이 트리메틸화(trimethylation)한 베타인(betaine)과 글리신, 알라닌이 존재한다. 오징어·문어의 단맛도 1.6% 함유된 베타인에 의한다. 어육 비린내의 전구물질인 트리메틸아민옥시드(trimethylamine oxide)도 약한 단맛이 있다. 녹차의 감칠맛을 곁들인 약한 단맛은 글루탐산의 에틸아미드(ethylamide)인 테아닌(theanine)에 기인한다.

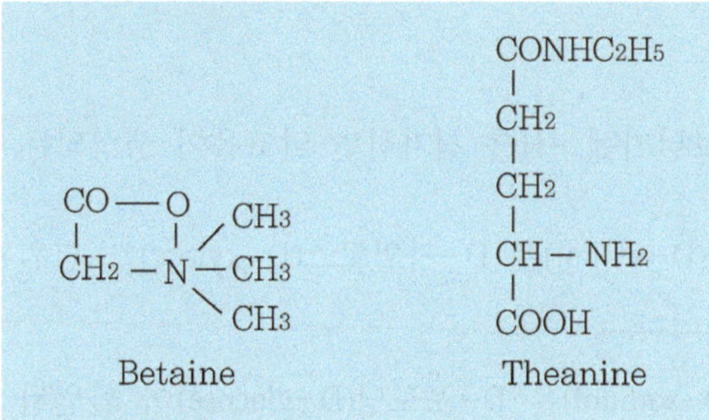

7-2-3 방향족 천연감미료

1) 글리시리진(glycyrrhizin) 약용, 간장 등의 감미료와 착색료로 사용되고, 감초의 뿌리에 존재하며 0.5ppm의 저농도에서도 단맛을 나타내고 열수에 녹고 열에 안정하나 뒷맛이 오래 지속되는 단점이 있다.

2) 페릴라르틴(perillartin) 소엽(차조기)에 존재하며 설탕보다 2,000배 단맛을 가지며 방부력이 있고, 독성이 강해 식품에 부적당하나 청소엽의 페릴알데히드(perillaldehyde)는 담배의 향료로 사용한다.

3) 필로둘신(phyllodulcin) 감차는 한국 등 온대지방 낙엽 소관목의 일종으로 잎을 따서 시들 무렵 잘 문질러서 건조시켜 차를 끓이면 단맛이 잘 용출된다. 감차는 한방에서 약용, 당뇨병환자의 단맛 성분으로 이용한다.

4) 스테비오사이드(stevioside) 남미의 파라과이(Paraguay)에 자생하는 소관목의 국화과 식물(Stevia revaudiana Bartioni)의 잎, 줄기에서 추출한 일종의 배당체로 설탕의 200~300배 단맛이 있고 쓴맛이나 뒷맛이 없으며 소금이나 산미료와 섞어도 감미가 저하되지 않으므로 음료에 널리 사용할 수 있으나 가격이 비싸고 만성중독의 우려가 있다.

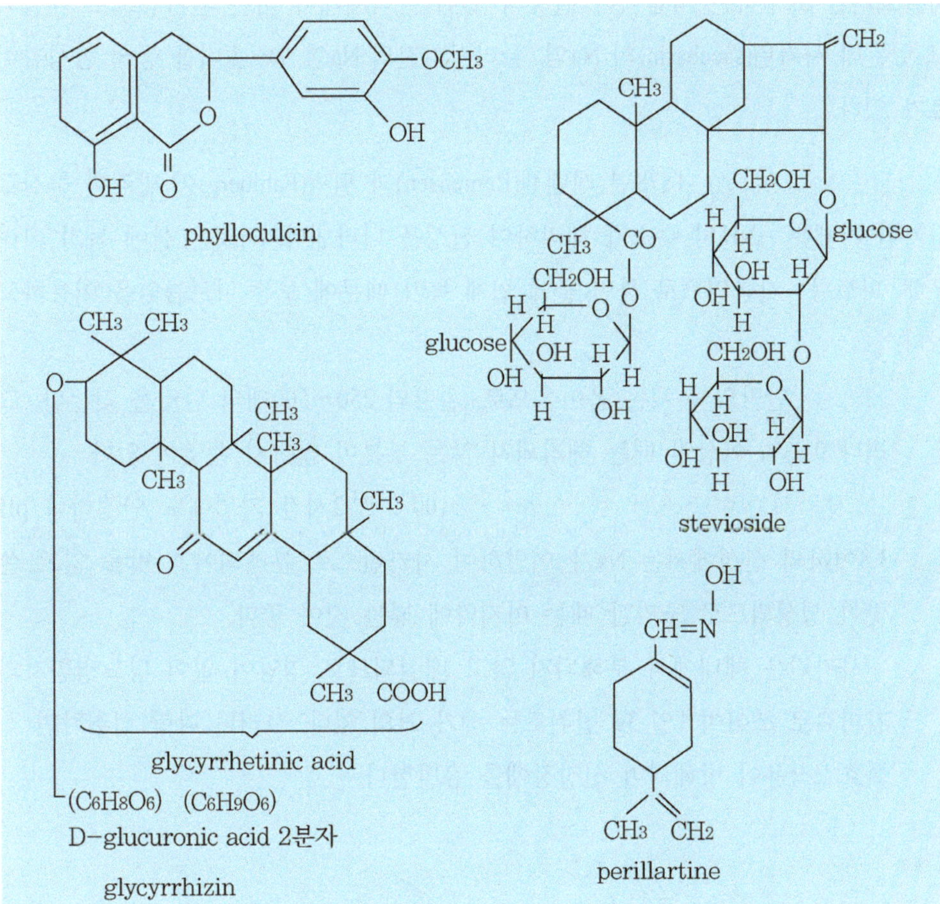

7-2-4 황화합물

무, 양파, 마늘 등의 자극적인 매운맛이 가열하면 없어지고 단맛이 나타나는 것은 황화합물이 메틸메르캅탄(methylmercaptan, 무), 프로필메르캅탄(propylmercaptan, 양파, 마늘)으로 생성되며 프로필메르캅탄은 설탕의 약 50~70배의 단맛을 갖는다.

7-2-5 인공감미료

인공감미료는 설탕과 그 밖에 천연당의 대용품으로 개발되었으나, 현재는 체내 저칼로리를 요구하는 사람이나 설탕의 섭취를 억제해야 하는 환자용으로 개발되고 있는데 사카린(saccharin)의 Na염, 글리시리진의 Na염, D-솔비톨 등의 합성감미료가 있다.

1) 사카린(saccharin) 1878년 레멘센(Remensen)과 펄벅(Fahlberg)이 발견한 물질로 사카린 자체는 -NH의 수소가 해리하여 산성을 나타낸다. 이것은 물에 녹기 어려운데, 나트륨 · 칼륨염으로 하면 물에 쉽게 녹기 때문에 보통 나트륨염을 이용하고 있다.

① 사카린 단맛의 본체는 음이온으로, 설탕의 250~500배의 단맛을 갖는다. 그러나 0.03% 이상일 때는 해리되지 않는 부분이 많아서 쓴맛이 있다.

② 소디움 사카린(sodium saccharin) 100℃로 2시간 가열에도 안정하나 pH 3.8이하의 산성에서는 Na가 이탈하여 사카린으로 분해되어 단맛을 잃고 쓴맛이 생성되므로 조리할 때는 마지막에 넣는 것이 좋다.

사카린은 체내에서 분해되지 않고 배설되므로 영양이 없어 당뇨병환자의 감미료로 쓰이며 1일 3g 섭취로는 해가 거의 없다. 그러나 다량 섭취하면 소화효소작용이 방해되며 신장장애를 유발한다.

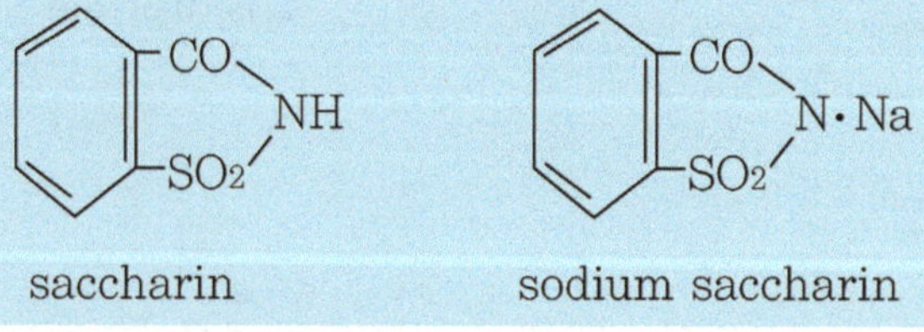

saccharin　　sodium saccharin

2) 디하이드로칼콘(dihydrochalcone) 감귤의 쓴맛인 나린진(naringin)을 알칼리로 처리하면 단맛인 나린진 칼콘(naringin chalcone)이 된다. 나린진 칼콘은 단맛이 각각 설탕의 100배에 이른다.

3) 아스파탐(aspartame) 아미노산이며 신맛인 아스파르트산(aspartic acid)과 쓴맛인 페닐알라닌(phenylalanine)을 결합시킨 것으로 상쾌한 단맛을 주며 설탕의 150배의 단맛을 갖는다.

7-2-6 전화당

설탕을 가수분해하면 포도당과 과당이 생성되는데 이 혼합물을 전화당(invert sugar)이라 한다. 보통 다량의 설탕을 함유한 잼, 젤리, 과일 당조림 등에 존재하는 유기산에 의하여 일부 설탕은 가수분해되어 전화당과 설탕의 혼합물로 존재한다. 전화당은 과당을 갖고 있기 때문에 설탕보다 달고 흡습성이 있으므로 설탕결합에 전화당액을 넣어 습기를 갖는 정제당을 제조한다.

7-2-7 수크랄로스(Sucralose)

1) 수크랄로스의 개요 현재 이용되는 고감미료에는 아스파탐(aspartame= aspartic acid와 phenylalanine에서 제조), 스테비오사이드(stevioside= 스테비아에서 추출), 사카린(saccharin) 및 수크랄로스(sucralose, 설탕에서 추출) 등이 있다. 수크랄로스는 설탕 및 전분당 업체인 영국의 테이트 앤 라일(Tate & Lyle)사와 런던대학 연구소가 개발한 고품질의 저칼로리 감미료이다. 최근 세계적으로 애용되기 시작한 '수크랄로스'는 1998년 4월 미국에서 사용승인 이후 현재 한국을 비롯한 여러 나라에서 식품첨가물로서 사용이 허가되었다. 한국은 2000년 11월 28일 식품첨가물로서 지정고시되었다.

2) 수크랄로스의 특성 수크랄로스는 설탕에 비해 감미가 약 600배 강하다([그림 7-2-7a] 참조). 수크랄로스는 설탕보다 높은 가수분해 안정성을 나타내므로 다

른 감미료에 비해 저 pH, 고온에서도 안정성을 지닌다. 이는 고온살균·초고온 살균·압출성형과 같은 고온처리 식품가공에 매우 적합하며 수크랄로스가 함유된 식품은 보존기한 연장 등의 효과를 나타낸다. 수크랄로스의 중요한 장점은 설탕을 원료로 제조되었으므로 설탕에 가장 유사한 단맛을 갖는다는 것이다.

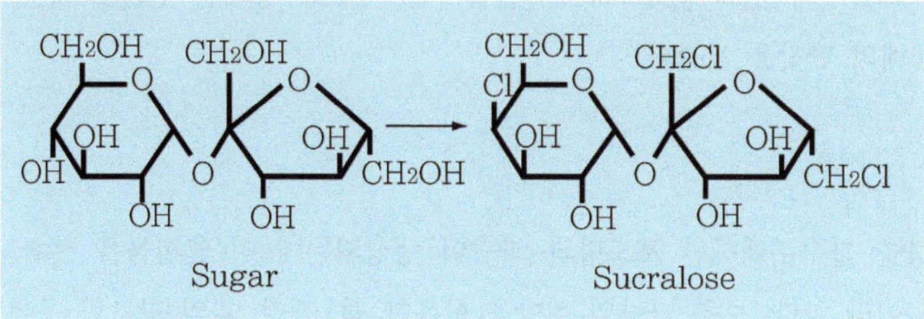

[그림 7-2-7a] 설탕으로부터 수크랄로스의 제조

3) 수크랄로스의 이용분야 수크랄로스는 음료를 비롯한 대부분의 가공식품에 응용할 수 있다. <표 7-2-7a>는 수크랄로스의 응용분야를 나타낸 것이다.

〈표 7-2-7a〉 수크랄로스의 주요 응용분야

식품군	식품유형
음료	탄산음료, 과일음료, 채소음료, 알코올음료, 스포츠음료, 커피음료, 유산균음료
제과	추잉껌, 캔디, 초콜릿, 캐러멜, 비스킷, 쿠키, 스낵 등
아이스크림	빙과류, 셔벗, 아이스밀크 등
발효유	액상요구르트, 농후 발효유 등
주류	소주, 약주, 막걸리, 와인 등
제빵	케이크, 식빵, 롤빵 등
잼류	과일잼, 오렌지마멀레이드 등
소스류	드레싱, 마요네즈, 토마토케첩 등
의약품	정당, 당의정, 추잉정, 시럽제품 등
기타	커피, 프리믹스, 코코아믹스, 시리얼, 절임식품, 당뇨병환자용

7-3 짠맛

짠맛(saline taste)은 가장 생리적인 욕구가 강하며 조리에서 기본적인 맛성분으로, 크게 무기 및 유기의 알칼리 염들이며 짠맛은 염들의 음이온의 맛이고, 양이온은 짠맛을 강하게 하거나 오히려 쓴맛을 나타낸다.

7-3-1 무기염

가장 순수한 짠맛은 소금(NaCl)으로 소금의 짠맛을 100으로 한다. 소금이 가장 순수한 짠맛인 이유는 Cl^-의 짠맛에 비하여 Na^+의 쓴맛이 매우 약하기 때문이다. 조리할 때 적당한 소금의 농도는 1%이며, 설탕 등에 0.1%의 소금을 넣으면 단맛이 훨씬 강해진다.

① 무기염의 음이온 짠맛의 세기 : $SO_4^{2-} > Cl^- > Br^- > I^- > HCO^- > NO_3^-$

② 양이온의 짠맛 : Na^+, Li^+, K^+, NH_4^+ 등

③ 쓴맛과 짠맛 : Ca^{++}, Mg^{++} 등

④ 떫은맛과 짠맛인 불쾌한 맛 : K^+, NH_4^+

⑤ 가장 순수한 짠맛 : Na^+

무기염의 짠맛 강도와 역가는 <표 7-3-1a>와 같다.

〈표 7-3-1a〉 무기염의 짠맛 강도와 역가

종 류	분 자 량	짠맛의 세기	역 가
NH_4Cl	53.5	283	0.004
KCl	74.6	136	0.017
$CaCl_2$	110.99	123	0.01
NaCl	58.5	100	0.01
NaBr	102.91	91	0.024
$MgCl_2$	95.23	20	0.015

7-3-2 유기염

소금과 비슷한 짠맛을 갖는 유기염은 디소디움 말레이트(disodium malate), 소디움 글루코네이트(sodium gluconate), 소디움 말레이트(sodium malate), 암모니움 말레이트(ammonium malate)가 있으며, 예전에는 무염간장, 감염식, 무염식에 이용되었다. 또한 신장병, 간장병, 고혈압환자는 디암모니움 말레이트(diammonium malate), 디암모니움 세바티네이트(diammonium sebatinate)가 사용되고 있다. 이들 유기산 염들은 염화나트륨과 같이 완전 해리가 되지 않아 혈중 나트륨 농도에 영향을 덜 준다.

7-4 쓴맛

쓴맛(bitter taste)은 맛에 긴장감을 주며 미량으로도 느껴지며 맥주, 차류, 커피 등은 쓴맛 때문에 오히려 기호적인 가치가 인정되고 식품의 약리성, 자극성, 흥분성과 관련이 있다.

식품 중 쓴맛을 갖는 물질은 알칼로이드(alkaloid), 배당체, 케톤(ketone)류, 단백질 분해물 및 무기염류로 분류된다.

7-4-1 알칼로이드

식물체에 함유된 염기성 함질소화합물을 총칭하며 쓴맛과 약리성을 가진 물질이다. 작설차에 있는 테인(theine)과 커피에 있는 카페인(caffeine)은 심장 · 신장 · 중추신경계에 흥분작용을 주며, 코코아나 초콜릿의 테오브로민(theobromine)은 이뇨작용을 하며, 키나에 있는 퀴닌(quinine)은 쓴맛 표준물질로 말라리아에 특효약이고, 양귀비에 있는 모르핀(morphine)은 아편의 성분이다.

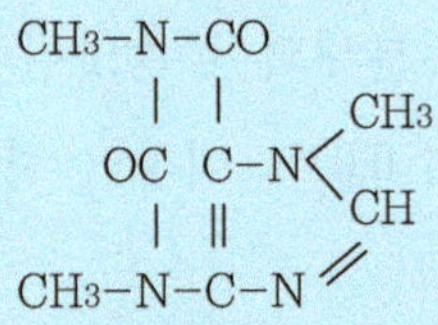

caffeine

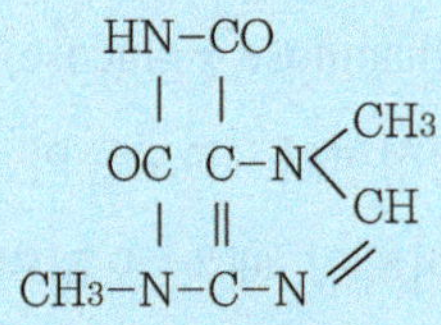

theobromine

7-4-2 배당체

배당체는 과일과 채소류의 쓴맛 성분이다. 양파껍질의 케르세틴(quercetin), 감귤류 외피의 나린진(naringin)과 헤스페리딘(hesperidin), 오이 꼭지의 쿠쿠르비타신

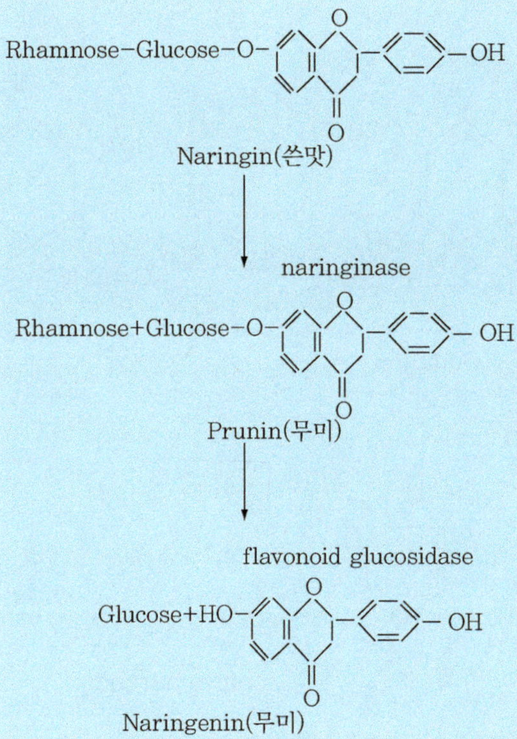

(cucurbitacin), 메밀의 루틴(rutin) 등이다. 특히 나린진은 나린기나아제(naringinase)로 가수분해하면 당(rhamnose + glucose)이 분리, 가수분해되어 쓴맛이 없는 나린제닌(naringenin)을 생성한다. 포도즙의 나린진 함량이 0.07% 이상인 경우에는 그 맛이 나쁘나, 0.05% 이하일 때는 오히려 좋아진다.

7-4-3 케톤

식품 중의 대표적인 케톤류는 맥주제조 시 맥아 단백질의 혼탁을 방지하는 hop 암꽃의 쓴맛 성분으로 후물론(humulone)과 루풀론(lupulone)이 있는데 주로 후물론이 맥주에 이행되어 쓴맛을 갖도록 한다. 이들의 강한 항균력 때문에 맥주의 변패를 방지하며 장내세균을 억제한다. 흑반병인 고구마의 쓴맛은 자낭균에서 생성된 이포메아마론(ipomeamarone)에 의하며 유독성분을 갖는다.

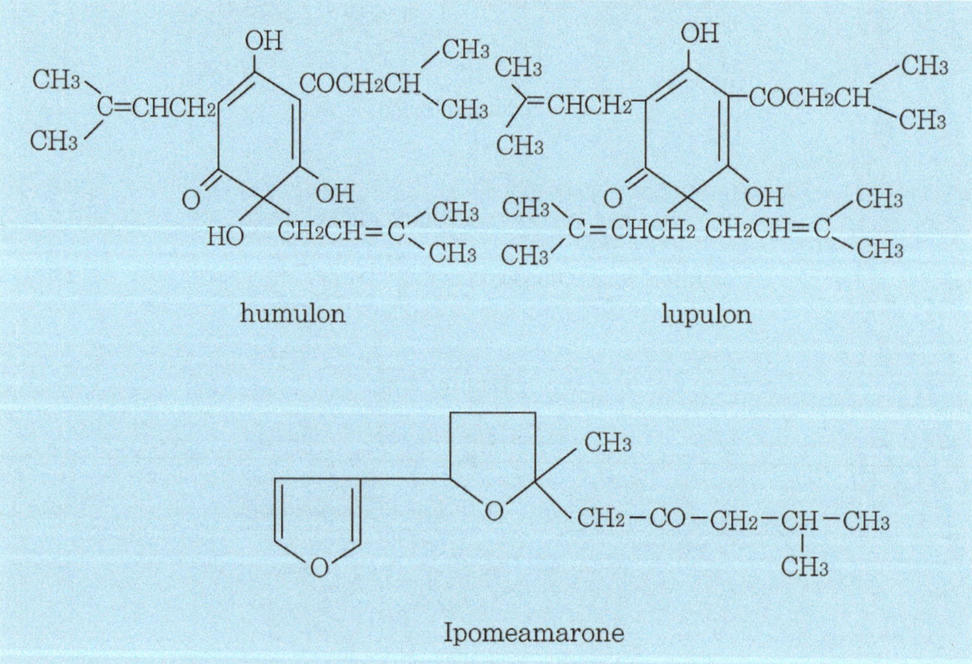

7-4-4 단백질 분해물

아미노산인 L-트립토판(L-tryptophan), L-페닐알라닌(L-phenylalanine), L-티로신(L-tyrosine), L-발린(L-valine), L-이소루신(L-isoleucine), L-메티오닌(L-methionine), L-아르기닌(L-arginine), L-히스티딘(L-histidine) 등의 L-형 아미노산은 쓴맛을 갖는다.

① 두류 등의 쓴맛
② 변질된 치즈나 건어물의 쓴맛
③ 청주나 코코아의 쓴맛

7-4-5 기타의 쓴맛

① 무기염류 두부 응고제인 간수 성분($CaCl_2$, $MgCl_2$ 등)에 의한다.
② 사포닌(saponin) 두류와 도토리에 존재하는 쓴맛 성분이다.
③ 옥타아세틸 사카로스(octacetyl saccharose) 설탕 속에서 매우 강한 쓴맛을 나타낸다.
④ 겐티오비오스(gentiobiose) 정제 포도당 중의 쓴맛 성분으로 포도당 2분자가 결합한다.
⑤ 리모닌(limonin) 신선한 감귤류는 쓴맛을 나타내지 않으나, 오래 저장한 과즙이나 가공처리과정에서 쓴맛을 나타낸다.

7-5 신맛

신맛 성분(sour taste)은 상쾌한 풍미를 주어 미각을 흥분시키고 식욕을 돋우며 식품의 가치를 높이는 작용을 한다. 신맛은 유기산, 무기산 및 산성염이 나타내는 맛으로, 신맛을 나타내는 화학적 원인은 용액 중에 해리되어 있는 H^+에 의해서 신맛을 나타낸다는 이온(ion)설로 볼 수 있다.

① 유기산 초산(acetic acid) : $CH_4COOH \rightleftarrows CH_3COO^- + H^+$

② 무기산 염산(hydrochloric acid) : $HCl \rightleftarrows Cl^- + H^+$

③ 신맛의 세기 : H^+농도인 pH와 정비례하지 않는다.

- 같은 pH 해리항수가 적은 초산이 염산보다 강한 신맛을 나타낸다.
- 같은 농도 유기산 < 무기산, 즉 무기산은 대부분 해리되어 있기 때문에 H^+의 농도가 높지만 혀에 접촉되면 곧 중화되어 산미가 없어지며, 유기산은 해리도가 낮으므로 H^+농도는 낮으나, 혀의 점막에 접촉된 H^+이 상실되면 점차적으로 해리되지 않았던 H^+의 해리가 계속되기 때문에 전체적으로 유기산의 산미가 강하게 느껴지게 된다. 염산이 100일 경우 포름산 84, 구연산 78, 사과산 72, 젖산 65 등이다.

④ 신맛의 종류

- 유기산 : 초산(acetic acid), 젖산(lactic acid), 호박산(succinic acid), 주석산(tartaric acid), 구연산(citric acid) 등
- 무기산 : 염산(hydrochloric acid), 질산(nitric acid), 황산(sulfuric acid) 등

신맛의 세기는 산기(acid group)의 특성, pH, 적정산도, 완충능, 다른 맛성분에 의해서 달라진다. 맛을 낼 때는 혼합하면 신맛이 좋아지므로 청량음료의 미묘한 풍미를 갖는 신맛은 유기산의 공존과 알맞은 당분과의 배합비를 이룰 때 생성된다. 즉 당산비(sugar-acid ratio)를 중시한다. 일반적으로 pH 3 이하의 산도에서의 신맛은 기호에 적당하지 않다.

7-5-1 식품 중 신맛의 종류

식품 중의 신맛 성분은 <표 7-5-1a>와 같다.

〈표 7-5-1a〉 식품 중의 신맛 성분

종 류	구 조 식	주요성분
carbonic acid(탄산)	H_2CO_3	맥주, 청량음료
acetic acid(초산)	CH_3COOH	식초, 김치류
oxalic acid(수산)	$HOOCCOOH$	시금치, 매실, 양배추
lactic acid(젖산)	$CH_3CHOHCOOH$	김치, 간장, 청주
butyric acid(낙산)	$CH_3CH_2CH_2COOH$	산패된 김치, 버터 등
succinic acid(호박산)	$HOOCCH_2CH_2COOH$	청주, 패류, 사과
malic acid(사과산)	$HOOCCH_2CHOHCOOH$	사과, 복숭아, 시금치
tartaric acid(주석산)	$HOOC(CH_2CHOH)COOH$	포도, 파인애플
citric acid(구연산)	$HOOCCH_2C(OH)CH_2COOH$ | COOH	밀감, 살구, 레몬
gluconic acid(글루콘산)	$HOOC(CHOH)_4CH_2OH$	곶감
ascorbic acid(아스코르빈산)	┌──O──┐ CO—C=C—$CHCHOHCH_2OH$ | | OH OH	채소, 밀감, 녹차

우리가 매일 섭취하는 식품 중에서 예를 들면 신 김치로 만든 찌개는 생배추를 사용하여 만든 찌개보다 김치 잎이 연해지지 않는다. 이는 김치조직 중에 산이 함유되어 있기 때문이다.

7-6 매운맛

매운맛은 신미(辛味) 또는 핫 테이스트(hot taste)라고 하며 미각신경을 자극할 때의 감각인데 매운맛이 너무 세면 유독하나 적당량은 소화액의 분비를 촉진하고 살균작용을 가지며 식욕을 돋우는 데 유익하다. 입안 전체에서 통증을 느끼는 감각인 통감으로 분류할 수 있으므로 서양에서는 맛의 종류로 분류하지 않는다.

- 매운맛 성분 산 아미드(acid amide), 방향족 알데히드(aldehyde) 및 케톤(ketone), 함황화합물, 아민(amine) 등으로 분류된다.

7-6-1 산 아미드류

고추의 매운맛은 캅사이신(capsaicine)과 디하이드로캅사이신(dihydrocapsaicine)이 2 : 1로 함유되어 있다. 이 캅사이신은 냉수에 불용성이나 열수에는 잘 녹으며, 체내 항산화작용이 있어서 상용하면 고혈압에 좋은 효과가 있다.

후추의 매운맛은 약 1% 정도 함유되어 있는 차비신(chavicine)이고, 육류의 조리에 잘 어울리며, 산초(조피나무, chinese pepper)의 매운맛은 산쇼올(sanshol)이며 향기가 있는 약한 매운맛 성분이다.

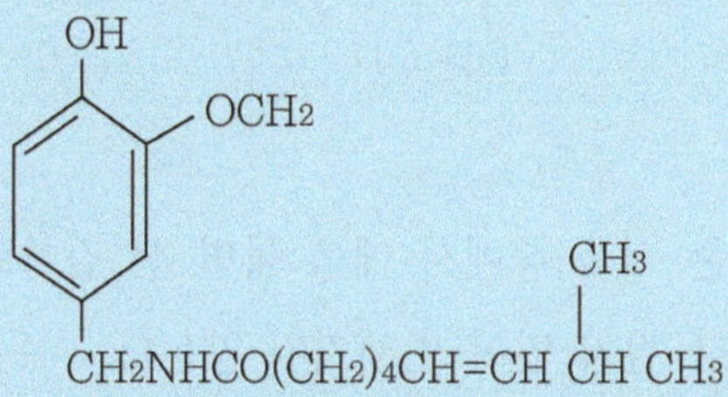

capsaicine

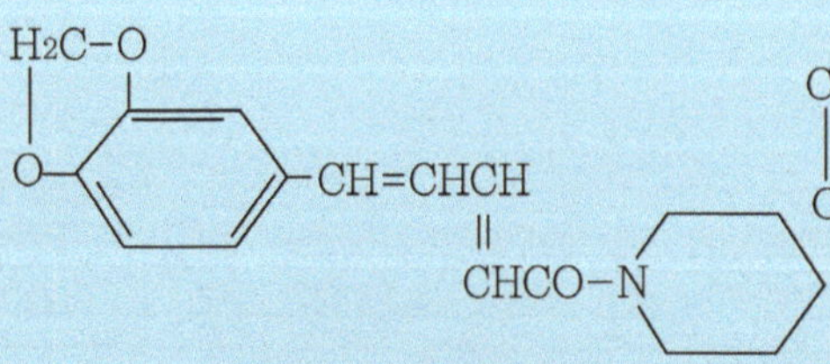

chavicine(cis형)

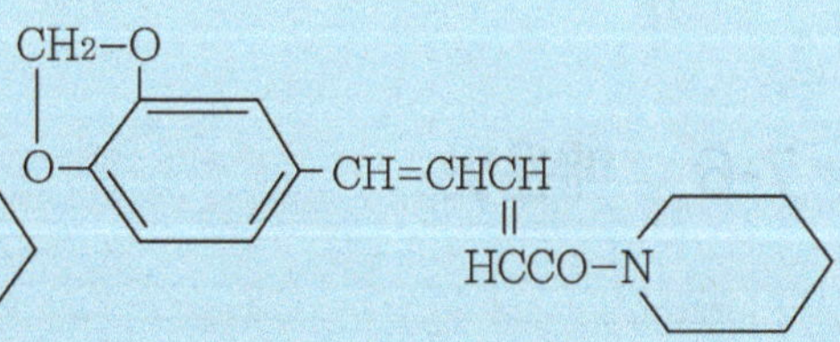

piperine(trans형)

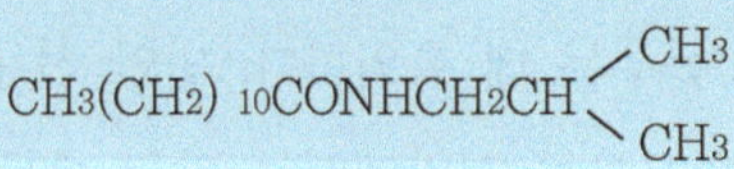

sanshol

7-6-2 방향족 알데히드 및 케톤

화학구조상으로 진저론(zingerone), 쇼가올(shogaol), 진저롤(gingerol)은 생강의 매운맛 성분으로 구아야콜(guaiacol)의 유도체이다. 쿠르쿠민(curcumin)은 울금(turmeric)의 매운맛이면서 카레의 원료이고, 바닐린(vanillin)은 바닐라콩의 방향성 매운맛 성분이며 신남 알데히드(cinnamic aldehyde)는 계피의 향신료로 과자나 소스 등에 사용한다.

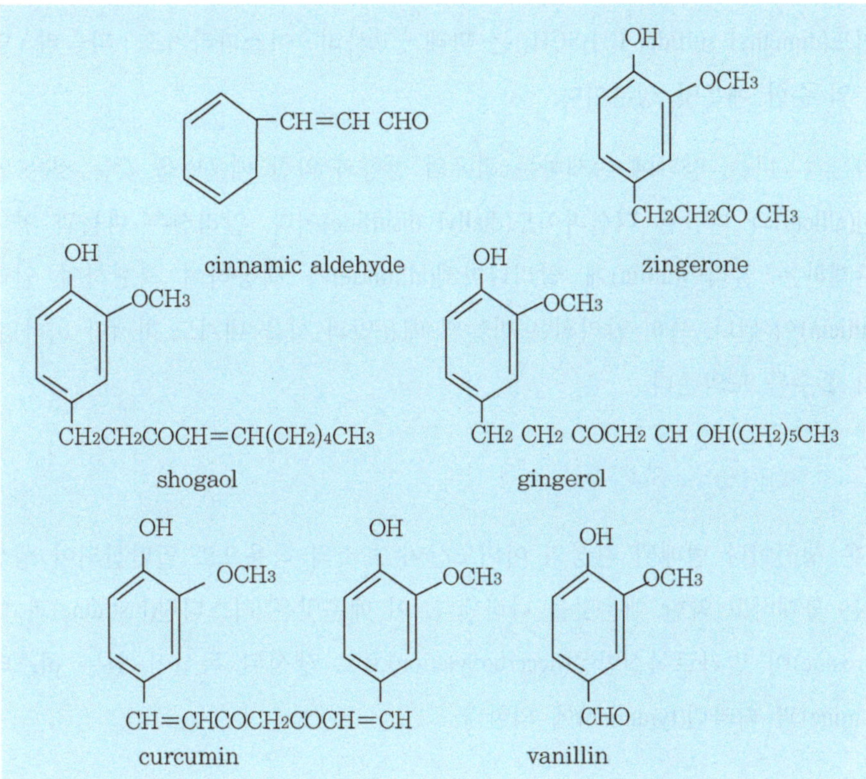

7-6-3 함(유)황 화합물

함황 화합물은 S을 가지며, 종류는 겨자유와 황화 아릴(allyl)류가 있다.

1) 겨자유 겨자유(mustard oil)는 십자화과 식물로 흑겨자유(allyl mustard oil)와 백겨자유(sinalbine mustard oil)로 나눈다. 흑겨자유는 알릴이소티오시아네이트(allyl isothiocyanate)를 생성하여 매운맛을 나타낸다. 백겨자유는 파라-하이드록시벤질이소티오시아네이트(ρ-hydroxybenzylisothiocyanate)가 생성된다.

2) 부추유 마늘, 양파, 파, 부추 등의 파류의 정유를 부추유(leek oil)라 하며 매운맛 성분은 겨자와 같이 S을 가지고 있으나 N는 함유하지 않는다. 디알릴디설파이드(diallyl disulfide)류와 유사물질이 부추유의 대부분을 차지한다. 디메틸설파이드(dimethyl sulfide, CH_3SCH_3)는 파래 · 고사리 · 아스파라거스 · 파슬리 · 양배추의 순한 매운맛 성분이다.

3) 마늘유 마늘, 양파에 존재하는 정유의 방향과 약한 매운맛을 갖는 것은 알리신(allicin)과 디알릴 디설파이드(diallyl disulfide)이다. 알리신은 마늘과 양파에 존재하는 알리인(alliin)에 알리나아제(alliinase)가 작용하여 축합하여 알리신(allicin)이 된다. 특히 알리신은 마늘의 매운맛과 향을 내기도 하지만 비타민 B_1의 흡수를 도와준다.

7-6-4 아민(amine)류

썩은 생선이나 변패된 간장의 아미노산이 효소의 작용으로 탈탄산되어 생성된 아민은 불쾌하고 약한 매운맛을 나타낸다. 이 매운맛은 히스티딘(histidine)과 티로신(tyrosine)이 탈카르복실반응(decarboxylation)으로 생성된 독성이 있는 히스타민(histamine)과 티라민(tyramine)에 의한다.

7-7 감칠맛

맛의 종합이며 단맛 · 신맛 · 쓴맛 · 짠맛 등과 냄새 · 질감이 조화를 이룬 맛을 감칠맛(지미, palatable taste)이라 한다. 단백질인 육류의 추출물 · 장류 · 조개류 · 젓갈류 · 해조류 · 버섯 등에서 느끼는 맛을 감칠맛으로 분류할 수 있다. 이들 식품 내 성분 중에 함유된 아미노산, 펩티드, 유기산, 콜린(choline) 및 그 유도체, 뉴클레오티드(nucleotide), 아미드(amide) 등이 감칠맛에 관여한다.

또한 산업적으로 제조되고 있는 MSG(monosodium glutamate) 등은 정미성분 자체는 아니고 다른 식품의 맛을 조화, 강화시켜 준다.

7-7-1 아미노산류

1) 글리신(glycine) 새우 · 게 등에 함유된 감칠맛은 겨울에는 주로 글리신이라는 물질이고, 여름에는 베타인(betaine)이라는 독특한 풍미를 주는 감칠맛이 존재한다. 또 글리신의 유도체인 크레아틴(creatine), 크레아티닌(creatinine)은 어류나 육류의 감칠맛 성분이다.

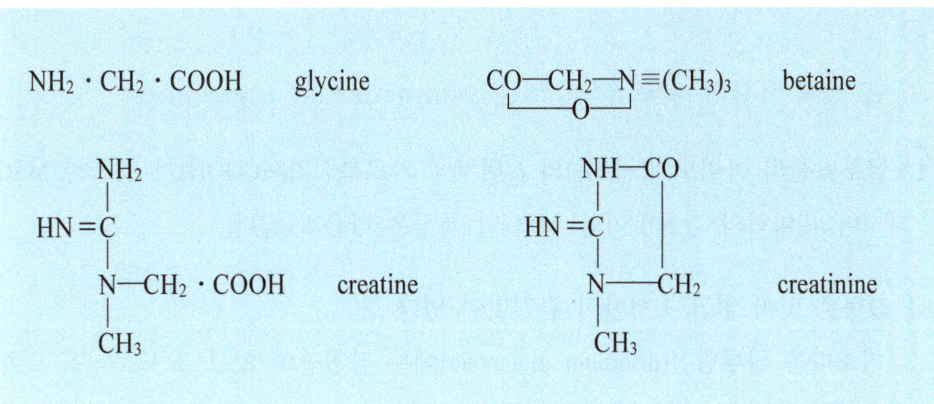

2) 테아닌(theanine) 이 감칠맛은 단맛이 포함되어 있으며, 주로 옥로차(녹차류)에 약 1% 함유한다.

3) 아스파라긴(asparagine) 아스파르트산의 아미드로 어류 · 육류 · 채소에 함유된 감칠맛 성분이다.

4) 글루타민(glutamine) 어류 · 육류 · 채소 속에 함유된 감칠맛 성분이다.

5) 글루탐산(glutamic acid) 글루탐산은 아스파르트산과 더불어 카르복실기 2개를 가지는 산성 아미노산으로서 신맛과 감칠맛의 뒷맛을 갖는데 밀과 콩에 있는 단백질에 존재한다.

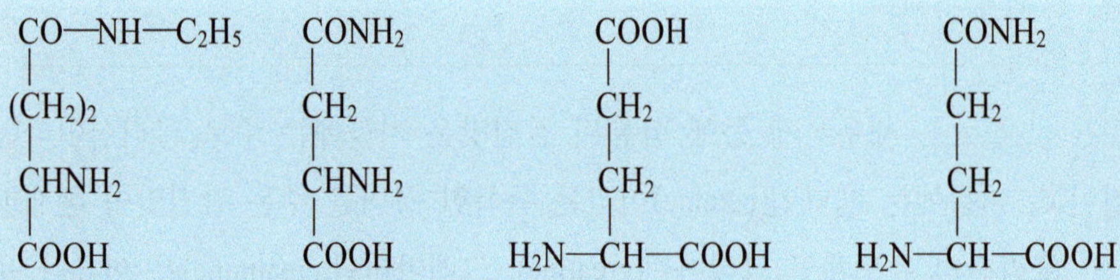

theanine　asparagine　glutamic acid　glutamine

7-7-2 글루탐산의 나트륨염(MSG, Monosodium glutamate)

L-글루탐산의 아미노기($-NH_2$)의 α위치에 카르복실기(-COOH)가 중합한 MSG는 다시마와 미역의 감칠맛이다. MSG의 특성은 다음과 같다.

① D형은 맛이 없고, L형만이 감칠맛이 있다.

② 디소디움 글루탐산(disodium glutamate)에는 감칠맛이 없고, 모노소디움 글루탐산인 MSG가 감칠맛을 갖는다.

③ MSG는 pH 6~8에서 감칠맛이 좋으나 식초, 소스 등 강산식품과 혼용하면

감칠맛이 저하된다.

④ 글루탐산 수용액을 고온에서 가열하면 물 1분자를 잃고 환상의 피로글루탐산이 되는데 이때는 감칠맛이 없어진다.

MSG는 0.05%의 저농도에서 동일한 설탕보다 단맛이 강하고 0.5%에서는 0.25%의 NaCl에 해당하는 짠맛을 나타낸다. 소금 1%에 MSG 0.1%의 비율일 때 가장 좋은 맛을 낸다.

처음에 MSG는 밀이나 콩을 가수분해하여 생산하였으나, 우리나라는 발효법에 의해 생산하며 글루탐산 생산균주는 여러 가지(*Brevibacterium lactofermentum, B. roseum, B, shcchrolytium*)가 있다. 이들의 모노소디움염은 화학조미료인 MSG이다.

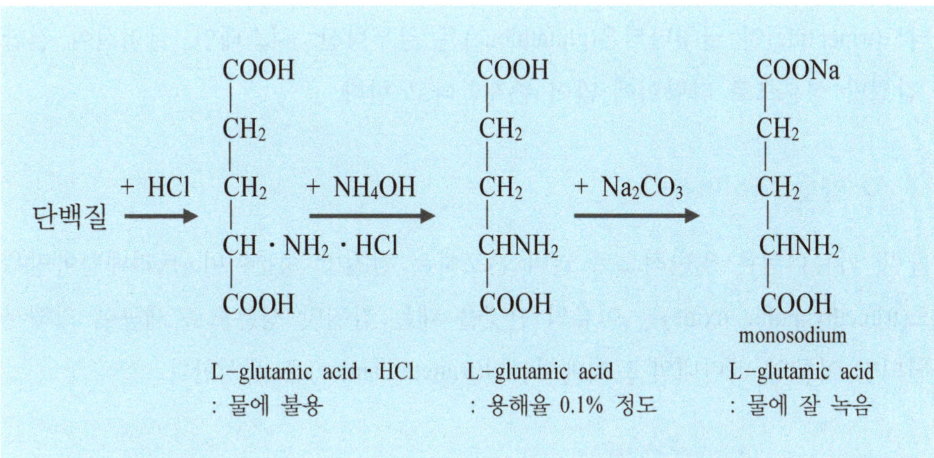

식품 중 글루탐산의 함량은 <표 7-7-2a>와 같다.

〈표 7-7-2a〉 식품 중 glutamic acid의 함량 (단위 : mg%)

식품종류	glutamate	식품종류	glutamate	식품종류	glutamate
다시마	1,100	오징어	146	고구마, 호박	50
조개	340	문어	126	엽차	30
정어리	280	표고버섯	70	육류	20~30
성게	192	멸치	50	생선	10~30

7-7-3 펩티드류

아미노산이 두 개 결합된 디펩티드인 카르노신(carnosine), 안세린(anserine)은 육류·어류의 감칠맛 성분으로 알려져 있다. 그리고 아미노산이 3분자 결합된 트리펩티드(tripeptide)인 글루타티온(glutathione)은 글루탐산, 시스테인, 글리신이 결합한 감칠맛 성분으로 다랑어에 많이 존재한다고 한다.

7-7-4 콜린(choline)

콜린, 카르니틴은 일반적으로 널리 분포하는 감칠맛 성분이며, 트리메틸아민옥시드(trimethylamine oxide)는 어류의 단맛을 내는 감칠맛 성분으로 세균에 의해서 환원되면 어류의 비린내인 트리메틸아민(trimethylamine)을 생성한다.

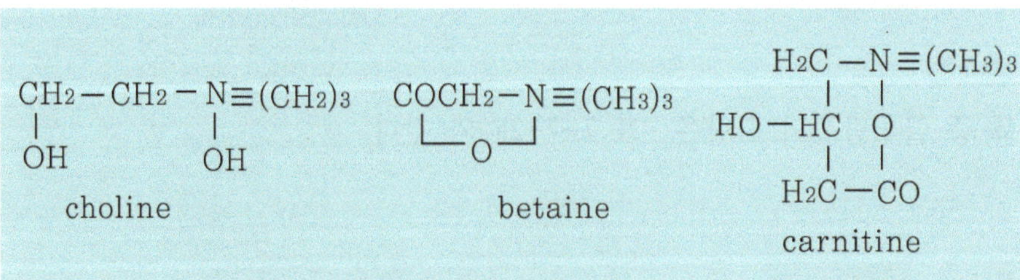

choline　　betaine　　carnitine

7-7-5 뉴클레오티드(nucleotide)류

- 핵산의 형성 : 핵산은 염기, 당 및 인산이 결합되어야 정미성이 있다.

염기 : purine 또는 pyrimidine —— 당 —— 인산

(염기 + 당) : nucleoside

(염기 + 당 + 인산) : nucleotide

즉 뉴클레오시드(nucleoside)에 인산이 결합한 것을 뉴클레오티드(nucleotide)라 하며 이를 핵산(nucleic acid)이라 한다. 감칠맛의 조건은 염기 부위에 퓨린(purine) 염기로 6위가 −OH 라디칼(radical)이고, 리보스의 5′위가 인산화될 때 감칠맛이 있다.

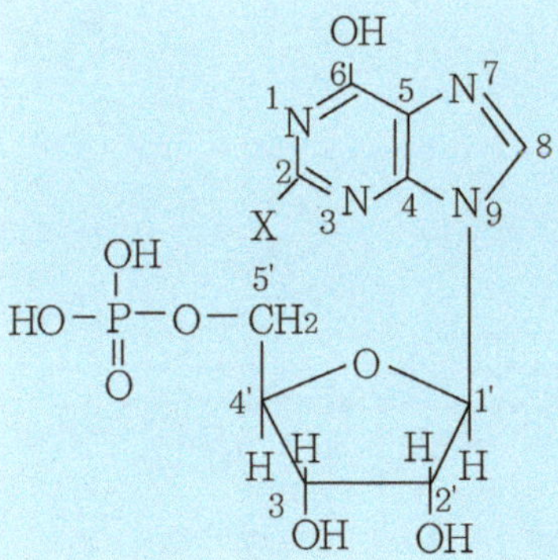

X : NH_2 5' − GMP(guanosine − 5' − monophosphate; 5' − guanylic acid)

: H 5' − IMP(inosine − 5' − monophosphate; 5' − inosinic acid)

: OH 5' − XMP(xanthosine − 5' − monophosphate; 5' − xanthylic acid)

※ 5/ AMP는 X가 H이고 6위의 −OH가 $-NH_2$로 감칠맛이 없다.

[그림 7-7-5a] nucleotide의 구조

[그림 7-7-5a]처럼 뉴클레오티드 중 5′−IMP(inosine)는 육류와 어류의 감칠맛 성분이고, 5′−GMP(guanyl산)는 표고버섯의 감칠맛 성분이다. 5′−AMP(adenyl산)는 고사리의 감칠맛 성분이다. 감칠맛의 세기는 5′−GMP>5′−IMP>5′−XMP>5′−AMP의 순

서이다. 뉴클레오티드 맛은 MSG의 맛과는 조금 다르고 양자를 혼합하면 감칠맛이 상승하며, 그 외에 부드러운 맛을 주며 신맛과 쓴맛을 억제하는 맛의 완충작용도 있다.

ATP(adenosine triphosphate)의 분해경로를 보면 [그림 7-7-5b]와 같이 육류와 어류의 근육에 존재하는 ATP가 효소작용을 받아 생성되는 리보뉴클레오티드(ribonucleotide)는 ①의 경로를 거쳐 4℃의 저온에 저장하면 감칠맛이 없는 이노신(inosine)이 생성되고, 쓴맛인 하이포산틴(hypoxanthine)으로 분해된다. 오징어 · 문어 · 조개류는 AMP-디아미나아제(deaminase, 아민기를 분해하는 효소)가 존재하지 않으므로 AMP를 다량 함유하여도 IMP가 생성되지 않으며 리보뉴클레오티드인 IMP가 존재하지 않고 ②의 경로로 분해한다. 그러나 오징어 · 문어 · 조개류의 감칠맛은 펩티드 및 그 분해물인 베타인, 타우린 등의 맛이다. 조개류는 호박산 나트륨(sodium succinate)의 맛이 추가된다. 새우와 게는 ①과 ②의 경로를 함께 갖는다.

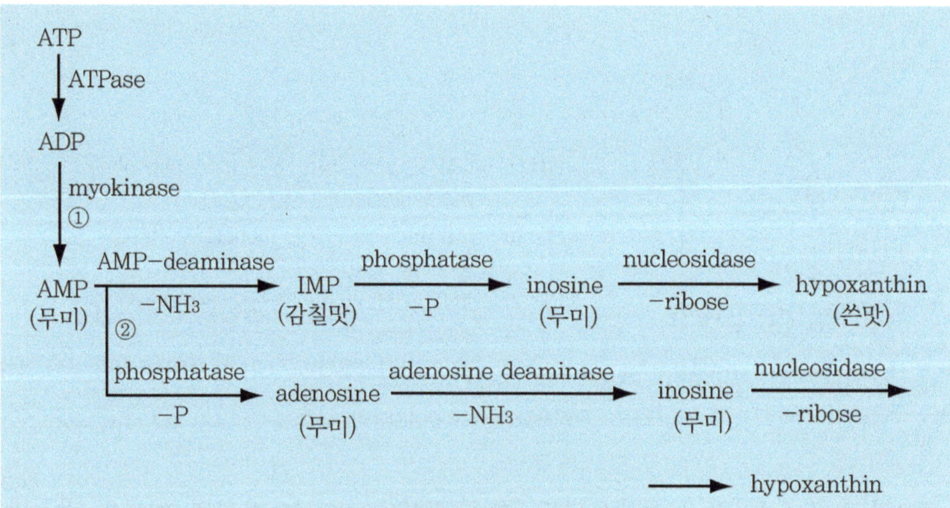

[그림 7-7-5b] ATP의 분해경로

7-7-6 그 외의 감칠맛

호박산 나트륨(sodium succinate)은 조개류나 청주에 함유된 감칠맛 성분이고, 타우린은 오징어 · 낙지 · 문어의 감칠맛 성분이다.

$$\begin{array}{l} CH_2-COOH \\ | \\ CH_2-COONa \end{array}$$

sodium succinate

$$\begin{array}{l} CH_2-NH_2 \\ | \\ CH_2-SO_3H \end{array}$$

taurine

7-8 떫은맛

떫은맛(澁味, astringent taste)은 혀 점막의 단백질이 일시적으로 응고되어 마비가 일어나는 수렴성의 맛이다. 식품에서 떫은맛은 주로 폴리페놀(polyphenol)성 물질인 타닌(tannin)류가 주이며, 불포화지방산과 알데히드(aldehyde), Fe와 Al 등의 금속류가 있다.

7-8-1 타닌류

타닌은 갈산(gallic acid)과 그 유도체가 페놀(phenol)류와 결합하여 고분자 물질을 형성하여 식품의 떫은맛 성분으로 존재한다. 그러나 타닌은 단백질 같은 고분자 물질과 안정하게 결합하여 응고 · 중합 · 산화하여 물에 불용성이 되어 떫은맛이 없어진다.

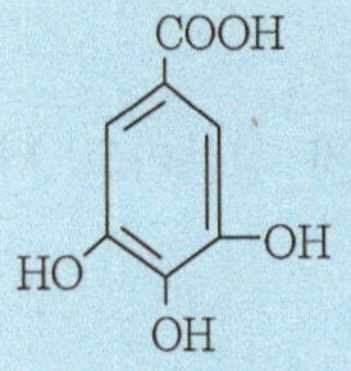

gallic acid

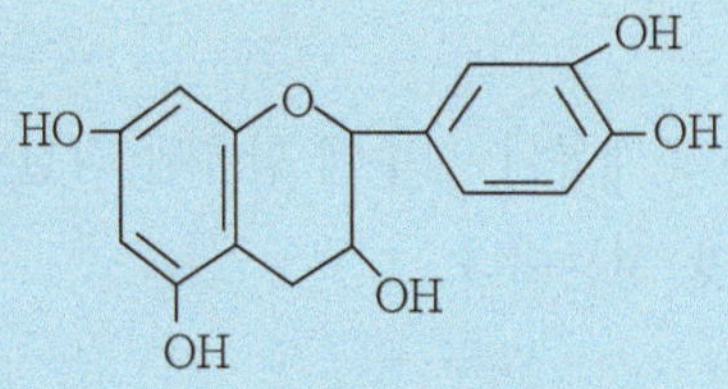

catechin

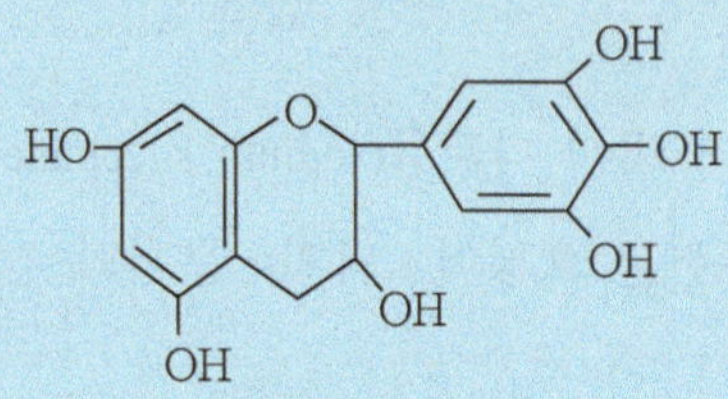

gallocatechin

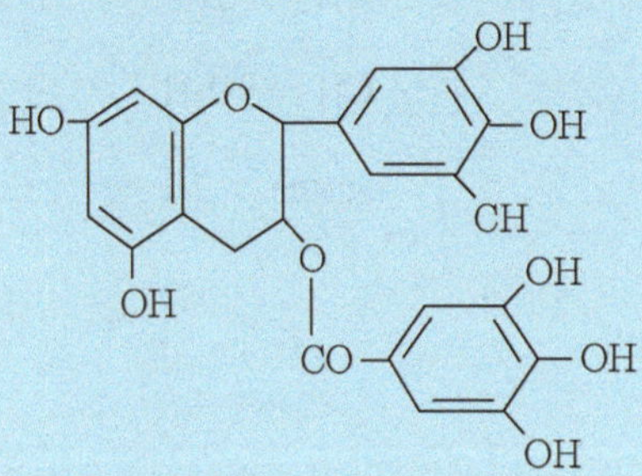

epigallocatechin gallate

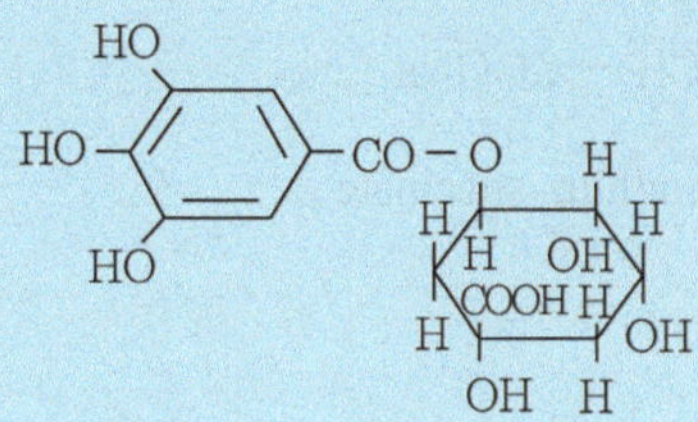

theogallin
(3-galloyl quinic acid)

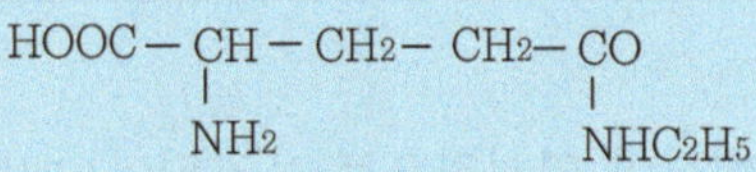

theanin(r-N-ethyl gultamine)

① **차엽의 타닌** 갈산과 카테킨이 주성분이고 그 외 에피갈로카테킨(epigallocatechin), 갈로카테킨(gallocatechin) 등이 있다. 녹차는 카테킨이 많으며, 홍차는 카테킨, 갈로카테킨 등이 발효과정 중 산화효소에 의해서 테아플라빈(theaflavin)이 생성되어 적색이 되면서 떫은맛이 적어진다. 각종 차는 테오갈린(theogallin)을 함유하여 고유의 차맛을 내며, 녹차는 테아닌(theanin)이 단맛, 감칠맛 및 청량감을 주는 떫은맛으로 존재한다.

② **감의 떫은맛** 갈산, 플로로글루신(phloroglucine)의 축합물인 로이코안토시안(leucoanthocyan)의 배당체의 일종인 디오스피린(diospyrin)이다. 이는 감의 세포가 파괴될 때 떫은맛이며, 단감에 0.2%, 덜 익은 단감에 0.9%, 떫은 감에 1.5% 존재한다. 감이 성숙하면 알코올, 알데히드가 디오스피린과 중합하여 물

에 불용성으로 변하여 떫은맛을 느끼지 못하기 때문이다.

③ 밤 속껍질의 떫은맛 갈산 2분자가 축합한 엘라그산(ellagic acid)이다.

④ 커피의 떫은맛 카페인산(caffeic acid)과 퀴닌산(quinic acid)이 축합된 클로로겐산(chlorogenic acid)이다.

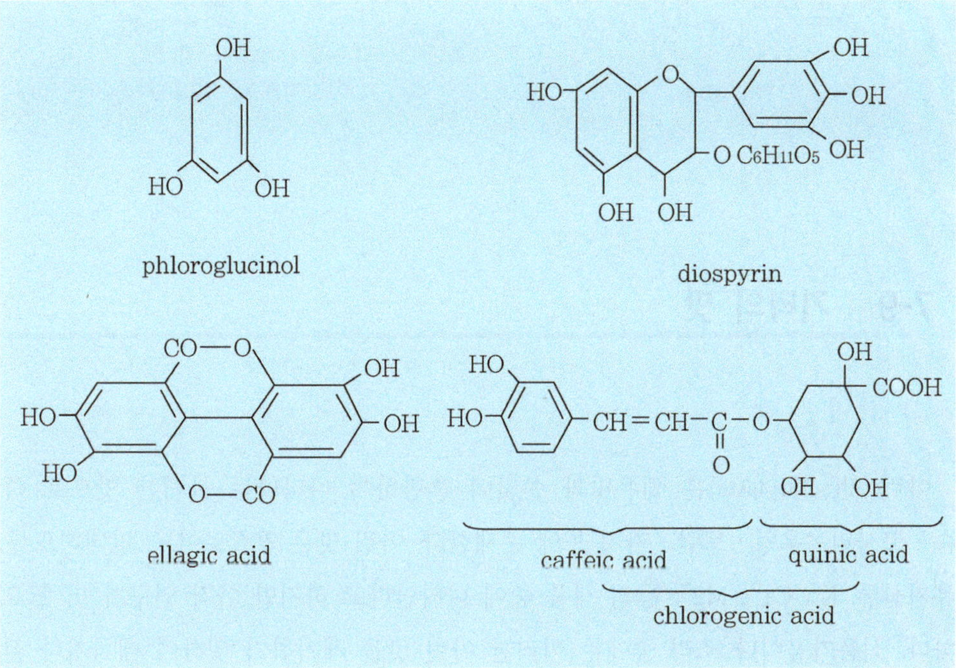

7-8-2 알데히드(aldehyde)

지방이 많은 말린 생선 등을 오래 저장하면 떫은맛이 생성되는 것은 지방의 자동산화로 형성된 이중결합 4개의 아라키돈산(arachidonic acid)과 이중결합 5개의 클루파노돈산(clupanodonic acid) 같은 불포화지방산, 알데히드에 의한다.

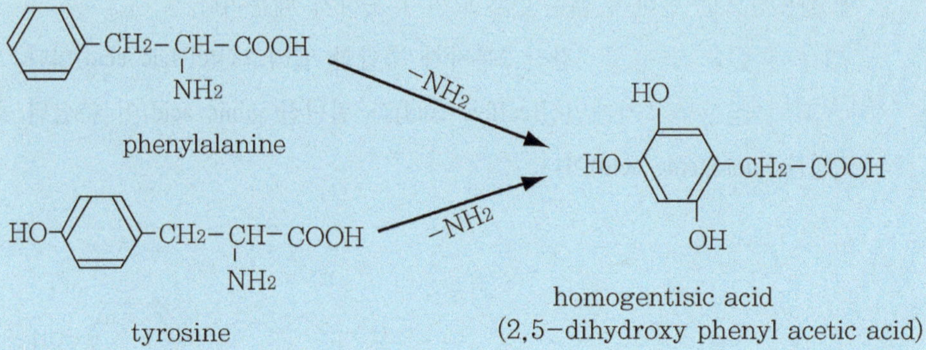

7-9 기타의 맛

7-9-1 아린 맛

아린 맛(acrid taste)은 떫은맛과 쓴맛이 혼합하여 나타나는 불쾌한 맛으로 죽순・고사리・우엉・토란・가지 등에 존재한다. 아린 맛은 알칼로이드, 알데히드류, 유기산류, K^+, Ca^{++}, Mg^{++} 등의 식품 중에 나타난다고 하지만 아직 연구가 더 필요하다. 식품가공이나 조리 중에는 이러한 아린 맛을 제거하기 위하여 데치거나 삶아서 물에 담가두면 불호성분이 용출된다. 아린 맛 성분은 방향족 아미노산인 페닐알라닌(phenylalanine)이나 티로신(tyrosine)에 의해서 생성된 호모겐티신산(homogentisic acid)에 의한다.

7-9-2 금속 맛

금속 맛(metallic taste)은 수저나 칼 등에서 느끼는 맛으로 주석・철 등의 금속이온에 의한다. 장기 저장된 통조림 식품은 용출된 금속에 의해서 맛이 안 좋아진다.

7-9-3 교질 맛

교질 맛(colloidal taste)은 혀와 입안의 점막의 접촉으로 일어나는데, 다당류나 단백질이 그 원인이 된다. 교질 맛은 전분질인 밥이나 떡의 호화전분 또는 찰밥의 아밀로펙틴(amylopectin), 해초의 알긴산(alginic acid), 한천의 갈락탄(galactan), 잼의 펙틴(pectin)질, 육류국의 젤라틴(gelatin), 버터나 마요네즈의 유화된 맛, 밀가루의 글루텐(gluten), 곤약의 글루코만난(glucomannan) 등의 맛이다.

7-9-4 알칼리 맛

이 맛은 알칼리 성분인 재(회, 灰), 중조($NaHCO_3$) 등에서 느끼는 맛으로 OH^-에 의한 맛이다.

단원정리

① 식품의 맛은 품질을 결정하는 중요한 요소로 시각, 촉각, 통각, 온각 등의 감각, 나이, 성별, 기후, 온도 및 미뢰의 자극에서 얻어지는 여러 가지 감각을 종합한 것이다.

② 정미성분을 느낄 수 있는 최저농도를 그 정미성분의 역치라 하는데 일반적으로 쓴맛은 민감도가 가장 높고 단맛은 가장 낮다.

③ 미각은 30℃일 때 가장 예민한데, 매운맛은 50~60℃, 쓴맛은 40~50℃, 짠맛은 30~40℃, 신맛은 25~50℃일 때 가장 예민하게 느껴진다.

④ 맛의 변동성에는 대비효과, 상승효과, 상쇄효과, 억제효과, 맛의 피로, 맛의 변조 등의 혼합효과와 미맹, 김네미산에 의한 단맛이나 쓴맛을 느끼지 못하는 이상 현상이 있다.

⑤ 단맛을 갖는 물질은 당류, 당알코올, 아미노산과 펩티드, 황화합물 등의 천연감미료와 사카린, 아스파탐 등의 인공감미료가 있다. 짠맛은 조리에서 기본적인 맛성분으로 무기 및 유기의 알칼리염들이며, 쓴맛을 갖는 물질은 알칼로이드, 배당체, 케톤류, 단백질 분해물 및 무기염류로 분류된다. 신맛은 용액 중 해리되어 있는 H^+에 의한 것으로 유기산과 무기산이 있으며, 매운맛은 산아미드, 방향족 알데히드 및 케톤, 함황화합물, 아민 등이다. 감칠맛은 아미노산, 펩티드, 유기산, 콜린 및 그 유도체, 뉴클레오티드, 아미드 등이 관여하며, 떫은맛은 타닌류, 금속류가 관여한다. 그 외에도 아린 맛, 금속 맛, 교질 맛, 알칼리 맛 등이 있다.

제 8 장 식품의 색소

식품은 고유의 빛깔을 갖고 있으며 그 식품의 색은 기호도, 식욕 및 신선도와 관계를 가진다. 또한 천연식품은 밝은 색인 데 비하여 변질된 식품은 어둡거나 변색되어 식품의 품질을 결정하기도 한다. 색과 식욕은 사람에 따라 약간의 차이는 있으나 가장 식욕을 충동하는 색은 적색~오렌지색이며, 식욕이 그다지 좋지 못한 색은 황록색 · 청색 · 자색 등이라고 할 수 있다. 새나 원숭이는 화려한 색의 과일을 선호한다. 과일의 색도가 과일의 영양성분을 알려주는 지표인 것이다. 햇빛을 넉넉히 받고 자란 과일은 항암효소를 자극하는 '황화물', 암세포의 전이를 막아주는 항산화제인 '카로티노이드(carotenoid)'와 '플라보노이드(flavonoid)', 뿐만 아니라 발암물질의 생성을 막아주거나 억제하여 주는 성분들이 풍부하다. 이를 피토케미컬(phytochemical)이라고 한다. 피토케미컬은 채소나 과일의 화려하고 짙은 색에 많이 들어 있다. 이 식물성 색소는 자외선 · 비 · 바람 등의 외부 자극으로부터 자신을 보호하기 위하여 스스로 만들어낸 일종의 자기방어 물질이다. 피토케미컬은 우리 인체에 해로운 활성산소를 막아주고, 면역기능 · 노화방지 · 스트레스 완화 등에 도움을 주어 신체의 정상적인 기능을 회복하고 유지하는데 필수적인 요소이다. 피토케미컬은 대체로 빨간색 · 주황색 · 노란색 · 보라색 · 진녹색 등을 띠는 과일과 채소에 다량 함유되어 있다.

① 시각적으로 느끼는 감각은 빛의 파장이 긴 적색부(8,000 Å, 1 Å =10^{-8}㎝)에서 짧은 자색부(4,000 Å)까지 각 파장을 흡수하여 반사하는 물질이다.

② 색에 관한 학설에는 색소원설(色素原說)이 있는데, 이는 발색단(發色團)과 조색단(助色團)이 결합하여 색깔을 구성한다는 학설이다. 즉 발색단에는 아조기(azo group, −N=N⁻), 카르보닐기(carbonyl group, =C=O), 에틸렌기(ethylene group, −C=C⁻), 니트로기(nitro group, $-NO_2$), 니트로소기(nitroso group, −NO), 티오카르보닐기(thiocarbonyl group, =C=S) 등이 있으며, 조색단에는 −OH기, $-NH_2$기가 있다. 한편 색소원이란 물질 내 발색단을 갖는 물질을 말한다.

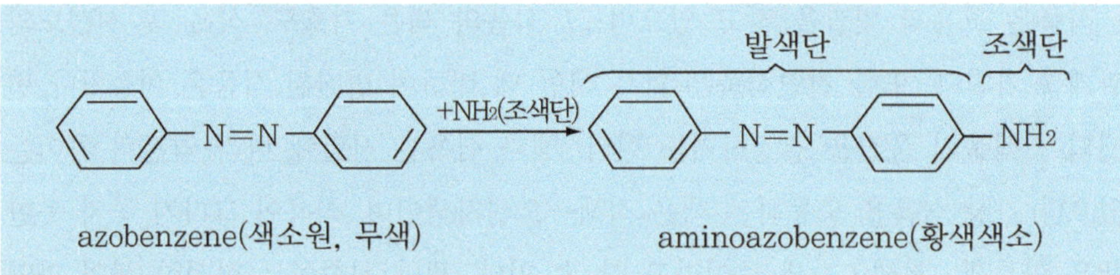

색깔은 우리가 식품을 가공 및 조리하는 과정 중, 또는 운반이나 저장과정에서 산소 · 광선 · 열 등의 여러 요인에 의해서 쉽게 변화한다. 천연색소의 변화는 색소 이외의 비타민 · 아미노산 · 단백질 · 당 · 향기성분 · 정미성분 등의 여러 성분의 변화를 초래한다.

8-1 식품색소의 분류

8-1-1 식품재료에 의한 분류

1) 식물성 색소

(1) 클로로필(chlorophylls) 녹색채소류, 해조류 등에 존재하며 알칼리에서는

안정하고 산성에서는 갈색으로 변색한다. 철 · 구리 등과 반응하여 안정한 청록색을 유지한다.

(2) 카로티노이드(carotenoids) 곡류 · 녹황색 채소류 · 과일류 · 해조류 등에 존재하며, 특히 감귤 · 고추 · 토마토 · 옥수수 등의 색소로 일부는 비타민 A의 전구체이다.

(3) 플라보노이드(flavonoids) 곡류 · 황색 채소류 · 과일류에 존재하며 알칼리성에서 가수분해하면 황색을 생성하고 산성에서는 색깔이 더욱 선명해진다.

(4) 안토시아닌(anthocyanins) 과일류 · 근채류에 존재하는 색소로 일반적으로 산성에서는 적색, 중성에서는 보라색, 알칼리성에서는 청색을 띤다.

2) 동물성 색소

(1) 수육류 동물의 혈색소인 헤모글로빈(hemoglobin)과 육색소인 미오글로빈(myoglobin)이 해당한다.

(2) 어패류 어패류에도 hemoglobin이 가장 많고 그 외에 연어나 송어의 육색소인 카로티노이드, 도미의 홍색을 유지하는 크산토필(xanthophyll), 새우나 게의 갑각류는 아스타크산틴(astaxanthin) 등이 해당한다.

8-1-2 용해성에 의한 분류

1) 지용성 색소 클로로필과 카로티노이드 등이 있다.

2) 수용성 색소 플라보노이드와 안토시아닌 등이 있다.

8-1-3 화학구조에 의한 분류

1) 테트라피롤(tetrapyrrole)유도체 클로로필, 헤모글로빈, 미오글로빈 등이 있다.

2) 이소프레노이드(isoprenoids)유도체 카로티노이드가 해당한다.

3) 벤조-감마-피란(Benzo-γ-pyrane)유도체 안토시아닌과 플라보노이드가 해당한다.

4) 가공색소 식품의 가공・조리 중에 생성되는 캐러멜 등이 있다.

8-2 식물성 색소

8-2-1 엽록소

엽록소(chlorophyll)는 식물의 엽록체(chloroplast) 속에 존재하며 카로티노이드가 황색인데도 나뭇잎이 여름철에 녹색을 유지하는 것은 엽록소의 양이 카로티노이드 양보다 많기 때문이다. 엽록소는 광합성(photosynthesis)작용에 중요하며 비타민 C를 함유하므로 영양적으로 중요하다. 또한 클로로필의 녹색은 채소류나 과일류의 신선함을 주며 식욕을 촉진한다.

1) 엽록소의 구조와 분포

엽록소는 4개의 피롤핵이 서로 결합한 테트라피롤(tetrapyrrole)환을 이루어 포르피린(porphyrin)의 N와 Mg이 결합한 착화합물로 클로로필 a와 b의 두 가지가 있

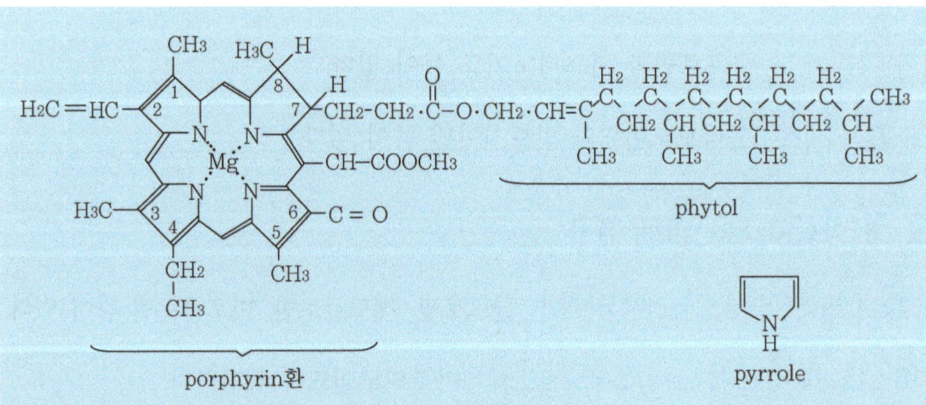

고 클로로필 a는 청록색이고 b는 황록색이다. 지상식물은 a : b = 3 : 1, 해조류에서 녹조류는 1.3 : 1, 갈조류는 19 : 1의 비율로 존재한다. 구조는 앞면과 같다.

2) 엽록소의 성질

엽록소는 채소나 과일의 저장·가공·조리 중에 변화되며 나아가서 제품의 품질에도 영향을 미친다. 따라서 고유한 녹색을 유지하기 위해서는 엽록소의 변화를 잘 알아야 한다.

(1) 분해효소 엽록소를 분해하는 효소를 클로로필라아제(chlorophyllase)라고 한다.

① 식물조직이 손상되면 클로로필라아제가 유리되어 피톨(phytol)기를 분리하여 선명한 녹색의 클로로필리드(chlorophyllide)를 생성한다.

② 클로로필라아제(chlorophyllase)의 작용으로 수용성인 클로로필리드가 생성된다.

(2) 산 변화 엽록소를 산(酸)처리하면 Mg^{++}이 수소이온(H^{+})과 치환되어 갈색의 페오피틴(pheophytin)으로 된다.

① 적용 1 : 김치를 담근 후 발효가 끝나면 갈색을 띠는 것은 발효에 의해 생성된 젓산, 초산이 엽록소에 작용하여 페오피틴으로 되기 때문이다.

② 적용 2 : 푸른 잎을 방치하면 차츰 갈색을 띠는 이유는 자가소화에 의해 식물 속 유기산이 클로로필에 작용하여 페오피틴을 생성하기 때문이다.

③ 클로로필 a는 클로로필 b보다 페오피틴으로 쉽게 변한다.

조리과정 중 흔히 볼 수 있는 현상으로 위의 변색을 억제하기 위하여, ① 채소를 데치기(blanching)할 때는 몇 분간 뚜껑을 열어 휘발성 산을 신속히 증발시키고, ② 고온에서 단시간 가열하여 클로로필과 산의 접촉시간을 짧게 하며, ③ 산성식품인 간장·된장·식초 등은 마지막에 넣어야 변색을 최소화할 수 있다. 참고로, ④ 60~80℃에서 클로로필이 페오피틴으로 가장 많이 변화되고 100℃에서는 오히려 적게 생성되며, ⑤ 열탕은 소량보다 다량 사용해야 클로로필의 분해가 적다.

(3) 알칼리 변화 엽록소의 Mg은 알칼리에서 안정하나, 피톨은 가열 시 알칼리에서 떨어져 나가 수용성의 선명한 녹색 클로로필리드를 형성한다. 메탄올이 계속 떨어져 짙은 청록색의 클로로필린(chlorophylline)이 형성된다.

① 적용 : 녹색채소를 삶을 때 중탄산나트륨($NaHCO_3$) 등의 알칼리를 가하면 녹색은 유지되나 비타민 C 같은 알칼리에 불안정한 비타민들이 파괴되고 조직이 물러진다. 색도를 보존하고 조직의 물러짐을 방지하기 위해서 탄산마그네슘($MgCO_3$), 수산화칼슘($Ca(CH_3COO)_2$)의 혼합물을 소량 넣는 것이 좋다.

(4) 금속과 반응 엽록소는 Cu · Fe · Zn 등의 금속이온이나 그들의 염과 함께 가열하면 엽록소 분자 중의 Mg과 치환된다.

① 불용성의 안정한 선녹색의 Cu-엽록소를 함유한다.

② 불용성의 선명한 갈색의 Fe-엽록소 등을 함유한다.

③ 불용성의 Cu-chlorophyll에 강알칼리(NaOH 등)를 첨가하면 수용성의 Cu-클로로필린의 Na염을 만드는데, 이는 식품가공의 착색제로 이용한다.

녹색 채소류의 가공 · 조리과정 중 생성되는 산에 의해서 녹갈색의 페오피틴에 Cu가 첨가되면 페오피틴의 H^+가 Cu^{++}로 치환되어 선녹색의 Cu^-클로로필로 된다. 이 원리를 이용하여 그린피스(green peas) 통조림이나 오이김치의 녹색을 보존한다.

8-2-2 카로티노이드계 색소

동식물계에 널리 존재하며 황색, 오렌지색, 적색 등을 띠는 지용성 색소이다. 식물체에서 엽록소와 함께 공존하고 있으며 동물체 내에서는 카로티노이드(carotenoid) 함유 식물을 동물이 섭취하여 축적된 형태이다. 한편 카로티노이드는 조리가공을 할 때 처음에는 변화가 어려우나 광선 · 산 · 강한 열 등에 의하여 산화되면 갈변화가 일어난다.

1) 카로티노이드의 구조와 분류

자연에 존재하는 카로티노이드계 색소는 화학구조상으로 크게 두 가지로 나눈다. 즉 ① 이소프렌(isoprene, $CH_2=CCH_3-CH=CH_2$)단위가 중합한 테트라테르펜(tetraterpene)의 기본구조를 갖고 $C_{40}H_{56}$의 탄화수소인 카로틴(carotene)과, ② 이들의 약산화물인 크산토필(xanthophyll)로 나눌 수 있으며 크산토필은 다시 알코올류와 케톤류 등으로 나눌 수 있다. 크산토필은 카로틴 분자 중 수소원자가 산소원자나 -OH기로 치환된 것이다.

용해성에서 카로틴은 석유에테르에 녹으나 에탄올에는 잘 녹지 않으며, 크산토필은 에탄올에는 녹으나 석유에테르에는 녹지 않는다.

2) 카로틴류

카로틴은 황등색~적색으로 여러 가지 과채류에 존재하며 화학구조상 α, β, γ-카로틴과 리코펜(lycopene)으로 나누어지는데 그중 α, β, γ-카로틴은 β-이오논(β-ionone) 핵을 갖고 있어 체내에서 비타민 A가 될 수 있으므로 프로비타민 A라고도 한다.

Carotene의 구조

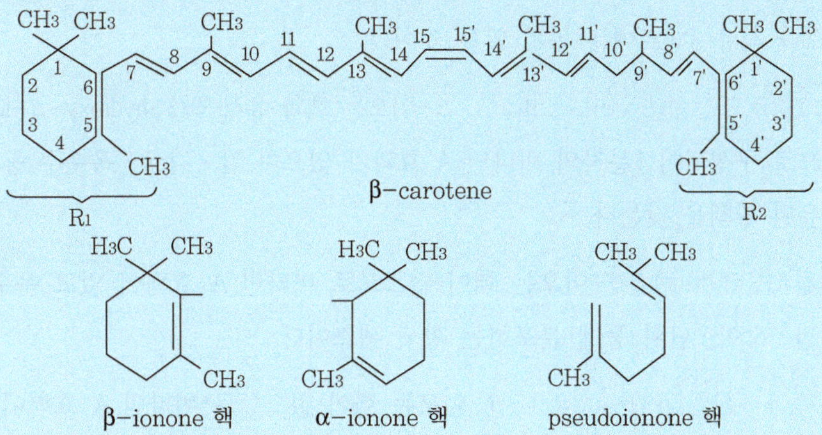

(1) 알파-카로틴 β-이오논(β-ionone) 핵과 α-이오논(α-ionone) 핵으로 구성되어 있어 1분자의 비타민 A를 생성하며, 당근 · 차 · 밤 · 수박 등에 함유되어 있다.

(2) 베타-카로틴 β-이오논 핵을 2개 가지므로 2분자의 비타민 A를 생성하며 당근 · 고구마 · 호박 · 감귤 · 녹차 등의 녹색식물에 함유되어 있다. 색깔과 영양성 때문에 식품첨가물로 이용되고 있다. 노란색 과일에는 β-카로틴이 들어 있다. β-카로틴은 암과 심장질환 등의 성인병 예방에 효과적이며 체내에 흡수되는 비타민 A로 변함으로써 면역반응 및 식욕 등의 생리적 과정에 관여한다.

(3) 감마-카로틴 β-이오논 핵과 슈도-이오논(pseudo-ionone) 핵을 가지므로 1분자의 비타민 A를 생성하는데 당근 · 살구 등에 함유되어 있다. β-카로틴과 공존하는 경우가 많다.

(4) 리코펜 슈도-이오논 핵을 2개 갖고 있으므로 비타민 A 효과가 없고 토마토 · 감 · 수박 · 앵두 등의 붉은 색소로 널리 존재한다.

3) 크산토필류

카로틴의 산화유도체로 카로틴과 구조 · 색 · 분포가 유사하다. 특성은 알코올에는 녹으나 석유에테르에는 녹지 않는 것이다.

(1) 크립토크산틴(cryptoxanthin) β-이오논 핵과 유사 핵(3-hydroxy-β-ionone)으로 구성되어 1분자의 비타민 A 효과가 있으며 감 · 감귤 · 옥수수 등에 함유된 황색을 갖는다.

(2) 루테인(lutein) β-이오논 핵이 없으므로 비타민 A 효력이 없고 옥수수 · 밀 · 오이 · 난황 등에 분포하는 황색 색소이다.

(3) 제아크산틴(zeaxanthin) β-이오논 핵이 없으므로 비타민 A 효력이 없고 녹엽 · 난황 · 간장 · 옥수수 · 오렌지 등에 분포하는 황색 색소이다.

(4) 아스타크산틴(astaxanthin) 새우 · 게 등의 갑각류와 연어 · 송어 등에 존재하며 단백질과 결합한 청록색인데 가열 · 부패 등의 단백질의 변성으로 결합이 절단되고 아스타크산틴은 가열하는 동안 계속 산화되어 적색의 아스타신(astacin)으로 된다.

(5) 푸코크산틴(fucoxanthin) 갈조류인 다시마 · 미역에 존재하는 적색계의 색소이다.

(6) 캅산틴(capsanthin)과 캅소루빈(capsorubin) 고추 · 파프리카에 존재하는 적색계 색소이다.

(7) 칸타크산틴(canthaxanthin) β-이오논 핵이 없으므로 비타민 A 효력이 없고 송이버섯류 등에 분포하는 적색 색소이다.

4) 카로티노이드계 색소의 변화

이는 물에 녹지 않으나 기름에는 녹고 열에 비교적 안정하며, 조리 시 약산과 약 알칼리에서는 파괴되지 않으므로 조리과정 중 성분손실이 적으나 불포화도가 높으므로 산화에 아주 약하다. 따라서 식품조리의 저장이나 처리조건에 따라 많은 영향을 받는다.

(1) 이성화 저pH, 저수분, 산 등에 의해 시스(cis)형으로 이성화되기 쉽다. 이성화는 비타민 A 기능의 저하와 퇴색에 관여한다.

(2) 효소적 산화 식물조직의 손상으로 변색의 원인이 되는 효소는 다음과 같다. ① 리폭시다아제(lipoxidase)는 불포화지방산에서 유리기를 생성하고, ② 리포페록시다아제(lipoperoxidase)는 불포화지방산의 과산화물이 카로티노이드를 분해하며, ③ 페록시다아제(peroxidase)는 저온에서는 효소적 산화가 억제된다.

(3) 비효소적 산화 비타민 E, 캅사이신이 항산화 역할을 한다.

(4) 산, 알칼리, 광선 식품 중의 카로티노이드계 색소는 약산이나 알칼리에 의

해 변색되지 않으나 광선에 의해서는 변색이 촉진되며 이때 산소가 없으면 광선을 조사하여도 변색되지 않는다.

(5) 카로티노이드계의 변색방지법 카로티노이드계의 변색방지법으로는, ① 효소를 불활성화시키는 데치기 등 가열처리, ② 산소와의 접촉방지를 위한 탈기, 가스 치환, 코팅(coating) 등, ③ 항산화제와 상승제를 첨가하는 방안, ④ 광선을 차단하는 용기나 포장재료의 활용 등이 있다.

5) 카로티노이드계 함유식품

이탈리아인의 건강비결은 토마토라고 알려져 있다. 토마토의 붉은 색소에 바로 장수의 비밀이 있다. 카로티노이드류 함유식품 중 토마토는 항산화인 노화방지효과가 있는데 중요한 것은 토마토의 색도가 선명할수록 인체에 강력한 항산화력을 나타낸다고 한다. 그 외 카로티노이드 계열 채소로는 호박과 당근 등이 있다. 또한 카로티노이드류와 유사한 아주 붉은색의 리코펜은 토마토가 만들어내는 가장 강력한 항산화물질이다. 토마토에 함유된 리코펜은 지방에 녹기 때문에 가열해서 으깨면 날것보다 흡수가 3배가량 높아진다. 또한 올리브유로 가열한 토마토는 리코펜 함량이 생토마토보다 4배나 높다. 따라서 토마토의 성분인 리코펜을 가장 효율적으로 흡수하는 방법은 기름 등으로 조리해서 익혀 먹는 것이다. 카로티노이드 색소는 가공식품의 천연황색 색소로 많이 이용하고 있는데, 예를 들면 버터 제조 시 자연황색색소로 이용하는 것이 그 예이다.

8-2-3 플라보노이드계 색소

이는 수용성으로 식물세포의 액포 중에 유리상태나 배당체로 존재하며 담황색~황색을 띤다. 이 색소는 광의로 $C_6-C_3-C_6$의 기본구조를 갖는 화합물의 총칭으로 황색의 안토크산틴(anthoxanthins), 안토시아닌(anthocyanins), 타닌(tannins) 등이 포함된다. 협의로는 안토크산틴만을 칭하며 여기서 협의의 플라보노이드계 색소는 안토크산틴 또는 화황소(花黃素)를 뜻한다.

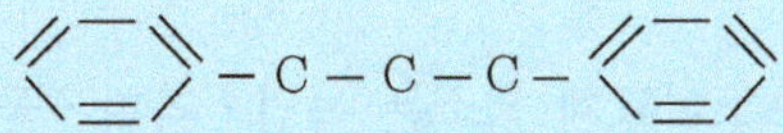

$C_6-C_3-C_6$-의 기본구조

flavonoids
- anthoxanthin(일반적으로 flavonoid로 칭함)
- anthocyanin
- tannins
  - catechin
  - leucoanthocyanin

  } 저분자의 tannin

플라보노이드계는 다음과 같이 플라반(flavane)의 기본구조를 갖고 5종으로 분류한다.

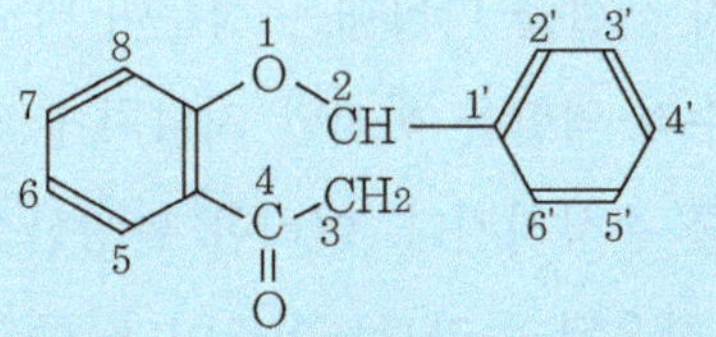

flavane

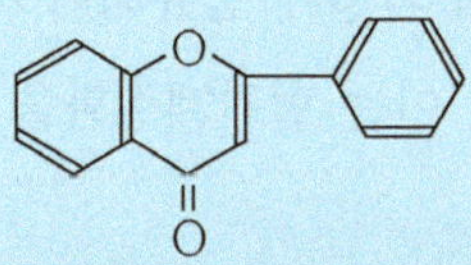

flavone (2−phenyl−chromone, 2−phenyl−benzopyrene)

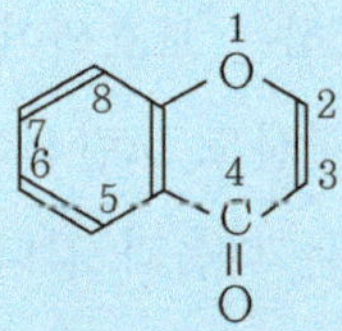

benzopyrone (chromone)

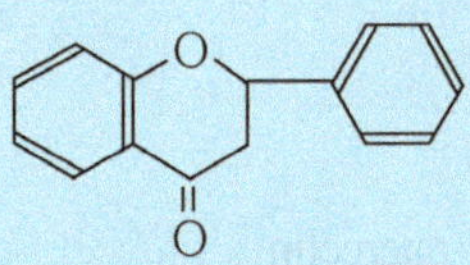

flavanone (무색)

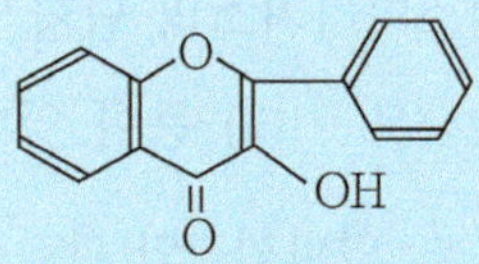

flavonol (무색)

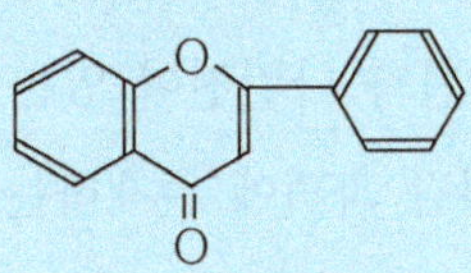

isoflavone (황색)

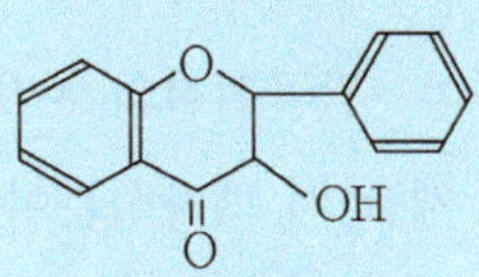

flavanonol (무색)

1) 구조 및 분류

안토크산틴, 즉 플라보노이드계 색소는 녹엽·과피·꽃 등에 존재하는 담황색~황색을 나타내는 색소이다. 플라보노이드계 색소는 5가지로, ① 플라본(flavone), ② 플라보놀(flavonol), ③ 플라바논(flavanone), ④ 플라바노놀(flavanonol), ⑤ 이소플라본(isoflavone) 등으로 나눈다. 구조상 탄소 3과 7의 −OH기가 람노스(rhamnose), 포도당(glucose), 갈락토스(galactose), 루티노스(rutinose) 및 이들의 2당류가 배당체로 존재한다. 이들 색소 중에는 이뇨작용·황산화작용·비타민 P의 작용을 갖기도 하고, 이들의 유도체는 강한 단맛을 갖기도 한다.

2) 식품 중 플라보노이드계 색소

과일 껍질의 갖가지 색깔을 나타내는 성분이 바로 플라보노이드이다. 햇빛은 식물이 성장하는데 필수적 역할을 하지만 지나치게 자외선을 쪼이면 활성산소가 발생하여 식물의 세포를 손상시킨다. 이러한 활성산소의 생성을 차단하는 항산화물질이 노란색 과일에 함유된 플라보노이드이다. 즉 과일의 노란색은 외부자극으로부터 자신을 보호하는 보호색이다. 또한 노란색 과일에 함유되어 새콤달콤 쌉싸름한 맛을 내는 구연산도 노란색 과일에 있는데, 이는 혈관계질환을 방지한다. 플라보노이드의 종류는 다음과 같다.

(1) 플라본 옥수수의 담황색인 아피제닌(apigenin), 파슬리의 무색인 아퓐(apiin), 밀과 아스파라거스의 담황색인 트리틴(tritin : 소다의 알칼리에 의해 비스킷이 황갈색을 띤다) 등이 있다.

(2) 플라보놀 양파껍질의 황갈색인 케르세틴(quercetin : 유지의 항산화제로 작용), 토마토와 메밀의 무색인 루틴(rutin : 비타민 P 효과) 등이 있다.

(3) 플라바논 감귤껍질의 무색인 헤스페리딘과 나린진이 있는데, 전자는 밀감통조림 제조 시 백탁성분이며, 후자는 밀감 과피에 존재하는 쓴맛 성분이다. 그러나 이 성분들은 항암·항산화·항염증 효과가 우수하다. 이들은 귤껍질에 많이 들어 있는데 혈관계질환인 동맥경화 예방에 도움을 준다. 또한 감

귤껍질에 있는 무색 에리오딕틴(eriodictin)은 비타민 P의 효과가 있다.

(4) 플라바노놀 단풍잎의 황색인 디하이드록시 케르세틴(dihydroxy quercetin) 등이 있으나, 아직 식품에서는 발견되지 않고 있다.

(5) 이소플라본 콩류의 황색인 다이드진(daidzin)과 다이드제인(daidzein)은 약 9종류가 있으며 이들은 골다공증 예방 · 항암효과 · 항산화효과 등의 생리활성이 있다.

3) 플라보노이드계의 변색과 성질

(1) 산 · 알칼리 이 색소는 산에는 안정하나 알칼리에서 불안정하다. 예를 들면, ① 밀가루에 팽창제인 중탄산나트륨($NaHCO_3$)을 첨가한 비스킷이 황색을 띠는 경우, ② 양파 · 양배추 · 감자 등에 중탄산염으로 가열조리 시 담황색으로 변하거나, ③ 삶은 감자나 연수(軟水)로 조리한 쌀밥이 변색되는 경우 등이다.

(2) 가수분해 플라보노이드계를 함유하는 식품을 가열조리하면 배당체는 가수분해되어 당류가 유리되어 황색이 없어진다.

(3) 금속에 의한 변색 플라보노이드계는 폴리페놀성 -OH기를 가지고 있으므로 금속과 결합하여 독특한 색깔을 가진 복합체를 형성한다. 즉 케르세틴의 Al염은 황색, Cr염은 적갈색, Fe염은 흑녹색을 나타낸다. 예를 들면, 감자를 철제 칼로 썰어서 방치하면 감자절편이 적색~적갈색으로 변하는 경우, 양파를 알루미늄제 냄비에 삶을 때 황색이 나타나는 경우 등이다.

(4) 기능성 이뇨작용이 있고 비타민 C와 유지의 항산화제로 작용한다. 또한 헤스페리딘은 비타민 C의 효과를 높이고, 비타민 P의 작용도 하므로 비오플라보노이드(bioflavonoid)라고도 한다. 비타민 P는 레몬, 오렌지껍질에 많고 루틴, 케르세틴도 비타민 P의 작용을 한다.

8-2-4 안토시안계 색소

이 색소는 과일과 꽃에 배당체로 존재하며 적색, 청자색 또는 그 중간의 색을 가진다. 그 비당질부분인 아글리콘(aglycon)을 안토시아니딘(anthocyanidin)이라고 한다. 안토시아닌은 배당체로 산·알칼리·효소 등에 의해 가수분해되면 당류와 비당질 안토시아니딘으로 분리되는데 이때 안토시아닌과 안토시아니딘을 합한 것을 안토시안이라 하며 화청소(花靑素)라고 한다.

$$\text{anthocyanins(glycosides)} \xrightarrow{\text{산, 알칼리, 효소}} \text{anthocyanidin(aglycone)} + \text{당}$$

anthocyanins + anthocyanidin ---------- anthocyan

이 색소는 딸기·포도·가지 등의 과채류와 꽃의 빨간색·자색·청색의 수용성 색소로 가공·저장 중에 쉽게 퇴색되어 식품의 품질을 저하시키므로 이 색소의 처리에 주의를 요한다.

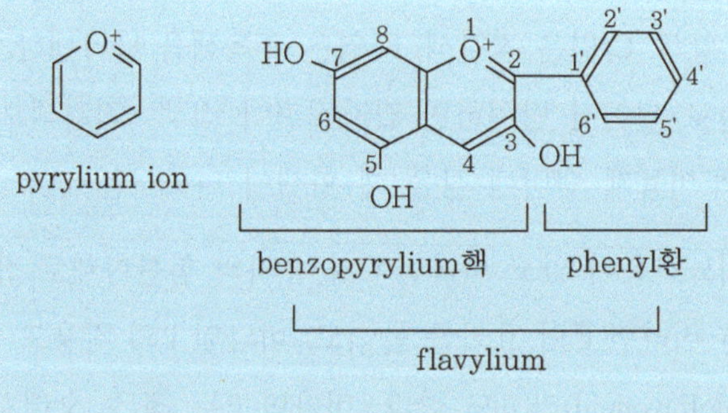

1) 안토시아니딘의 구조 및 분류

배당체인 안토시아닌에서 당이 떨어져 나간 비당질을 안토시아니딘이라 하며, 그 기본구조는 플라비닐늄 염(flavylium salt)이다. 종류는 안토시아니딘의 C_2 위치의 페닐기(phenyl group)에, ① 수산기(−OH)가 1개 결합되면 펠라르고니딘(pelargonidin), ② 수산기가 2개 결합되면 시아니딘(cyanidin), ③ 수산기가 3개 결합되면 델피니딘(delphinidin), 또한 ④ 메톡시기(methoxy group, $-OCH_3$)가 1개 결합되면 페투니딘(petunidin), ⑤ 메톡시기가 2개 결합되면 말비니딘(malvinidin)이라고 한다. 결합된 수산기가 증가할수록 청색도가 진해지고, 메톡시기 수가 증가할수록 적색도가 커진다.

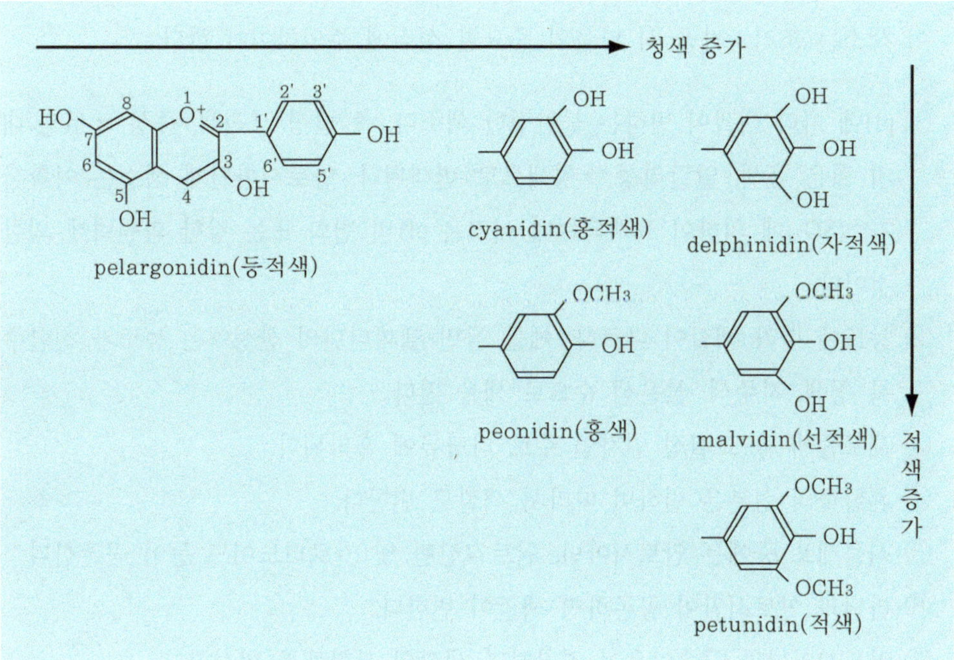

2) 안토시아니딘의 존재

(1) 펠라르고니딘 배당체 달리아 · 나팔꽃 · 석류 · 양딸기 · 딸기의 적색소이다.

(2) 시아니딘 배당체 소엽·장미의 적색인 시소닌(shisonin)과 시아닌(cyanin), 검정콩과 오디의 암적색인 크리산테민(chrysanthemin), 버찌의 농적색인 케라시아닌(keracyanin), 사과의 홍적색인 이데인(idein)이 있다.

(3) 델피니딘 배당체 가지의 청자색인 나스닌(nasnin)과 히아신(hyacin), 소엽의 적색인 페릴라민(perillamin)이 있다.

(4) 페투니딘 배당체 포도의 자적색인 페투닌(petunin)이 포함된다.

(5) 말비니딘 배당체 포도 과피의 오닌(oenin), 고구마 껍질의 네글레테인(negletein)이 있다.

3) 안토시아니딘의 성질

이 색소는 조리·가공 시 다음의 중요한 성질에 주의하여야 한다.

① pH에 따라 색깔이 변하는 불안정한 색소다. 즉 산성→적색, 중성→무색 내지 엷은 홍색, 알칼리성→청색으로 변색된다. 안토시아닌계 색소는 아황산가스(SO_2)에 의하여 표백되는데 이것은 pH의 변화 또는 강한 환원력에 의한 것이다.

② 농도에 따라 색깔이 다르다. 예를 들면 델피니딘의 산성액은 농도가 진할수록 청색, 자주색, 붉은색 순으로 색을 띤다.

③ 세포즙액 중 교질성 인자인 주로 다당류에 흡착된다.

④ 혼합물의 성분은 변하며 따라서 색깔도 변한다.

⑤ 식물세포 중에는 안토시아닌, 안토크산틴 및 카로티노이드 등이 공존한다.

⑥ 타닌과 안토시안이 공존하면 색깔이 변한다.

⑦ 안토시아닌과 금속이온이 결합하면 색깔의 복합체를 형성한다.

⑧ 안토시아니딘은 아스코르비나아제(ascorbinase)의 작용을 억제하는 기능을 가지고 있다. 즉 비타민 B_2·C와 안토시아닌이 공존하게 되면 안토시아닌의 색이 퇴색하면서 비타민 C의 양이 급속히 감소된다.

4) 안토시안의 항산화작용

이 색소의 항산화능력은 비타민 C보다 강하다. 즉 블루베리(blueberry)와 포도에 들어 있는 안토시안이 비타민 C보다 유해산소를 제거하는 효과가 약 2.5배 더 높다. 따라서 안토시안의 노화방지와 항암효과가 우수하다.

8-2-5 타닌류

타닌은 식물의 각 부위에 널리 함유되어 있다. 타닌 그 자체는 원래 색이 없으나, 그 산화생성물은 짙은 갈색, 흑색을 나타내므로 타닌을 함유한 식품은 가공조리 시에도 주의를 요한다.

1) 구조

타닌은 페놀성 화합물을 총칭한다. 좁은 의미로 타닌은 디갈산(digallic acid), 갈로타닌산(gallotannic acid)을 가리킨다. 식품에 존재하는 타닌은 보통 3가지로 나눈다.

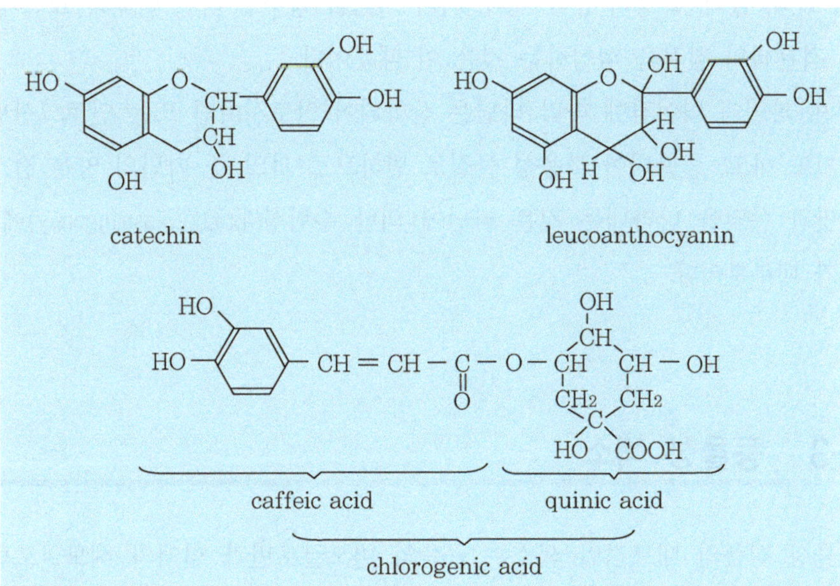

(1) 카테킨(catechin)과 그 유도체 카테킨과 에피카테킨(epicatechin)은 플라본의 환원유도체로, 카테킨의 C_2와 C_3에 있는 고리와 −OH가 trans형이면 카테킨이고, cis형이면 에피카테킨이라고 한다. 감은 디오스피린(diospyrin)에 갈로카테킨(gallocatechin)의 갈산이 함유된 회합형 타닌이다.

(2) 류코안토시아닌(leucoanthocyanin)류 카테킨과 류코안토시아닌은 목본과 식물인 사과 · 배 · 포도 · 살구 · 감 등에 많이 존재하며, 초본과 식물에는 존재하지 않고, 곡류에는 미량 존재한다. 차에는 많은 종류의 카테킨과 갈산 및 에스테르화된 에피카테킨이 존재한다.

(3) 클로로겐산(chlorogenic acid)류 식물계에 널리 분포하며 카페산(caffeic acid)이 일반적인 화합물로 그의 에스테르인 클로로겐산도 많은 식물조직에 존재한다.

2) 성질

타닌은 뜨거운 물, 냉수에서 교질성 입자를 형성하며 쉽게 확산되고, 주스나 술을 만들 때 과즙에 잘 용출된다. 타닌은 여러 가지 금속이온과 복합염을 잘 형성하며, 회색, 갈색, 흑청색 등을 띤다. 차나 커피를 경수로 타면 액체의 표면에 갈색 또는 적갈색의 침전을 형성하는 것은 이 때문이다.

한편, 과일이 익어감에 따라 타닌은 산화되어 안토시아닌 또는 안토크산틴으로 변하기도 하고, 중합되어 불용성 물질로 변하므로 과일 중 타닌의 양은 감소되어 떫은맛과 쓴맛을 나타내는 것은 타닌에 의한 수렴성(收斂性, astringency)에 의한 경우가 대부분이다.

8-3 동물성 색소

동물성 식품의 대표적인 색소는 근육의 미오글로빈과 혈액의 헤모글로빈으로 모두 붉은색이다. 그러나 육류 가공 시에는 혈액을 제거하므로 실제로 육색은 미오글로빈의 색소가 중요한 영향을 미친다.

8-3-1 미오글로빈

미오글로빈은 동물체 내의 산소저장체로 작용하고 헤모글로빈은 산소의 운반체로 작용한다. 육조직에 미오글로빈의 양은 나이가 많아짐에 따라 증가하며 쇠고기의 경우 송아지는 1～3mg/g, 늙은 소의 경우 16～20mg/g 정도 함유되어 있다.

1) 미오글로빈의 구조

미오글로빈은 동물의 육색소로 헴 1분자와 글로빈 1분자가 결합한 색소로 분자의 중심부에 철이온이 단백질인 글로빈의 히스티딘기 질소원자와 결합하여 착염을 형성한다.

2) 미오글로빈의 성질

(1) 산소화와 산화 신선한 육류의 색인 미오글로빈(myoglobin, Mb+Fe^{2+})은 적자색을 나타내나, 공기와 접촉되면 분자상의 산소와 결합하여 선홍색의 옥시미오글로빈(oxymyoglobin, O_2−Mb)으로 되는데 이를 산소화(oxygenation)라 한다.

O_2−Mb은 공기 중에서 육의 중심원자의 페로우스 이온(ferrous ion, Fe^{2+})이 페리 이온(ferric ion, Fe^{3+})으로 서서히 산화되어 갈색의 메트미오글로빈(metmyoglobin, Met−Mb)으로 된다. 이 반응은 가역적으로 메트미오글로빈을 혐기상태로 하면 환원작용으로 다시 미오글로빈으로 돌아간다.

$$\underset{\text{암적색}}{\text{myoglobin}} \underset{\text{환원}}{\overset{\text{산화}}{\rightleftharpoons}} \underset{\text{선홍색}}{\text{oxymyoglobin}} \underset{\text{환원}}{\overset{\text{산화}}{\rightleftharpoons}} \underset{\text{갈색}}{\text{metmyoglobin}} \underset{\text{산화}}{\overset{\text{환원}}{\rightleftharpoons}} \underset{\text{암적색}}{\text{myoglobin}}$$

(2) 가열에 의한 변색 신선한 육류는 적자색 미오글로빈이 선홍색 옥시미오글로빈을 거쳐 갈색 메트미오글로빈으로 되고 계속 가열하면 메트미오글로빈의 단백질부분인 글로빈이 변성을 일으켜 분리되므로 헤마틴(hematin, Fe^{3+}, 갈색~회색)이 유리된다. 유리된 헤마틴은 Cl^{-}와 결합하여 헤민(hemin)이 되고, 헤마틴이나 헤민은 계속하여 산화되어 갈색, 회색, 무색의 각종 산화된 포르피린유도체로 된다.

(3) 육류의 적색 발색 육류를 소금절임(curing)할 때 사용하는 발색제는 질산염(KNO_3, $NaNO_3$)과 아질산염(KNO_2, $NaNO_2$)인데, 질산염은 ① 육류 중의 질산환원균에 의하여 아질산염으로 환원되고, ② 다시 육류 중 글리코겐의 분해로 생성되는 젖산에 의해 유리의 아질산(NO_2)으로 되어, ③ 발색촉진제로 첨가한 아스코르빈산(ascorbic acid)에 의해서 다시 환원되면 산화질소(-NO)가 미오글로빈의 Fe^{2+}에 의해서 니트로소기가 결합하여 가열에도 안정한 선홍색의 니트로소미오글로빈(nitrosomyoglobin, NO-Mb)이 생성된다. 또한 니트로소기가 헤모글로빈에 결합하면 선홍색의 니트로소헤모글로빈(nitrosohemoglobin, NO-Hb)이 생성된다.

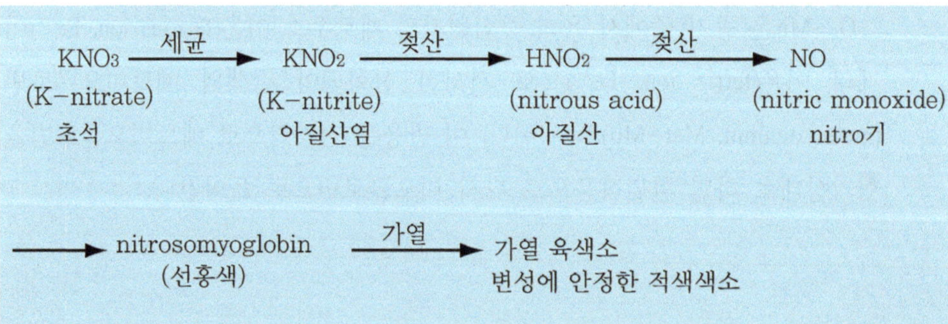

(4) 저장 중의 변색 도살 후 방랭이 불충분한 육류를 저장하면 혐기적인 환경으로 이상발효되어 보수성·결착성이 나쁘고 이취를 갖게 되어 식미가 저

하되는 적동색의 육이 있는데, 이는 15℃로 예랭한 후 0~2℃로 냉장하면 방지할 수 있다.

소시지의 녹변은 ascorbic acid 첨가, 아질산염의 부족, 락토바실루스(Lactobacillus) 등에 의해 일어나며 산화에 의해 생성되는 녹색 색소도 있다.

8-3-2 헤모글로빈

동물혈액의 붉은 색소, 즉 혈색소는 식용동물을 도살한 후 방혈하므로 육가공품 내 헤모글로빈의 양은 적으나 육류의 색깔에 미치는 영향은 크다. 동물체 내 철 함량의 90%를 차지하며 그 구조는 착염인 헴(heme) 4분자와 단백질인 글로빈(globin) 1분자가 결합한 복합단백질이다. 헴(heme)의 구조는 다음과 같다.

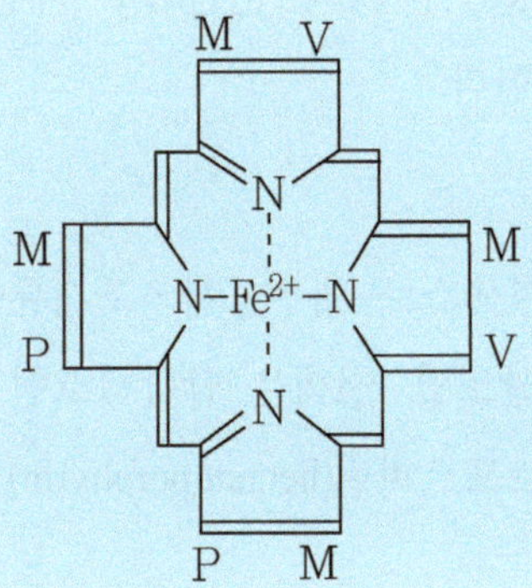

M : methyl group(CH_3−)
V : vinyl group(CH_2 = CH−)
P : propionic acid group
(−CH_2 · CH_2 · COOH)

8-3-3 기타 동물색소

1) 카로티노이드 동물성 식품에도 존재하는 카로티노이드는 식물성 카로티노이드를 섭취한 동물의 육에 의한 것으로 난황은 카로티노이드의 산화형인 루테인(lutein), 루테인의 이성체인 제아크산틴, 크립토크산틴에 의해 황색을 나타내며 크립토크산틴은 비타민 A의 효과가 있다. 우유의 황색, 버터의 황색은 섭취하는 동물사료에서 이행된 것이다.

갑각류인 새우·게 등은 아스타크산틴으로 원래 붉은색이나 단백질과 결합되어 청록~청색을 나타내며 가열하면 단백질이 변성되어 분리되면 아스타크산틴이 유리되고 공기 중에서 더 가열하면 산화되어 짙은 붉은색의 아스타신으로 된다. 연어·송어의 육과 알의 적등색은 카로티노이드계 색소인 살민산(salmenic acid)과 아스타신에 의한다.

2) 형광물질 어류의 눈·우유·알류의 형광을 갖는 황록색은 비타민 B_2인 리보플라빈(riboflavin) 때문이다. 생선의 어피에는 구아닌(guanine)이 존재한다.

3) 담즙색소 헤모글로빈이 산화·환원되어 포르피린환이 열리면 피롤환 4개를 갖는 쇄상배열로 되어 있는 황색의 빌리루빈(bilirubin)이 담낭 내에서 탈수소된 녹색 빌리베르딘(biliverdin)으로 장내세균에 의해서 환원 → 산화되면 유로빌린(urobilin), 스테르코빌리노겐(stercobilinogen)이 되어 분변으로 배출된다. 어류 중 꽁치비늘의 청색은 빌리베르딘에 의한다.

4) 그 외의 색소

헤모시아닌은 구리를 함유하는 청색의 혈색소로 새우·게·조개류에 존재하며 어피의 흑색은 멜라닌(melanin), 홍색은 크산토필, 청색은 담즙색소인 빌리베르딘에 의하고 패류껍질의 청, 녹, 흑색은 헤마토포르피린(hematoporphyrin)과 프로토포르피린(protoporphyrin)이 들어 있다.

어육의 선도저하 또는 황화수소 생성균이 번식하여 황화수소가 생성되면 헤모글로빈, 미오글로빈과 결합하여 어육의 녹변을 일으킨다.

단 원 정 리

① 식품의 색은 식욕을 촉진시킬 뿐만 아니라 식품의 품질을 결정하기도 하는데, 식품을 구성하는 본연의 성분물질에 의하여 유래된다.

② 식품의 색은 식품재료에 따라 식물성 색소와 동물성 색소로 분류하고, 용해성에 따라 지용성 색소와 수용성 색소로 분류하며, 화학구조에 따라 테트라피롤 유도체, 이소프레노이드, 벤조-감마-피란 유도체, 가공색소 등으로 분류한다.

③ 식물성 색소에는 엽록소, 카로티노이드계 색소, 안토크산틴, 안토시안, 타닌류가 있다. 엽록소는 녹색색소로 테트라피롤환을 이루어 포르피린의 N와 Mg이 결합한 착화합물이고, 카로티노이드계 색소는 황색, 오렌지색, 적색 등의 색소로 이소프렌 단위가 중합한 테트라테르펜의 기본구조를 갖고 $C_{40}H_{56}$의 탄화수소인 카로틴과 아들의 약산화물인 크산토필이 있다. 안토크산틴은 녹엽, 과피, 꽃 등에 존재하는 담황색~황색을 띠는 색소이고, 안토시안은 딸기, 포도, 가지 등의 과채류와 꽃의 빨간색, 자색, 청색의 색소이며, 타닌류는 식물에 널리 함유된 무색의 색소로 산화생성물은 짙은 갈색, 흑색을 나타낸다.

④ 동물성 색소에는 미오글로빈, 헤모글로빈, 카로티노이드계 색소가 있다. 미오글로빈은 육색소로 헴 1분자와 글로빈 1분자가 결합한 색소이고, 헤모글로빈은 혈색소로 헴 4분자와 글로빈 1분자가 결합한 색소이다. 난황, 우유, 버터, 새우, 게 등은 카로티노이드계 색소이며, 그 외에도 형광물질, 담즙색소, 헤모시아닌, 멜라닌 등이 있다.

제9장 식품의 갈변

식품의 가공 · 저장 · 조리 중에 고유의 색깔이 각종 인자들에 의하여 변색을 일으키거나, 색깔이 없는 성분끼리 서로 반응하여 갈색색소를 만드는 것을 갈변반응(褐變反應, browning reaction)이라 한다.

① 바람직한 변화 : 빛깔과 향미를 증진하는 경우
　예) 홍차, 홍삼, 빵, 커피, 간장, 맥주 등

② 바람직하지 못한 변화 : 외관과 풍미를 나쁘게 하거나, 비타민과 아미노산 등을 변화시켜 품질을 저하시키는 갈변반응
　예) 사과, 분유, 건어불, 양송이 등

식품의 갈변화는 크게 효소적 갈변반응(enzymatic browning reaction)과 비효소적 갈변반응(nonenzymatic browning reaction)으로 나눌 수 있다. 따라서 식품의 조리 · 가공 시 바람직한 변화는 극대화하고 바람직하지 못한 변화는 최소화하는 것이 기본원리이다.

9-1 식품의 효소적 갈변

효소적 갈변은 식물의 조직 중에 함유된 폴리페놀성 물질의 세포가 파괴되어

산화효소인 폴리페놀 산화효소에 의해 조직의 색깔이 갈변화되는 현상이다.

① 과일·채소에 함유된 카테킨, 갈산, 클로로겐산, 티로신 등의 폴리페놀성 화합물을 가진 식물체가 손상되면 일어나는 과정이다.
예) 사과, 배, 바나나, 밤, 감자, 양송이 등

② 효소에 의한 갈변화 반응 : 폴리페놀 산화효소(polyphenol oxidase)와 티로시나아제(tyrosinase)에 의한 갈변으로 나눌 수 있다.

일반적으로 효소적 갈변은 가열처리한 가공식품과 저장식품에서는 효소가 불활성화되기 때문에 일어나지 않고 가열처리하기 전의 과정에서 일어난다.

9-1-1 폴리페놀 산화효소에 의한 갈변

이 효소를 폴리페놀라아제(polyphenolase), 카테콜라아제(catecholase), 디페놀 산화효소(diphenol oxidase)라고도 하는데 이는 Cu를 함유하는 산화효소이다. Cu^{++} 및 Fe^{++}에 의해서 활성화되며 반대로 Cl^{-}에 의해서 억제되는 효소로 카테콜(catechol)이나 그 유도체인 클로로겐산 등이 공기 중의 산소에 의해 그의 유도체가 비효소적으로 산화되고 중합하여 흑갈색의 멜라닌 색소를 형성하는 것은 다음의 구조와 같다.

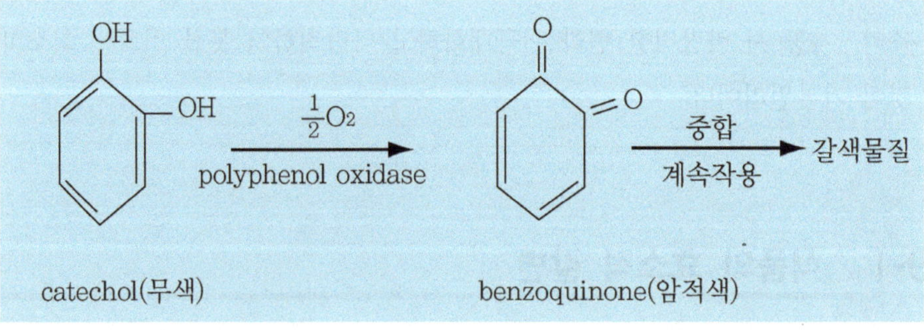

폴리페놀 산화효소의 최적 pH는 5～6, 기질은 클로로겐산, 갈산, 카페인산, 루틴, 케르세틴, 헤스페리딘 등이다.

홍차 발효에 폴리페놀 산화효소를 사용하는 예를 보면 다음과 같다.

① 차엽을 15～20시간 그늘에서 시들시들하게 말린 다음 부드럽게 주물러서 성분을 압출・혼합시켜 20～25℃의 고습도의 발효실에서 차엽의 타닌을 산화시킨다.
② 차엽 발효의 진행으로 카테킨은 감소되고 테아플라빈(theaflavin, 등적색)의 홍차물을 형성한다.
③ 차엽을 위조(萎凋)하는 동안에 비타민 C 대부분이 산화되고 카테킨, 갈로카테킨은 잘 산화되어 활성이 증가한다.

9-1-2 티로시나아제(tyrosinase)에 의한 갈변

티로시나아제도 Cu를 갖는 산화효소로 페놀성 물질에 작용하므로 모노페놀 산화효소(monophenol oxidase)라고도 한다. 과채류 중 특히 감자의 갈변에 크게 작용한다.

감자를 절단하였을 때 감자에 존재하는 티로신이 티로시나아제에 의해 산화되어 DOPA(dihydroxyphenylalanine)를 거쳐 갈색의 멜라닌 색소를 형성하는 과정이다.

그러나 티로시나아제는 Cu^{++}에 의해 활성이 있으나 Cl^{-}에 의해 억제되며, 수용성이므로 감자의 절편을 소금물이나 물에 담그면 갈변이 일어나지 않는다.

9-1-3 효소적 갈변의 억제법

1) 열처리 효소는 단백질로 구성되어 있으므로 가열에 의해서 쉽게 불활성화된다. 과채류 가공 전처리로 데치기(blanching)를 하여 효소를 불활성화한다.

(1) 열처리의 목적

① 산화효소를 파괴하여 가공 중 변색과 변질을 방지한다.

② 원료 중의 외관 및 맛의 변화를 방지한다.

③ 원료의 조직을 부드럽게 하여 담기 조작을 쉽게 하고 감량을 방지한다.

④ 박피를 쉽게 한다.

⑤ 원료를 청결히 한다.

(2) 열처리 정도 생리적 변질을 막는 것을 주목적으로 할 때는 산화효소가 파괴될 수 있는 과일채소의 중심온도가 70~75℃가 되게 하는 것이 표준이다.

2) 최적조건의 변화 폴리페놀 산화효소의 최적 pH는 5.7~6.8이므로 구연산, 아스코르빈산, 염산으로 pH 3.0 이하에서 효소의 활성이 억제되며 갈변을 방지할 수 있다.

- 저온처리는 −10℃ 이하에서는 효소활성이 저하된다. 동결저장은 효소가 완전히 불활성화되지는 않으므로 해동 후에 주의를 요한다.

3) 산소의 제거 효소적 갈변이나 비효소적 갈변 모두 산소가 없으면 일어나지 않는다. 식품을 공기 대신에 CO_2가스, N_2가스 등의 불활성 기체로 충전하면 갈변을 억제할 수 있다. 이는 조직의 용존산소를 제거하여야 완전한 갈변방지가 가능하나 생체조직은 분자 간 호흡을 하므로 알데히드 등이 생성되고 세포의 파괴가 일어나는 생리장애로 조직이 연화되므로 생체식품이 아닌 가공식품의 갈변방지에 적당하다.

- L−아스코르빈산(L−ascorbate), 에리트로빈산(erythrobate) 등을 첨가하면 산소를 제거할 수 있으며 소금물 · 설탕물 등에 담그면 산소 접촉을 막아서 갈변을 방지할 수 있다.

4) 효소의 제거 감자의 티로시나아제는 수용성이며 절단하거나 갈아서 물에 담가 두면 갈변을 방지할 수 있다.

5) 기질의 제거 고구마는 껍질에 기질이 존재하므로 가공할 때 박피 후 물에 담그면 페놀성 화합물에 의한 갈변을 막을 수 있다.

6) 환원제

(1) 아스코르빈산의 첨가 아스코르빈산 같은 환원제는 폴리페놀성 물질의 산화에 의해 형성된 퀴논을 환원하므로 아스코르빈산이 산화되어 디하이드로아스코르빈산(dehydroascorbate)으로 전환될 때까지는 갈변을 방지할 수 있다.

(2) SO_2가스, 아황산염의 이용 폴리페놀라아제(polyphenolase)에 강한 저해작용을 하는 아황산염이 감자 · 사과 · 복숭아 등을 가공할 때 갈변방지제로 이용한다.

SO_2가스는 아황산염보다 과채류에 침투하기 쉬우나 농도조절이 어렵고 부식성이 있어 아황산염을 많이 사용한다. 이들은 비타민 C의 보존효과가 있으나 비타민 B_1, B_2를 파괴한다.

(3) -SH 화합물 아미노산 중 시스테인, 글루타티온 등이 갈변을 방지한다.

(4) 주석산염 통조림의 병에서 용출되어 통조림식품의 갈변을 억제한다.

7) 금속이온의 제거

Fe · Cu 등 금속이온을 제거하고 이들 금속이온이 포함된 용기나 기구를 사용하지 않아야 갈변을 막을 수 있다.

9-2 식품의 비효소적 갈변

비효소적 갈변은 메일라드 반응(maillard reaction), 캐러멜 반응(caramelization), 아스코르빈산 산화반응으로 나누는데 식품에는 이들 3가지 반응에 관여하는 성분이 모두 들어 있으므로 갈변이 발생할 가능성이 있으며, 한 종류의 반응보다는 대부분 혼합하여 일어난다.

9-2-1 아미노카르보닐(amino-carbonyl) 반응

이 반응은 1912년 프랑스의 화학자 메일라드가 아미노산의 글리신과 당의 포도당을 가열하는 과정 중 우연히 갈색색소의 생성을 알고부터 메일라드 반응이라 하였고, 이 반응이 주로 아미노산의 아미노기+당의 카르보닐기가 반응한다 하여 아미노카르보닐 반응이라고 부른다. 또한 반응의 최종산물에 의해 멜라노이딘(melanoidin) 반응이라고도 한다.

아미노카르보닐 반응은 식품에서 색·향·맛에 커다란 영향을 주며 당과 아미노산의 상호작용에 의해서 반응성이 큰 리신 같은 필수아미노산이 파괴되므로 영양가의 손실이 크다.

식품의 예로는 식빵·간장·커피·홍차·캐러멜·오트밀·쿠키 등은 특유의 빛깔·풍미·방향을 얻는다. 다시 강조하지만 간장이나 된장의 착색은 대부분 아미노카르보닐 반응이다. 그러나 지나친 갈변은 불쾌한 변화를 일으킨다.

1) 초기단계

(1) 당과 아미노기의 축합반응 환원당 중 알도스(aldose)인 포도당과 아미노산인 글리신이 중성~산성에서 축합반응을 한다. 이때 5탄당이 6탄당보다 10배나 더 갈변이 잘 된다.

(2) 아마도리(amadori) 전위 앞서 축합된 질소배당체인 글루코실글리신(glucosylglycine)이 산의 작용을 받아 아미노 환원체로 되고 다시 D-프룩토실글리신(D-fructosylglycine)으로 되는 과정을 아마도리 전위라 한다.

(3) D-프룩토실글리신의 생성 아마도리 화합물은 한 개의 과당+한 개의 아민에 다시 한 분자의 당이 결합하여 D-프룩토실글리신이 된다. 이를 중간체라 하나 무색으로 아직 갈변은 일어나지 않는다.

2) 중간단계

(1) 오손(osone)의 생성 아마도리 전위에서 생성된 아미노 환원체가 자동산

화되어 글루코손(glucosone)이 된 후 탈수하여 생성된다. 이 물질은 간장 · 된장 · 청주 · 농축 오렌지주스에서 분리된다.

(2) 하이드록시 메틸 푸르푸랄(hydroxy methyl furfural)의 생성 불포화물질인 (3,4-di-deoxyosone)이 다시 탈수하면 환상의 푸르푸랄 유도체인 HMF(hydroxy methyl furfural)가 산성이 강할수록 다량 생성된다. 중간단계의 생성물은 무색~담황색을 띤다.

3) 최종단계

(1) 알돌(aldol) 축합반응 활성이 강한 카르보닐 물질이 알돌형의 축합반응을 일으켜 분자량이 큰 불포화합물을 생성하고 이들이 다시 아미노산과 축합반응을 계속하므로 점차 분자량이 큰 물질을 생성한다.

(2) 스트레커(strecker) 분해 당과 아미노산의 가열반응에서 $-CO_2$, $-CHO$가 생성되고 아미노산은 산화를 받아 탈아미노와 탈탄산도 일어나 원래의 아미노산보다 C수가 1개 적은 알데히드가 생성되는 반응을 말한다.

(In the structures below, groups printed on vertical bonds are shown in parentheses.)

$$R-CH(NH_2)-COOH \xrightarrow{\frac{1}{2}O_2} \underset{\text{aldehyde}}{RCHO} + NH_3 + CO_2$$

$$\underset{\text{alanine}}{H_2N-CH(CH_3)-COOH} \xrightarrow{\frac{1}{2}O_2} \underset{\text{acetaldehyde}}{CH_3CHO} + CO_2 + NH_3$$

(3) 멜라노이딘(melanoidine) 색소의 형성 HMF 등의 푸르푸랄(furfural), 스트레커(strecker) 반응생성물, 알돌형 축합생성물, 이들의 아미노 화합물과 결합상태에 있는 화합물은 큰 활성물질로 쉽게 상호반응을 하여 중합체를 형성한다.

4) 아미노카르보닐 반응을 촉진하는 인자

(1) 온도의 영향 저온에서는 갈변이 억제되나, 산소가 존재하거나 온도가 10℃ 상승할 경우 갈변이 3~5배 촉진되고, 80℃ 이상은 산소가 없어도 갈변한다.

(2) pH의 영향 pH 3.0 이하에서는 갈변속도가 매우 느리나, pH 3.0 이상에서는 높을수록 갈변속도가 빨라진다. 과당은 pH 3.0 이하에서도 불안정하여 갈변이 일어난다. 수분이 많으면 대체로 캐러멜 반응으로 갈변이 일어나고, 수분이 적고 pH 6.0 이상일 때는 비효소적 갈변반응으로 갈변이 일어난다.

(3) 당의 종류에 의한 영향 환원당은 아미노카르보닐 반응을 일으킨다. 카르보닐형의 존재 비율이 높은 5탄당이 6탄당보다 반응성이 크고 10배 정도 갈변속도가 빠르다. 당류의 멜라닌 생성은 리보스(ribose) > 아라비노스(arabinose) > 자일로스(xylose) > 갈락토스(galactose) > 만노스(mannose) > 포도당 순이 된다.

(4) 아미노 화합물 아미노산의 갈변 순서는 아민 > 리신(ε-amino acid) > 기타 아미노산 > 펩티드 > 단백질이다.

(5) 카르보닐 화합물 이 화합물의 종류별 갈변은 α, β-불포화 알데히드와 푸르푸랄은 갈변되기 쉽고, 케톤은 갈변이 어렵다.

(6) 반응물질의 농도 생성되는 갈색 색소인 멜라노이딘 양은 환원당의 농도에 비례하고 유리아미노기를 갖는 질소화합물의 농도와 반응시간에 각각 비례한다.

(7) 수분·금속·빛에 의한 영향 수분이 10~15%일 경우 잘 일어나며 풍건상태나 완전히 건조하면 반응이 일어나지 않으며 Fe·Cu는 환원체류의 산

화를 촉매하므로 갈변을 촉진하고 자외선도 갈변을 촉진한다.

5) 아미노카르보닐 반응 방지법

이 반응을 억제하는 방법은 다음과 같다. ① 산소 제거, ② 수분감소, ③ 저온저장, ④ pH 감소(3 이하), ⑤ 반응물질 희석, ⑥ 반응물질의 제거(포도당 대신 설탕을 사용), ⑦ 활성물질의 제거(Fe, Cu), ⑧ 갈변방지제인 아황산염을 첨가한다.

9-2-2 캐러멜 반응

캐러멜 반응은 아미노카르보닐 반응과 달리, 아미노물질이나 유기산이 존재하지 않는 상태에서 당을 융점인 180~200℃ 이상으로 가열하면 산화와 분해에 의한 중합·축합으로 갈변물질을 형성하는 반응을 말한다.

① 캐러멜은 간장·된장·합성청주·양주·청량음료·과자류 등의 갈색 착색료로 이용되며, 식품의 색과 풍미에 중요하다.
② 캐러멜 반응에 적당한 pH는 6.5~8.2이며, 자연발생적으로 일어나지 않으며, 산성 또는 알칼리성에 따라서 반응형식이 다르다.

9-2-3 아스코르빈산의 산화 갈변

아스코르빈산은 강한 환원력으로 항산화제, 항갈변제로 이용하나 전체적으로 산화된 후에는 비가역적으로 산화방지제, 갈변방지제의 기능을 상실하고 갈변반응에 관여한다. 아스코르빈산에 의한 산화갈변은 오렌지·포도의 과즙이나 분말에서 갈변의 원인이 된다.

단원정리

① 식품의 가공, 저장, 조리 중에 고유의 색깔이 각종 인자들에 의하여 변색을 일으키거나, 색깔이 없는 성분끼리 서로 반응하여 갈색 색소를 만드는 반응을 갈변반응이라 한다. 갈변반응은 효소적 갈변반응과 비효소적 갈변반응으로 나눌 수 있다.

② 효소적 갈변은 과일, 채소에 함유된 카테킨, 갈산, 클로로겐산, 티로신 등의 폴리페놀성 화합물을 가진 식물체가 손상되면 일어나는 과정으로 폴리페놀 산화효소와 티로시나아제에 의한 갈변으로 나눌 수 있다.

③ 비효소적 갈변은 메일라드 반응, 캐러멜 반응, 아스코르빈산 산화반응으로 나누는데 식품에는 이들 3가지 반응에 관여하는 성분이 모두 있으므로 갈변이 발생할 가능성이 있으며, 한 종류의 반응보다는 대부분 혼합하여 일어난다.

제10장 식품의 냄새

식품은 자체에 함유된 미량성분에 의하여 고유의 냄새를 갖고 있으며 이는 빛깔이나 맛과 함께 식품의 기호적 가치와 품질을 결정하는 데 매우 중요한 요소이다.

① 식품의 냄새와 조화로운 감각의 맛을 풍미(風味, flavor)라고 한다.

② 냄새의 표현이 우리나라는 단순하여 향기나 불쾌취로 나타내지만 영어식 표현은 다양하다.

가. 오더(odor) 취각을 자극하는 물질

나. 아로마(aroma), 프레이그런스(fragrance) 쾌감을 주는 냄새나 향료

다. 스멜(smell), 스팅크(stink), 맬로더(malodor) 불쾌한 냄새

라. 퍼퓸(perfume) 유익한 향료

③ 냄새 분석하는 방법 식품에 냄새 함량이 적고 구조도 복잡하고 분자량이 적어서 변화되기 쉬우므로, 그들의 본체를 구명하기가 매우 어렵고 곤란하다. 즉 냄새성분으로 알려진 약 200만 가지 중에서 약 10% 정도가 알려진 정도이다.

식품의 냄새를 느끼는 감각을 취각이라 하며, 식품의 냄새는 코나 구강을 통해 비공상층부에 있는 취세포의 리포이드(lipoid) 층에 휘발성분이 녹아서 취각신경이 화학적 자극을 받아 중추신경에 전달되어 일어난다. [그림 10a~b]는 냄새를 느끼는

데 관여하는 기관들이다.

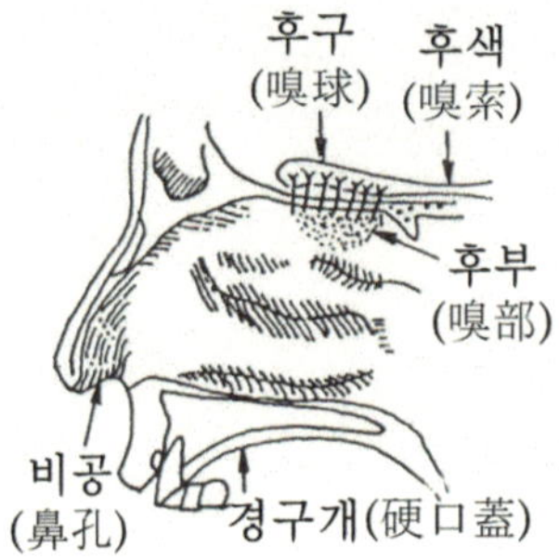

[그림 10a] 냄새를 수용하는 취점막부

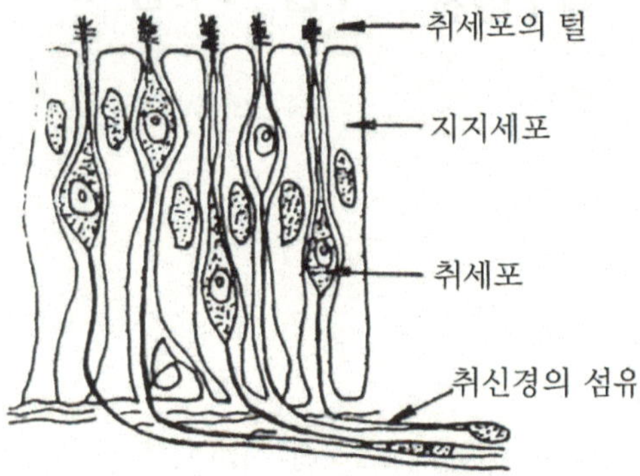

[그림 10b] 취점막의 상피

10-1 냄새의 종류와 분류

10-1-1 냄새와 화학구조

식품에 냄새를 갖게 하는 냄새의 특성은 대체로 다음과 같다.

① 방향족 화합물은 냄새가 좋고 강하며 지방족 화합물은 약하다. 이중결합은 냄새가 강하고, 삼중결합의 지방족 화합물은 냄새가 좋지 않다.

② 측쇄가 $-CH_3$, $-C_2H_5$, $-C_3H_7$, $-C_4H_9$, $-C_5H_{11}$까지는 방향을 갖고, $-C_6H_{13}$ 이상은 무취이다.

③ 나프탈렌(naphthalene) 핵은 β-유도체만 방향성이며, α-유도체는 무취이거나 냄새가 적다.

④ 저분자 지방족 알코올은 C_{10}까지는 냄새가 좋고 $C_{8\sim9}$은 특히 방향을 나타낸다. 3급 알코올은 장뇌냄새를 나타낸다.

⑤ 탄소사슬이 짧은 저급 지방산 에스테르는 강한 악취를 나타내지만 탄소사슬이 길어지면, 즉 C_{16} 이상의 지방산은 냄새가 약하다.

10-1-2 냄새의 역치와 피로 및 조화

1) 냄새의 역치 냄새의 역치(閾値, threshold value)는 맛의 역치보다 1만 배 이상 예민하다. 취각세포는 ppm(parts per million), ppb(parts per billion, 10억 분의 1단위)의 미량도 감지할 수 있다. 식용유지는 1ppm 정도에서 산패취를 나타내며 식품의 향기와 그 역치는 <표 10-1-2a>와 같다.

〈표 10-1-2a〉 식품별 향기성분과 역치향기성분의 역치

식품	향기농축물량(ppm)	향기성분	수용액	1ℓ 공기 중(×10^{-6}g)
딸기	1~8	acetone	500	4
포도	1.5	η-butanol	-	1
바나나	40~100	methyl salicylate	0.1	0.5
녹차	150	dimethyl sulfide	0.012	0.002
쇠고기	18	methyl mercaptan	0.002	0.00004

2) 냄새의 피로와 소멸 동일한 냄새성분을 장시간 맡으면 취각신경의 피로 또는 소멸에 의해서 그 냄새를 느끼지 못하는 현상으로 냄새를 느낀 후 1~10분 동안 일어나며 다시 그 냄새를 느끼려면 1~10분이 지나야 가능하다.

3) 냄새의 조화 냄새가 조화되지 않은 예는 홍차와 화장품 냄새가 있고, 냄새가 조화되는 예로는 홍차와 레몬, 고기와 후추가 있다.

10-1-3 식품 냄새의 종류

냄새들은 식품을 구성하는 중요한 요소로 외형적인 품질과 기호적인 가치를 결정하는데 기여한다.

헤닝(Henning)은 이를 6원향으로 분류하였는데 이는 다음과 같다.

① 향신료향 예) 마늘, 생강 등

② 꽃향 예) 장미, 매화 등

③ 과일향 예) 사과, 배 등

④ 수지향 예) 송정유, 테르펜(terpene)유 등

⑤ 썩은 냄새 예) 썩은 고기 냄새 등

⑥ 탄 냄새 예) 커피, 캐러멜 등

10-2 식물성 식품의 냄새성분

10-2-1 에스테르

과일류의 주된 냄새성분으로 탄소수 10개 이하인 화합물은 대부분 과일향이며 분자량이 커지면 향기가 진해져 꽃향으로 되며, 벤젠(benzene) 핵을 함유하여도 꽃향이 강해진다. 중요한 식품의 에스테르 향은 <표 10-2-1a>와 같다.

〈표 10-2-1a〉 중요한 식품의 에스테르 향

ester	구조식	함유식품
amyl formate	$HCO \cdot O \cdot CH_2(CH_2)_3CH_3$	사과, 복숭아
isoamyl formate	$HCO \cdot O \cdot CH_2CH_2CH_3\Big\langle{}^{CH_3}_{CH_3}$	배
ethyl acetate	$CH_3CO \cdot O \cdot CH_2CH_3$	사과, 파인애플
isoamyl acetate	$CH_3CO \cdot O \cdot CH_2CH_2CH\Big\langle{}^{CH_3}_{CH_3}$	사과, 배, 바나나
methyl butyrate	$CH_3CH_2CH_2CO \cdot O \cdot CH_3$	배, 파인애플
methyl valerate	$CH_3CH_2CH_2CH_2CO \cdot O \cdot CH_2CH_3$	청주, 파인애플

isoamyl isovalerate	$(CH_3)_2CHCH_2CO \cdot O \cdot CH_2CH_2CH(CH_3)_2$	바나나
methyl cinnamate		송이버섯
sedanolide	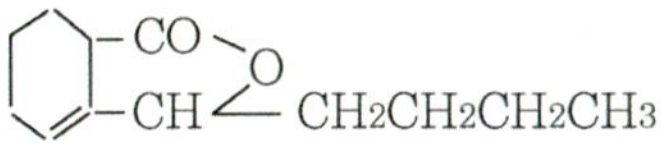	셀러리
apiol	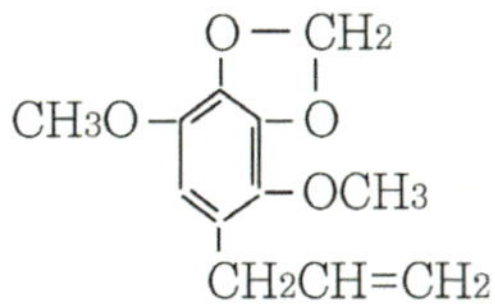	파슬리

10-2-2 알코올

과일·채소의 풋내는 청엽 알코올이며 탄소수 5 이하의 알코올은 과채류의 향기성분이다.

〈표 10-2-2a〉 중요한 식품의 알코올 향기

alcohol	구조식	함유식품
ethyl alcohol	CH_3CH_2OH	주류
propanol	$CH_3CH_2CH_2OH$	양파, 배
amylalcohol (pantanol)	$CH_3CH_2CH_2CH_2CH_2OH$	감자
β, γ-hexenol	$CH_3CH_2CH{\equiv}CHCH_2CH_2OH$	채소의 푸른 잎, 찻잎
1-octen-3-ol	$CH_3(CH_2)_4CHOHCH{\equiv}CH_2$	송이버섯
2,6-nonadienol	$CH_3CH_2CH{\equiv}CH(CH_2)_2CH{\equiv}CHCH_2OH$	오이
furfuryl alcohol	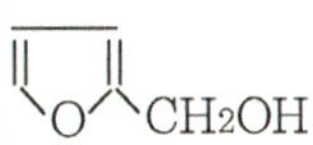	커피
eugenol	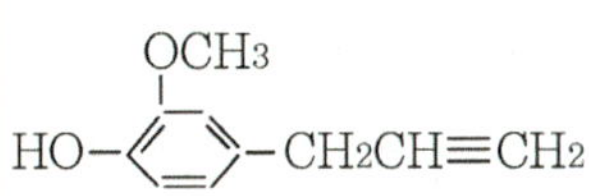	계피

10-2-3 카르보닐 물질

지방족 알데히드는 유제품·육류의 냄새와 관계있고 C_6~C_9의 알데히드는 유지 산화로 형성된 산패취의 원인물질이며, 방향족 알데히드는 진한 냄새를 가지며 지방족 케톤은 과일향을 나타내나 케톤기를 2개 갖는 디아세틸(diacetyl)은 발효유제품의 향기성분이다. 중요한 식품의 카르보닐 화합물은 <표 10-2-3a>와 같다.

〈표 10-2-3a〉 식품의 카르보닐 화합물

carbonyl	구조식	함유식품
hexenal	$CH_3CH_2CH_2CH{\equiv}CHCHO$	차엽, 녹엽
benzaldehyde	C_6H_5CHO	아몬드
cinnamic aldehyde	$C_6H_5CHO{\equiv}CHCHO$	육계향
vanillin	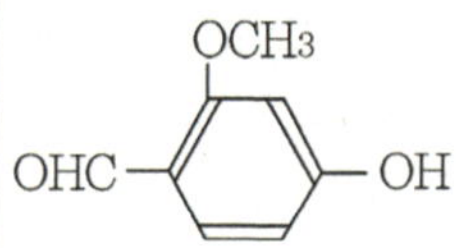	바닐라

10-2-4 정유류

정유류는 식물의 꽃·잎 등을 증류하여 얻는 방향성분으로 이소프렌(isoprene)이 2분자 또는 그 이상이 중합한 형태로 테르펜(terpene)류 및 그 유도체를 정유테르펜이라 한다. 일반적으로 향기와 매운맛을 갖는다.

10-2-5 유황화합물

채소류 중 잎과 뿌리에 함유된 S-화합물은 향기성분이기도 하며 악취와 특유의 매운맛을 나타낸다. 그러나 미량 존재하면 식품의 향기를 크게 상승시키고 품질향상에 도움이 된다. 식품의 향기성분으로 알려진 유황화합물은 <표 10-2-5a>와 같다.

〈표 10-2-5a〉 유황화합물의 향기성분

종 류	구조식	함유식품
methylmercaptan	CH_3SH	무, 순무
propylmercaptan	$CH_3CH_2CH_2SH$	양파
dimethylmercaptal	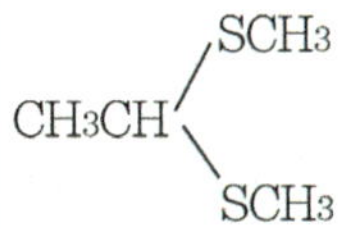	단무지
S-methylcysteine sulfoxide	$CH_3-S(=O)-CH_2-CH(NH_2)-COOH$	양배추, 순무
methyl-β-methylmercaptopropionate	$CH_3SCH_2CH_2COOCH_3$	파인애플
β-methylmercaptopropylaldehyde	$CH_3SCH_2CH_2CH_2CHO$	간장
β-methylmercaptopropylalcohol	$CH_3SCH_2CH_2CH_2OH$	된장
furfurylmercaptan	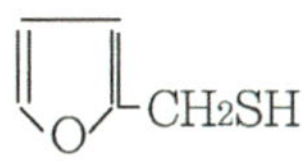	커피
alkylisothiocyanate	R−N≡C≡S	겨자, 무, 고추냉이
dimethyl sulfide	CH_3SCH_3	김, 파래

10-2-6 페놀류

훈증식품의 제조 중 사용되는 목재에서 유래되는 특유의 향과 살균작용이 있어 이를 식품가공에 이용한다.

10-3 채소류의 냄새

채소류의 냄새는 에스테르, 알데히드, 케톤, 산 등의 냄새성분 이외에 휘발성분인 유황화합물 및 H_2S 등과 같은 분해생성물들에 의한 것으로 특유한 향과 신선한 냄새를 주어 식욕을 촉진한다.

10-3-1 무의 냄새

무의 매운맛을 갖는 냄새는 이소티오시아네이트(isothiocyanate)류가 90%를 차지하고 나머지는 알릴 이소티오시아네이트(allyl isothiocyanate), 디메틸 디설파이드(dimethyl disulfide) 등이 형성한다.

10-3-2 양배추의 냄새

무, 배추, 양배추 등은 십자화과인 브라시카(*Brassica*)속 식물의 냄새는 휘발성 S 물질인 이소티오시아네이트류를 함유하여 특유의 향을 갖는데 이는 티오글루코시드(thioglucoside)에서 유래된다. 이소티오시아네이트가 가수분해하면 카르보닐설파이드, H_2S, CS_2 등이 생성되며, 설파이드류는 수많은 유황화합물에서 유래된다.

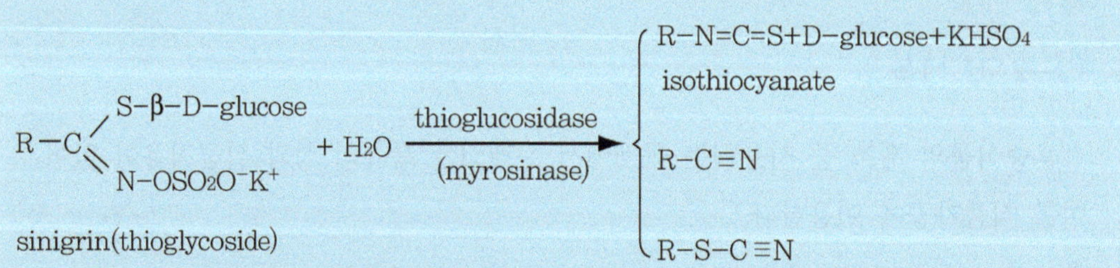

10-3-3 오이의 냄새

오이의 냄새에는 주로 2,6-노나디에날(2,6-nonadienal) 등이 함유되어 있다.

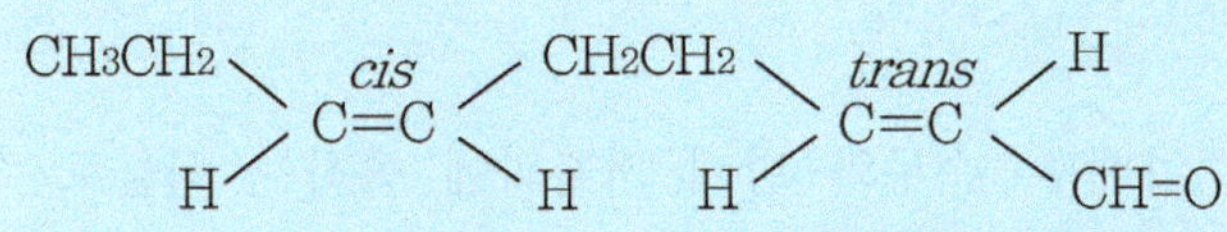

2,6-nonadienal

10-3-4 토마토의 냄새

토마토의 냄새는 주로 휘발성 산류와 메틸 알코올로 형성되고 그 외에 아세트알데히드(acetaldehyde), 에틸아세트산(ethyl acetate), 이소발레르알데하이드(isovaleraldehyde) 등의 휘발성 성분으로 이루어져 있다.

10-3-5 당근의 냄새

당근의 냄새에는 주로 알데히드류인 헵탄알(heptanal), 옥탄알(octanal) 등이 있고, 텔페노이드류 등이 있다.

10-3-6 버섯류의 냄새

버섯류의 독특한 냄새는 렌티오닌(lenthionine)이며, 송이버섯은 1-옥텐-3-올(1-octen-3-ol)이다.

10-3-7 마늘과 파와 양파의 냄새

알리움(*Allium*속)의 마늘 · 파 · 양파의 정유에는 주로 디알릴 디설파이드(diallyl disulfide), 디알릴 설파이드(diallyl sulfide), 디알릴 트리설파이드(diallyl trisulfide), 디비닐 설파이드(divinyl sulfide) 등의 휘발성 유황화합물이 있다.

마늘과 양파는 알리인(alliin)이 알리나아제(allinase)의 작용을 받아서 알릴설핀산(allylsulfinic acid)과 알릴메르캅탄(allylmercaptan)으로 된다. 즉, 마늘의 알리인으로부터 알리신이 생성된다.

10-3-8 겨자의 냄새

겨자는 배추, 양배추, 순무와 함께 겨자과에 속하는 식물로 흑겨자(*Brassica nigra*)와 백겨자(*Brassica alba boiss*)로 나누는데 겨자에는 배당체인 글루코시놀레이트(glucosinolate)와 티오글루코시드(thioglucoside)가 냄새성분의 전구체로 작용한다.

① 흑겨자는 시니그린(sinigrin)이 파쇄되면 조직 내 효소인 티오글루코시다아제(thioglucosidase)에 의해 가수분해되어 자극성의 알릴이소티오시아네이트(allylisothiocyanate)나 알릴니트릴(allylnitrile)을 생성한다.

② 백겨자는 신알빈(sinalbin)의 파쇄로 p-하이드록시벤질 이소티오시아네이트(p-hydroxybenzyl isothiocyanate)를 생성한다.

10-3-9 셀러리(celery)의 냄새

셀러리의 냄새에는 주로 에스테르류인 세다놀리드(sedanolide) 등이 있다.

10-3-10 참깨의 냄새

참깨의 냄새는 볶은 온도에 따라서 향기 생성이 다르며 주로 카르보닐 화합물, 아세트알데히드, 프로피온알데히드(propionaldehyde), 디아세탈, 푸르푸랄 등이 있다.

10-3-11 차의 냄새

차는 발효차인 홍차, 비발효차인 녹차, 반발효차인 오룡차(우롱차)로 구별하는데 차의 향기성분은 280여 종 이상으로 알려져 있다.

1) 녹차 찻잎의 정유량은 생엽에서 0.005~0.02%, 녹차에서 0.02% 존재하며, 생엽에서 벤질알코올, 리날로올(linalool), 메틸 살리실산(methyl salicylate) 등이 존재하며, 가열하면 리날로올은 감소하나 벤질 아세트산(benzyl acetate)은 증가한다.

2) 홍차 홍차의 냄새는 약 0.02%이며 발효 및 볶는 과정에서 여러 화합물(*trans*−2−hexenal, phenyl acetaldehyde, caproic acid)이 증가하고 메틸 살리실산은 감소한다.

10−3−12 커피의 냄새

커피의 냄새는 150여 종 이상이나 주로 푸르푸릴 메르캅탄(furfuryl mercaptan) 등이다.

10−3−13 코코아의 냄새

코코아콩을 볶는 과정 중 코코아에 함유된 아미노산과 당류의 메일라드 반응에 의해서 형성되는데 약 20여 종 이상이 보고되고 있으나 주로 아밀 프로피네이트(amyl propionate) 등이다.

10-4 동물성 식품의 냄새

10−4−1 어육의 냄새

어류에 존재하는 TMAO(trimethylamine oxide)가 사후 선도저하와 함께 세균의 환원작용으로 TMA(trimethylamine)이 되어 해수어의 비린내를 갖게 된다.

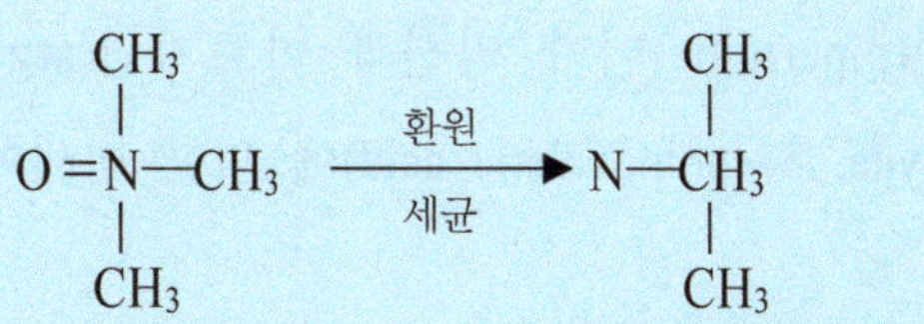

TMAO(단맛) TMA(비린내)

어류의 TMAO 함량은 <표 10-4-1a>와 같이 담수어에는 TMAO가 적으나 해수어에는 많고 특히 연골어에 그 함유량이 많다.

〈표 10-4-1a〉 어류의 트리메틸아민옥사이드 함량 (단위 : mg%/100g)

어 종	TMAO 함량
담 수 어	4~6
해 수 경 골 어	40~100
해 수 연 골 어	700~900

TMA는 선도가 저하될수록 증가하므로 어류의 선도를 판별할 수 있는데 1μg에서 맛이 저하되고, 2~3μg 정도이면 부패이다. TMA와 같이 초기 부패 측정에 이용되는 휘발성 염기질소는 <표 10-4-1b>와 같다.

〈표 10-4-1b〉 휘발성 염기질소에 따른 선도 판정 (단위 : mg%/100g)

휘발성 염기질소의 양	선도 판정
5~10	신선 어육
10~20	시판 어육
30~40	초기 부패
50 이상	부패 생선

담수어는 TMAO가 거의 없으나 비린내는 어체의 리신(lysine)에 세균이 작용하여 생성된 피페리딘(piperidine)이나 리신과 아르기닌(arginine)에서 형성된 물질(δ-aminovaleraldehyde, δ-aminovaleric acid)에 의한 냄새이며 그 과정은 다음과 같다.

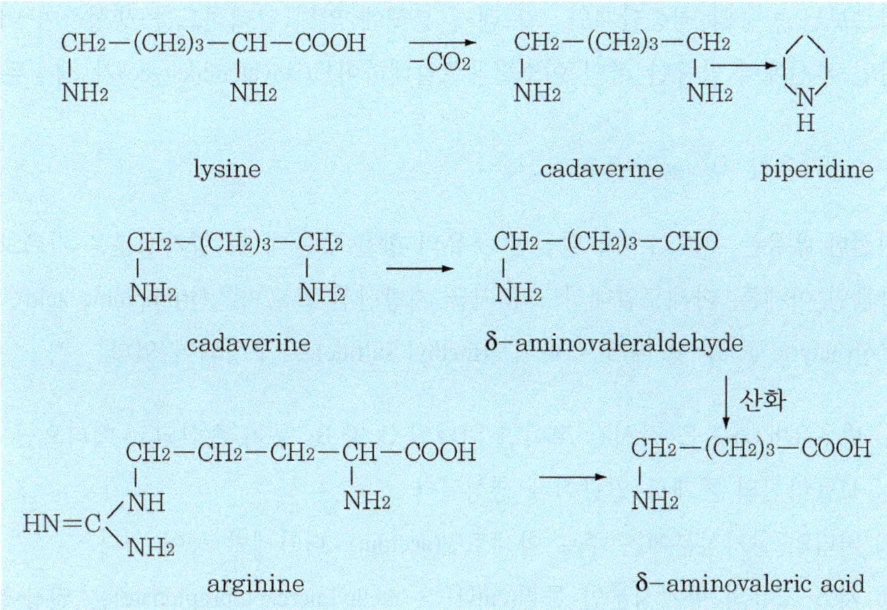

어류나 육류의 암모니아 자극취는 육류나 연골어인 상어나 홍어에 2% 정도 함유된 요소가 세균에 의해 분해되어 암노니아가 발생하여 선도저하취를 형성한다.

어육이나 수육이 부패하면 메딜 메르캅탄(methyl mercaptan), 유화수소(H_2S), 인돌(indole), 스카톨(skatole) 등이 생성된다. 이들 물질은 아미노산에서 세균으로 형성된 염기성이므로 산으로 처리하면 약한 냄새는 제거할 수 있다. 산업적 응용은 생선회에 식초를 사용하며, 어취 탈취에는 생강 · 파 등이 사용된다.

10-4-2 수육의 냄새

신선한 생고기의 냄새는 주로 아세트알데히드(acetaldehyde)이며 선도가 저하되면서 역겨운 냄새를 갖게 되는데 육류의 냄새성분은 다음과 같다. ① 단백질 및 분해산물에서 유래되는 휘발성 아민류, ② 지질에서 유래되는 휘발성 지방산, ③ 아민과 휘발성 지방산에서 유래되는 카르보닐 화합물, ④ 단백질 · 아미노산에 세균이 작용하여 생성되는 H_2S, 암모니아, 메르캅탄, ⑤ 식품을 조리 · 가공할 때 아미노카르보닐 반응의 최종단계인 스트레커 분해에 의해 알데히드를 생성하며 아미노산인 루신에서 달콤한 향인 이소발레르알데하이드(isovaleraldehyde)가 생성된다.

10-4-3 우유 및 유제품의 냄새

신선한 우유는 부드러우며 달콤한 특유의 향을 갖는데 그 향기성분은 카르보닐 화합물인 아세톤, 아세트알데히드와 저급 지방산인 프로피온산(propionic acid), 부티르산(butyric acid) 및 메틸 설파이드(methyl sulfide)로 구성되어 있다.

① 병우유에 태양을 장시간 쪼이면 비타민 C 및 B_2 등이 손실되고 메티오닌, 리보플라빈의 존재로 일광취가 생성된다.
② 버터의 향기성분에는 주로 아세토인(acetoin), 디아세탈 등이 있다.
③ 치즈 고유의 향기성분인 물질(ethyl-β-methylmercaptopropionate)은 된장에도 존재하며 아미노산인 메티오닌으로부터 생성된다.

10-5 냄새의 변화

10-5-1 효소에 의한 냄새의 생성

엽채류나 근채류는 전구체들이 효소에 의해 휘발성 향기성분을 생성하며, 가열로 향이 손실되나 잔존 향기 전구체에 효소가 작용하여 향이 있는 가공·조리식품이 되게 한다. 예를 들면 ① 겨자의 시니그린에 분해효소인 미로시나아제(myrosinase)가 작용하여 매운 향인 알릴이소티오시아네이트를 생성한다. 또한 ② 아스파라거스(asparagus)는 효소작용으로 디메틸 설파이드가 생성된다. ③ 바나나, 서양배를 후숙하면 향기가 진해지는 것도 효소에 의한 향기성분의 증가로 볼 수 있다.

10-5-2 가열에 의한 냄새의 생성

1) 우유의 가열취 우유를 가열하면 단백질의 열변성으로 활성화된 -SH기에 의해 유리되는 H_2S, 스트레커 분해로 생성되는 카르보닐 화합물, 지질의 가수분해로 생성되는 케톤(ketone)류, 락톤(lactone)류의 혼합 우유를 가열할 때 나타나는 냄새이다.

2) 메일라드 반응에 의한 냄새 아미노산과 당을 가열하면 스트레커 분해반응으로 피라진(pyrazine)류를 생성한다. 피라진은 냄새의 역치가 낮아 미량에서도 가열향을 느낄 수 있다. 보리차 · 커피 · 땅콩 · 볶은 참깨 등의 주된 향기성분이다.

3) 아미노산의 종류에 의한 냄새 제빵 시 아미노산은 빵의 향을 향상시킬 수 있으며 아미노산의 종류에 의한 향기의 차이는 <표 10-5-2a>와 같다.

〈표 10-5-2a〉 아미노산 종류에 의한 향기

아미노산의 종류	향기의 정도
leucine, valine, lysine, proline	좋은 향기
cystine, tryptophan	특이취
glutamic acid	약간 불쾌한 냄새

4) 어육의 구이냄새 어육의 구이냄새는 지방류, 피페리딘, TMA, 조미료의 반응으로 생성되며 특히 오징어는 타우린과 혼합되어 나타난다. 생선을 지나치게 구우면 글리세롤이 분해하여 자극적인 냄새를 갖는 아크롤레인(acrolein)을 생성한다.

5) 채소 및 해조류의 가열에 의한 냄새 양배추나 아스파라거스를 삶을 때와 해조류를 끓일 때 또는 김을 구울 때 발생하는 디메틸 설파이드의 향기는 디메틸 프로피오테틴(dimethyl propiothetin)의 분해로 생성된다.

6) 밥의 향기 갓 지은 밥의 식욕 촉진은 암모니아, 아세트알데히드, 아세톤 등이 주성분이고 미량의 H_2S가 존재한다.

7) 빵의 향기 빵은 발효와 굽기 과정에서 향기성분을 생성하는데 효모는 알코올과 유기산을 생성하나 발효가 지나치면 향기가 감소한다. 발효과정에서는 아세토인이 산화되어 디아세탈이 생성된다. 아미노카르보닐 반응으로 빵 향기와 외피 색을 만들어준다.

10-5-3 발효식품의 향기

식품이 발효되면 미생물이 갖는 효소에 의해 특유의 향을 갖는데 그 예로 청주 · 맥주 · 포도주 · 간장 · 된장 · 김치 등은 그 재료 중에 당질 · 단백질 · 아미노산 등이 효소에 의해 유기산, 알코올, 에스테르, 케톤 등이 혼합된 향이다. 예를 들면 간장의 푸르푸랄, 말톨(maltol)은 당질을 불에 구워서 생기는 구운 냄새로 식빵의 굽는 냄새와 같은 것이다.

10-5-4 훈연에 의한 냄새

훈연에 사용하는 목재나 톱밥의 성분이 열분해하여 생성한 메탄올, 포름알데히드(formaldehyde), 아세트산, 페놀, 피리딘 유도체에 의해 강렬한 특유의 향이 식품성분과 결합하여 살균력이 강한 특유의 향을 형성한다.

단원정리

① 식품은 자체에 함유된 미량성분에 의하여 고유의 냄새를 갖고 있으며 색이나 맛과 함께 식품의 기호적 가치와 품질을 결정하는 데 매우 중요한 요소이다.

② 냄새의 역치는 맛의 역치보다 1만 배 이상 예민하며, 동일한 냄새성분을 장시간 맡으면 취각신경은 쉽게 피로(소멸)하게 된다.

③ 식물성 식품의 냄새성분에는 에스테르(ester), 알코올(alcohol), 카르보닐(carbonyl) 물질, 정유류, 유황화합물, 페놀류 등이 있다.

④ 동물성 식품 중 어육의 냄새성분은 트리메틸아민(해수어), 피페리딘(담수어) 등이며, 육류의 냄새성분은 단백질 및 분해산물에서 유래되는 휘발성 아민류, 지질에서 유래되는 휘발성 지방산, 아민과 휘발성 지방산에서 유래되는 카르보닐 화합물, 단백질과 아미노산에 세균이 작용하여 생성되는 H_2S, 암모니아, 메르캅탄 및 식품을 조리·가공할 때 아미노카르보닐 반응에 의해 생성된 물질 등이다. 신선한 우유는 아세톤, 아세트알데히드, 프로피온산, 부티르산 및 메틸 설파이드 등이다.

⑤ 냄새는 효소, 가열, 발효 및 훈연에 의해 변화된다.

제 11 장 식품효소와 산업

11-1 효소의 성질

효소는 생체세포에서 만들어져 촉매작용을 가지는 활성단백질이다. 생체세포는 효소를 함유하고 있으므로 신선한 식품에서는 이들 효소가 활동을 계속하여 식품성분을 바람직하게 변화시키기도 하고, 바람직스럽지 못한 변화를 하기도 한다. 식품의 저장 · 가공 · 발효 · 부패 등이 일어나는 과정에서도 식품 자체의 효소 외에 미생물이 분비한 효소가 작용하여 식품의 성분변화에 중요한 이유가 되기도 한다.

효소의 본체는 ① 단순단백질로 구성되는 경우, ② 단순단백질과 비단백질 부분이 결합하여 복합단백질로 구성되는 경우인데, 후자의 것을 완전효소(holoenzyme)라고 하며, 이 완전효소에서 단순단백질의 부분을 탈리효소(apoenzyme)라 하고, 비단백질 부분이 쉽게 해리될 때는 조효소(coenzyme)라고 하며, 해리되지 않을 때를 접합단(prosthetic group)이라 한다.

식품산업에 효소를 이용하는 경우는 다음과 같다. ① 육류 · 치즈 · 된장의 숙성과 같이 식품 중의 효소작용을 이용하는 경우, ② 식품의 선도유지 및 변색방지를 위해 식품 중의 효소작용을 억제하는 경우, ③ 효소를 가공식품에 넣어 가공식품의 질적 향상을 이용하는 경우, 예로서 과즙에 펙티나아제(pectinase)를 첨가하여 혼탁 방지, 육류에 단백질 분해효소를 첨가하여 육질이 연화되는 경우, ④ 전분에서 포도당, 글루탐산(glutamate), 아스파르트산(aspartate)의 제조에 효소를 이용하는 경우 등이다.

이와 같이 식품을 가공 및 저장하는 중에 효소반응이 유익할 때는 효소작용을 촉진하도록 하고 반대로 효소작용으로 좋지 않다면 효소반응을 억제하여 식품의 선도를 유지해야 하므로 효소의 일반적인 성질과 특성을 아는 것이 중요하다.

11-2 효소반응의 특성

효소의 특이성(specificity)은 기질특이성, 절대적 특이성, 상대적 특이성, 촉매적 특이성 등이 있다. 그중에서 일종의 촉매작용이지만 무기촉매와는 상당히 다른 성질을 가지고 있다. 즉 효소의 선택성인데 무기산은 여러 가지 물질을 가수분해할 수 있지만 효소는 한 종류의 물질을 가수분해할 수 있다. 효소가 작용하는 물질을 기질(substrate)이라 하는데, 기질과 효소의 관계는 열쇠(효소)와 자물쇠(기질)의 관계이다. 즉 효소는 해당기질 외의 기질과는 작용하지 않는다.

11-3 효소반응에 영향을 주는 요인

11-3-1 온도

무기촉매는 일반적으로 온도가 높아지면 그 접촉반응이 빨라진다. 그러나 효소에는 활성이 가장 큰 최적온도가 있으며 활성의 한계온도가 있다. 즉 한계온도보다 높으면 효소의 작용이 저해되든가 파괴되어 효소로서의 기능이 없어진다. 보통의 한계온도는 70~80℃이다. 동물효소는 적온이 30~36℃이며, 식물효소는 최적온도가 40~70℃에 해당되는 것이 많다.

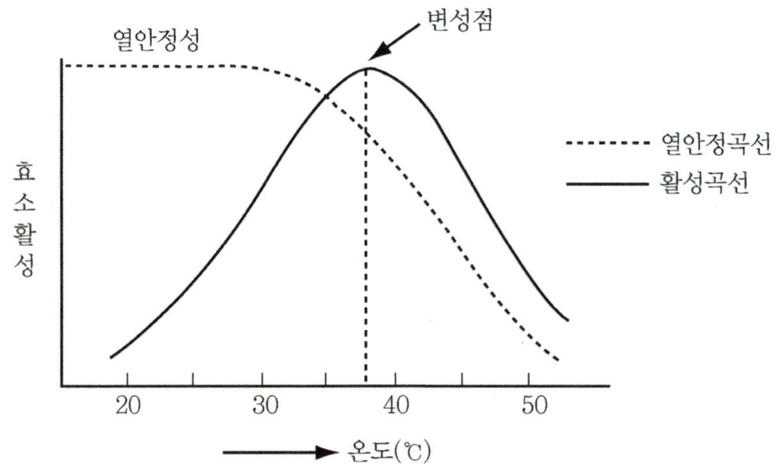

[그림 11-3-1a] 온도와 효소활성

〈표 11-3-1a〉 효소별 최적온도

효 소	기 질	최적 온도(℃)
catalase	H_2O_2	0~10
malt amylase	starch	20~30
pancreatic amylase	starch	30~40
maltase	maltose	20~30
pancreatic lipase	ethylbutyrate	20~30
emulsin	salicin	20~30

11-3-2 pH

효소반응속도는 pH의 영향을 받으며 각 효소는 그 효소 특유의 pH에서 가장 활성이 크다. 최적 pH는 동일한 효소라도 원료 · 온도 · 농도 등에 따라 다르나 일반적으로 pH는 5~7 정도이다. 즉 펩신(pepsine)은 pH 1~2, 트립신(trypsine)은 pH 7~8에서 최적 pH를 갖는다.

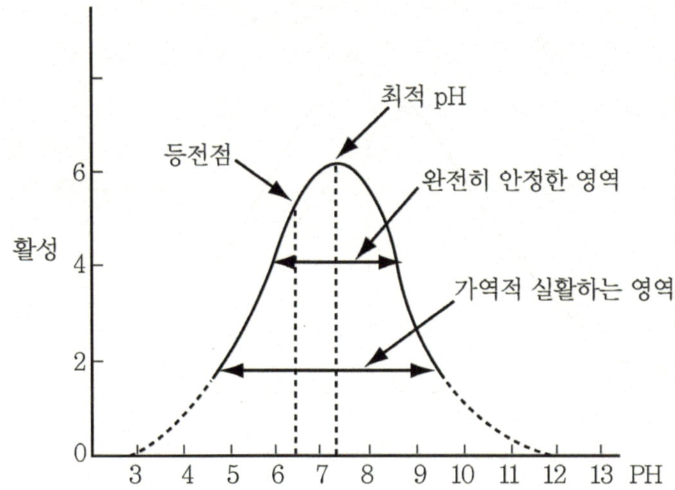

[그림 11-3-2a] pH와 효소활성

11-3-3 효소의 농도

반응 초기에는 효소농도 증가에 따라서 반응속도가 직선을 나타나는데 이때 효소농도는 제한인자가 되고, 기질은 충분하여 제한인자가 아니다. 반응 말기에는 효소농도의 증가에 따라 반응속도가 완만하다.

11-3-4 기질의 농도

효소량을 일정하게 하고 기질량을 증가시키면 어느 지점까지는 기질의 증가에 따라 반응속도가 증가하나 그 이상은 반응속도에 변화가 없다.

11-3-5 기타 요인

기타 요인으로는 광선・방사선・금속이온・반응의 산물・압력 등이 있다.

11-4 효소의 분류

효소는 국제생화학연합회(International Union of Biochemistry, IUB)의 효소위원회에서 6종류로 분류하였다. 또한 효소명은 펩신(pepsin), 트립신(trypsin)과 같은 관용명과 말타아제(maltase) 같은 기질인 맥아당(maltose)에 -ase를 붙이는 기질명과 옥시다아제(oxidase)같이 반응명 뒤에 -ase를 붙이는 반응명이 있고, 또한 석시닉디하이드로게나아제(succinic dehydrogenase)같이 기질명과 반응명을 함께 쓰는 경우가 있다.

효소단위(enzyme unit)는 “특정된 조건에서 1분 동안에 1μmole의 기질, 또는 1μ당량에 결합하는 효소량”을 1unit로 제안하였다.

〈표 11-4a〉 효소의 분류

계통번호	계통명	반응 형식
1	산화환원효소 (oxidoreductase)	산화반응, 탈수소반응, 수소첨가반응, 환원반응 • 카탈라아제(catalase) : H_2O_2 + $H_2O_2 \leftrightarrow O_2 + 2H_2O$ • 디하이드로게나아제(dehydrogenase : $AH_2 + B \rightarrow A + BH_2$
2	전달효소 (transferase)	메틸기, 아세틸기, 당기, 아미노기, 인산기 등의 원자단을 전이하는 반응
3	가수분해효소 (hydrolase)	에스테르, 배당체, 펩티드 및 아미노기 결합 등을 가수분해하는 반응
4	분해효소 (lyase)	비가수분해적인 탈탄산, 탈카르복실, 탈수, 탈암모니아 반응
5	이성화효소 (isomerase)	이성화반응, cis-trans 전환반응, 분자 내의 산화환원·전이반응
6	연결효소 (ligase, synthetase)	• ATP → AMP + PP반응과 합성반응 • X + Y + ATP → X - Y + ATP + PP

11-5 식품에 관계되는 효소

식품에 관여하는 효소는 주로 산화환원효소와 가수분해효소이다.

11-5-1 산화환원효소

1) 포도당 산화효소 당류 중 포도당만을 산화하여 글루콘산(gluconic acid)과 H_2O를 생성하는 효소로 pH 5.6～5.8, 최적온도 30～40℃이며, 포도당과 산소를 제거하여 식품변질을 방지하는데 주로 전지분유・커피・코코아・육류・유제품 등에 이용한다.

2) 폴리페놀 산화효소 이 효소는 카테콜 옥시다아제(catechol oxidase), 카테콜라아제(catecholase), 디페놀 옥시다아제(diphenol oxidase), 폴리페놀라아제(polyphenolase) 등으로 불리는 효소로 감자・사과・복숭아・버섯・홍차 등에 존재하는 페놀성 물질에 작용하여 퀴논류를 생성하여 식품을 갈색화하는 효소로 최적 pH 5～6, Cu^{2+}와 Fe^{2+}에 의해 활성화되고 Cl^-이온에 의해서 저해된다.

3) 티로시나아제(tyrosinase) 이 효소는 분자상 산소가 존재할 때 산화하여 갈색을 형성하는 효소로, Cu를 함유하는 산화효소로 모노폴리페놀 옥시다아제(monopoly-phenol oxidase)라고도 불리며 버섯류・채소・과일・감자류에 많이 존재한다. 감자류의 갈변이 해당된다.

4) 카탈라아제(catalase) 과산화수소(H_2O_2)에 작용하여 물과 산소로 분해시키는 효소인데 최적 pH는 6.8 내외로 치즈 제조 시 사용한 과잉의 보존제로 혼입된 H_2O_2를 제거한다.

5) 아스코르빈 산화효소 아스코르빈산에 작용하여 디하이드로아스코르빈산과 물로 분해하는 작용을 갖는 효소로 식품에 널리 분포한다.

$$\text{ascorbic acid} + \frac{1}{2}O_2 \xrightarrow{\text{ascorbate oxidase}} \text{dehydroascorbic acid} + H_2O$$

6) 리폭시다아제(lipoxidase) 불포화지방산에 산소와 작용하여 과산화물을 생성하는 효소로 최적 pH는 6.5로 유지의 산패와 카로틴의 파괴에 관여하는 효소이다.

11-5-2 가수분해효소

1) 알파-아밀라아제(α-amylase) 아밀로오스(amylose)와 아밀로펙틴(amylopectin)의 α-1,4 포도당 결합을 내부에서 불규칙하게 가수분해하는 액화형(endo형) 효소로서 최종 생성물은 덱스트린, 맥아당, 포도당을 생성한다. 생성 환원당은 α-형이므로 α-아밀라아제라 하며 타액·맥아·세균·곰팡이에 존재한다. α-아밀라아제의 최적 pH는 5.8~6.4로 주류, 물엿, 포도당 등에서 고온 액화에 이용된다.

2) 베타-아밀라아제(β-amylase) 아밀로오스와 아밀로펙틴의 α-1,4 포도당 결합을 비환원성 말단에서 맥아당 단위로 규칙적으로 절단하여 덱스트린이나 맥아당을 생성하는 당화형(exo형) 효소로 고구마·맥아·대두 등 주로 식물성 조직에 존재하는 효소이다. 이 효소의 최적 pH는 5.0~7.0로 알려져 있다.

3) 글루코아밀라아제(glucoamylase) 전분의 비환원성 말단에서 포도당을 하나씩 절단하는 당화형 아밀라아제로 최적 pH는 4~5이다. 이 효소는 β-아밀라아제가 절단할 수 없는 α-1,6 결합도 절단하여 전분을 100% 포도당으로 분해하며 포도당 제조에 사용한다.

4) 펙티나아제(pectinase) 불용성의 천연 펙틴을 가용화하는 프로토펙티나아제(protopectinase), 펙틴물질의 메틸 에스테르(methyl ester)를 가수분해하여 펙

티닉산(pectinic aicd)을 생성하는 펙틴에스테라아제(pectinesterase), 펙티닉산(pectinic acid)을 가수분해하는 endo 및 exo형의 폴리갈락투로나아제(polygalacturonase)가 있다. 당 농도가 낮은 잼, 젤리 제조나 과채류의 연화 또는 과즙의 청징에 이용된다. 예를 들면, 김치의 저장 중 연부현상이 나타나는데, 이는 조직을 구성하는 펙틴질이 분해되기 때문이며 호기성 미생물이 성장·번식하여 펙틴분해효소를 생성하기 때문이다.

5) 헤스페리디나아제(hesperidinase) 이는 최적 pH가 3.5, 최적온도가 60℃인 효소로서 밀감통조림의 백탁을 방지한다.

6) 나린기나아제(naringinase) *Asp. niger*가 생성한 나린기나아제는 최적 pH 4.5, 최적온도 50℃로 감귤의 쓴맛 성분을 가수분해하여 무미인 나린제닌(naringenin)을 생성한다.

7) 셀룰라아제(cellulase) 셀룰로오스(cellulose)를 가수분해하여 셀로비오스(cellobiose)와 포도당을 생성하는 효소로 주로 *Asp. niger*에서 얻고 있으며 전분제조, 대두단백추출, 한천제조, 두류의 탈피 등에 이용되는 효소이다.

8) 인베르타아제(invertase) 설탕을 가수분해하는 효소로 최적 pH는 4.5~5.0이다. 이 효소에 의한 설탕에서 생성된 전화당은 설탕보다 용해도가 높고 석출되지 않으며 흡습성이 높아서 인공벌꿀·초콜릿·양갱·아이스크림 생산에 사용된다.

9) 락타아제(lactase) 유당을 가수분해하는 효소로 복숭아·사과·아몬드 등의 식물과 젖산균·대장균에 존재하며 아이스크림·농축유 등에서 용해도가 낮은 유당의 결정이 석출되는 것을 방지하며 감미 증가에 이용된다.

10) 리파아제(lipase) 유지를 가수분해하여 글리세롤과 지방산으로 분해하는 효소로 최적 pH 5.5~8.6으로 소화제나 유제품의 방향제, 세제, 지방산 제조에 사용된다.

11) 프로테아제(protease) 이 효소는 단백질의 펩티드결합을 절단하는 효소로 큰 분자사슬의 내부를 절단하는 엔도펩티다아제(endopeptidase)로 펩신(pepsin), 트립신(trypsin), 키모트립신(chymotrypsin), 레닌(rennin) 등이 있고, 펩티드의 바깥쪽의 펩티드 사슬을 차례로 절단하여 아미노산을 생성하는 엑소펩티다아제(exopeptidase) 및 유리 아미노기에 인접한 펩티드 사슬을 절단하는 아미노펩티다아제(amino peptidase)가 있다.

11-6 기능성 효소와 산업에의 이용

지금까지 산업적으로 응용이 가능한 효소는 150여 종이며 현재 상업적으로 생산되고 있는 효소는 60여 종에 불과하다. 최근에는 자연상태에 적합한 효소를 산업적 목적에 맞게 한 새로운 '기능성 효소' 개발이 이루어지고 있다.

효소의 산업적 이용은 약 130여 년 전 송아지의 위에서 치즈 제조 시 사용되는 응유효소인 레닛(rennet)을 제조하는데서 기인되었고, 이외에 전분을 당화시키는 당분해를 이용한 식품제조에 주로 사용하다가, 근래에는 의약품 제조, 특수용도의 식품의약품 및 화학품을 제조하는데 사용되면서, 그 사용범위가 확대되었다.

효소의 산업적 이용 대부분이 식품용 효소의 응용에서 시작되었기 때문에 이 분야에 대한 연구가 많이 이루어졌다. 식품가공이나 조리목적에 사용되는 효소는 그 사용범위가 점차 확대되고 있다.

〈표 11-6a〉 식품공업에 사용되는 효소의 종류

용 도	사용 효소명	생 성
물엿, 포도당, 시럽	α-amylase, β-amylase, dextranase, glucoamylase, glucose isomerase	세균, 곰팡이, 방선균
알코올발효(맥주, 주정)	α-amylase, β-amylase, dextranase, glucoamylase, cellulase, pectinase	세균, 곰팡이
낙농제품	rennet, chymotrypin, lactase, lipase, penicillinase, invertase	동물, 세균, 곰팡이, 효모
제빵 및 제과	α-amylase, β-amylase, protease, glucoamylase, lactase	곰팡이
과일, 채소주스	pectinase, naringinase, hesperinase	곰팡이
육류가공	papain, bromelain	식물
달걀가공	glucose oxidase, catalase	곰팡이, 방선균
식품유지	lipase	세균, 곰팡이
생선가공	protease, amylase, cellulase	식물, 세균
향료, 맛 제조	protease, amylase, lipase	식물, 세균
동물사료	amylase, cellulase, protease, lipase, phytase, hemicellulase	곰팡이, 세균

단 원 정 리

① 효소는 생체세포에서 만들어져 촉매작용을 가지는 활성단백질로 식품 산업에서는 육류, 치즈, 된장의 숙성과 같이 식품 중의 효소작용을 이용하는 경우, 식품의 선도유지 및 변색방지는 식품 중의 효소작용을 억제하는 경우, 효소를 가공식품에 넣어 가공식품의 질적 향상을 이용하는 경우, 전분에서 포도당, 글루탐산, 아스파르트산을 제조하는 경우 등에 이용한다.

② 효소는 기질특이성, 절대적 특이성, 상대적 특이성, 촉매적 특이성이 있다.

③ 효소반응에 영향을 주는 요인에는 온도, pH, 효소농도, 기질농도, 광선, 방사선, 금속이온, 반응의 산물, 압력 등이 있다.

④ 효소는 산화환원효소, 전달효소, 가수분해효소, 분해효소, 이성화효소, 연결효소로 분류한다.

제12장 식품의 물성

식품이 맛있다는 것은 매우 다양한 과정이지만 대체로 영양성이 중요하며, 기호성은 식품의 맛 · 냄새 · 색깔 이외에 입안에서 씹을 때의 감각도 중요하다.

식품의 새로운 분야로 리올로지(rheology)를 다루고 있다. 이는 씹을 때 느끼는 경도(硬度), 점성(粘性) 및 탄성(彈性) 등의 물리성이 기호도에 큰 영향을 준다는 것이다.

식품의 점성 · 탄력 · 조밀성 · 알맹이의 크기 등을 알고 그것에 의하여 식품의 선도, 숙도, 가열 정도, 이물질의 유무, 성분 조성 등을 판단하여 그 품질을 평가할 수도 있다.

식품의 조직구조가 사람의 촉감에 미치는 물리적 성상을 식품의 텍스처(texture)라고 한다. 이 어원은 라틴어의 texture(짜여진 배)로써 섬세함과 성상의 뜻이다.

식품 텍스처의 성상을 수량화하고 품질의 검정에 응용하기 위하여 각종의 측정방법이 고안되었다.

한편, 미국의 브링햄(Bringham, 1929년)에 의하여 물질의 변형 유동의 연구가 새로운 점성 · 탄성 · 역성 등의 개념으로 체계화되어 리올로지라 불리는 물리학의 새로운 분야가 확립되었다.

식품의 리올로지는 스콧 블라(Scott Blair, 1953년)에 의해 시작되어 또다시 종래의 인간심리가 관여하는 식품 텍스처의 평가법에 대하여 사이코리올로지(psychorheology)란 개념이 발표되었다.

12-1 식품의 교질상태

12-1-1 교질입자

설탕물은 투명하나 전분·젤라틴 등을 물에 넣어 교반하면 흐리게 되고, 방치하면 불용성의 침전이 생긴다. 위층의 흐린 부분은 현미경으로는 볼 수 없는데 이는 1∼100㎛의 입자가 물에 분산되어 있기 때문이다. 이와 같은 입자를 교질(콜로이드, colloid)이라 부르고, 콜로이드 입자의 크기는 10^{-5}∼10^{-7}cm이다.

12-1-2 콜로이드의 종류

교질상태에 분산되어 있는 것을 분산질이라 하고, 물과 같이 연속되어 있는 상을 분산매라 부른다. 분산상이 1개의 분자로 이루어지는 것을 콜로이드 분자라 하며, 분자가 회합하여 미셀(micell)상태를 이루고 콜로이드 성질을 가지면 미셀콜로이드(micell colloid)라 한다.

- 설탕액에서 설탕은 분산질이고 물은 분산매이다. 이때 분산질과 분산매의 종류에 기체·액체·고체의 3종이 있고 이들의 조합방법에 따라 많은 종류의 콜로이드가 존재한다. 단, 식품에는 기체를 분산매로 한 콜로이드는 존재하지 않는다.

  콜로이드 중에서 유동성인 것을 솔(sol)이라 하고, 유동성을 잃고 일정한 모양을 유지하고 있는 것을 겔(gel)이라 한다.

1) 솔 분산매가 액체이고 분산질이 고체 또는 액체의 교질 입자로 분산되어 있어 전체가 액체상태를 띠는 것을 솔이라 한다. 솔의 예로 우유·전분액·된장국·수프·한천·젤라틴의 수용액이 있는데 이것은 분산상과 물의 친화성이 커서 강하게 결합하고 있어 전해질을 넣어도 교질상태가 안전하게 유지된다. 이와 같은 솔을 친수 솔(hydrophilic sol)이라 한다. 또 금·염화은 등의 솔은 분산상

과 물의 친화성이 적어 솔에 전해질을 넣으면 침전이 생기므로 소수 솔(hydrophobic sol)이라 한다.

- 전해질에 대한 솔의 안전성을 높일 목적으로 소수 솔에 친수 솔을 넣는 경우, 이때의 친수 솔을 보호교질(protective colloid)이라 한다. 우유 중의 카제인은 비교적 불안정한 소수 솔에 가까우나 락토알부민(lactoalbumin)이 보호교질로 작용하여 안전한 것이다.

2) 겔　친수 솔을 가열하였다가 냉각시키거나 물을 증발시키면 반고체의 상태가 되는데 이 상태를 겔이라 부른다. 겔은 많은 분산상 입자 사이에 비교적 소량의 분산매만 있어 분산질 입자가 서로 접촉하여 전체적으로 유동성이 없게 된다. 이러한 식품으로는 한천 · 젤라틴 · 두부 · 묵 · 생선묵 · 삶은 달걀 등이 있다.

- 젤리를 장시간 방치할 때 망상구조가 수축되어 분산매가 분리되는 현상을 일반적으로 이액현상(synersis) 또는 용해작용이라 한다. 그리고 겔이 건조 상태로 된 것을 제로겔(xerogel)이라 부르는데, 그 예로 분말한천 · 판상젤라틴을 들 수 있다.

3) 유화액　분산질과 분산매가 다 같이 액체인 교질상태를 유화액이라 하고, 유화액을 이루는 작용을 유화라 한다. 유화액에는 물속에 기름이 분산된 수중유적형(O/W, oil in water)과 이와 반대로 기름 중에 물이 분산된 유중수적형

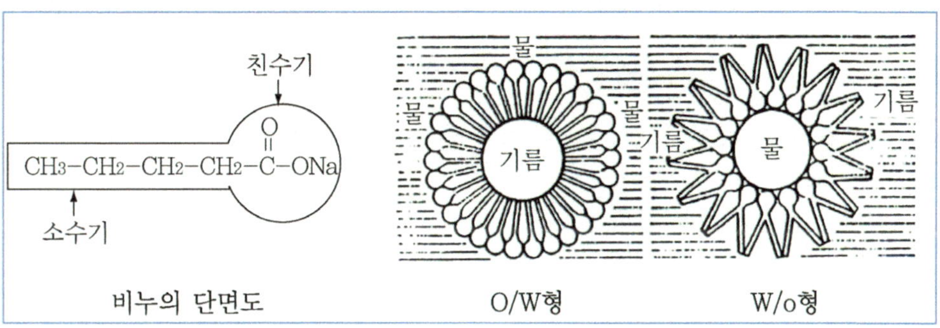

[그림 12-1-2a] 비누의 유화작용

(W/O, water in oil)의 두 가지 유형이 있다. 우유 · 마요네즈 · 아이스크림 등은 수중유적형이고 버터, 마가린은 유중수적형이다.

유화제는 다음과 같은 조건에 따라 유화형이 달라진다.

① 유화제의 성질, ② 기름의 성질, ③ 물과 기름의 비율, ④ 물과 기름의 첨가순서, ⑤ 전해질의 유무와 종류 및 농도

물과 기름을 혼합하여 잘 흔들어주면 일시적으로 유화(emulsion)되지만 곧 다시 두 층으로 나누어진다. 이때 유화를 안정시켜 주는 물질을 유화제(emulsifier)라 하고, 그 대부분은 한 분자 내에 $-OH$, $-CHO$, $-COOH$, $-NH_2$ 등의 친수기와 알킬기 같은 소수기의 양쪽을 가진다. 레시틴 · 콜레스테롤 · 고급 지방산의 금속염 · 담즙산 · 모노글리세라이드 · 단백질 등이 유화제에 속한다.

유화제는 물과 기름의 계면에 피막을 형성하여 계면장력을 저하시키는 작용을 하여 유화액이 안정되는 것이다. 우유는 지름 0.1～10μ의 지방구가 지단백질을 막으로 안정한 상태에 있고, 15～30억/㎖의 지방구가 존재한다.

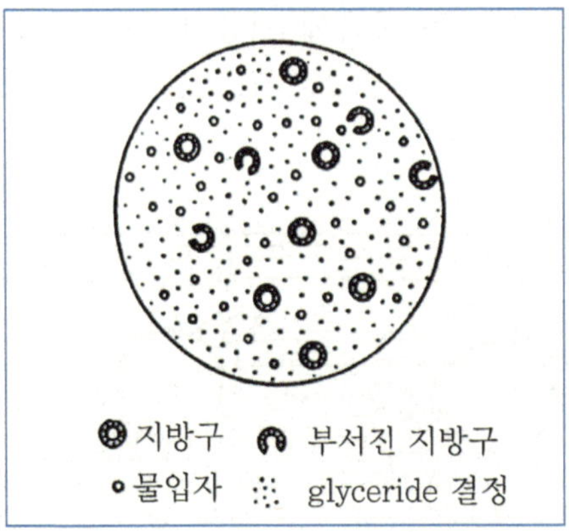

[그림 12-1-2b] 버터의 조직

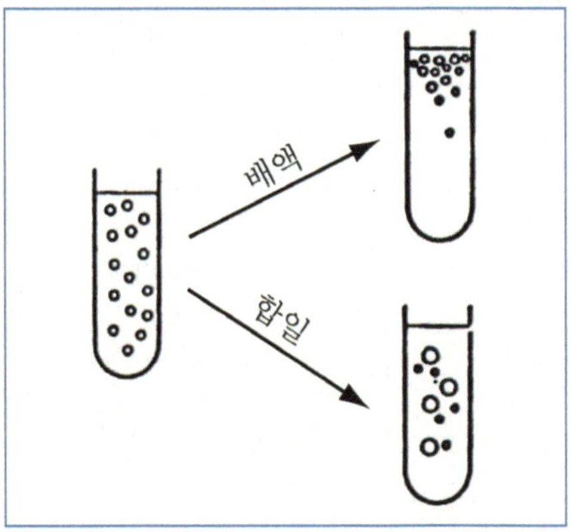

[그림 12-1-2c] emulsion의 파괴

생우유에서 지방구가 떠오르는 크리밍(creaming)은 배액형이라 불리는 에멀션의 파괴이고, 또한 유적에 집합하는 합일형이라 불리는 파괴가 있다([그림 12-1-2c] 참조).

유화제는 유화력 · 분산력 · 침투력 · 기포력 · 세정력이 있다. 천연 유화제로는 단백질 · 스테롤 · 지단백질 · 담즙산 등이 있고, 유화의 경우 마요네즈는 난황이 유화제로 작용하여 식초나 물속에서 샐러드유(油)가 유(oil)와 물의 비율 80 : 20 정도로 분산상으로 저온저장 시 분리되기가 쉽다.

12-2 교질의 성질

진용액의 용질보다 분산질의 입자가 큰 교질은 여러 가지 점에서 진용액과 다른 성질을 가지고 있다. 교질은 다음과 같은 중요한 성질을 갖는다.

1) 브라운운동 솔의 상태에서 분산매인 물분자가 항상 운동을 하고 있는데, 이 물분자가 분산질인 교질입자에 충돌하여 입자는 불균일한 힘의 작용을 받아 끊임 없이 운동을 계속하게 되는 것을 브라운 운동(Brown motion)이라 한다.

2) 응결 소수성 솔에 소량의 전해질을 넣으면 교질입자가 침전되는데, 이 현상을 응결(coagulation)이라 한다. 소수성 솔은 주로 입자의 전하(charge)에 의하여 분산되므로 소량의 전해질을 넣어 전하를 증가시키면 불안정하던 입자는 서로 집합하여 크게 되어 쉽게 응집된다. 그러나 친수성 솔에서는 전해질을 넣어도 잘 침전되지 않는데, 이 경우 전하의 중화 외에 입자와 결합하고 있는 물의 분자를 유리시켜야 한다. 따라서 많은 양의 전해질을 가하면 친수성 솔을 침전시킬 수 있는데 이것을 염석(salting out)이라 한다.

3) 반투성 이온 또는 작은 분자는 셀로판(cellophane)막을 통과할 수 있으나, 단백질 같은 교질입자가 큰 분자는 통과하지 못하는 막을 반투막이라 부른다. 단백

질과 같은 교질입자가 반투막을 통과하지 못하는 성질을 반투성이라 부르는데 조리가공에서 대단히 중요하다. 즉 날 식품의 세포원형질은 반투성을 가지고 있으나 가열조리하면 이것이 터져서 반투성이 없어져 내용물이 녹아 나온다.

4) 흡착 교질입자는 표면적이 큰 까닭에 다른 물질을 흡착하는 성질이 있다. 이것은 메틸렌 블루(methylene blue)의 수용액에 목탄과 활성탄 같은 다공질의 물질을 넣으면 그 용액 중의 색소가 넓은 표면적에 흡착되어 용액의 색이 없어지는 현상과 같은 원리로서 설명된다.

12-3 거품

12-3-1 거품의 형성

분산질이 기체이고, 분산매가 액체인 교질 즉 수중유적형의 유화의 기름방울이 공기압으로 바뀐 형을 거품(포, 泡, form)라고 한다. 공기는 기름보다 비중이 더욱 적으므로 용액 위에 떠오르며 이때 물과 공기만으로는 안정한 거품이 생성되지 않는다. 교질에서 물과 기름 사이의 계면에 유화제(수용성 단백질, saponin)가 첨가되어야만 안정되듯이 거품도 공기와 물 사이의 계면에 제3의 물질 곧 기포제가 흡착되어야 흡착막을 이루어 안정된다.

12-3-2 거품 지우기

우유를 끓일 때나 발효제품 · 두부 · 물엿 등의 식품 제조에서 거품이 바람직하지 않을 때 거품을 없애려면 거품 일부의 표면장력이 감소되도록 변화시키면 된다. 즉 지방산 유지, 고급 알코올을 사용하고 있었으나 요즘은 여러 가지 소포제가 생산되므로 적당한 것을 선택하면 거의 완전하게 방지된다.

12-4 식품의 리올로지

리올로지란 물질의 변형과 유동에 관한 과학으로서 리오(rheo)는 유동을 가리키는 그리스어에서 유래되었다. 식품의 기호성은 식품의 맛·향기·색·질감 등이 중요하다. 즉 씹을 때 느끼는 경도·점성·탄성 등의 물리성이 식품의 기호성에 크게 영향을 주는 것이다.

12-4-1 리올로지의 개념

외부의 힘에 의하여 생기는 변형의 양은 시간적으로 보면 개념상 여러 가지로 구별할 수 있다.

1) 점성

액체가 흐르는 성질을 점성(viscosity)이라 한다. 점성이 높은 식품일수록 유동되기 어려운 것은 내부마찰저항이 크기 때문이다. 그리하여 힘이 주어진 순간의 변형은 영(0)이지만 시간이 흐르면 변형이 차츰 증가하고 힘을 없애도 처음으로 되돌아가지 않는 것을 점성유동이라 한다.

2) 탄성

탄성(elasticity)이란 외부의 힘에 의하여 변형을 받고 있는 물체가 외부의 힘이 제거될 때 원래의 상태로 되돌아가려는 성질을 말한다. 모든 물체는 약간의 탄성을 가지고 있으며, 일반적으로 탄성이 있는 물체라는 것은 탄성한계(elastic limit) 내에서 외부의 힘을 제거하면 원상태로 되돌아가는 탄성 변형을 하게 된다. 탄성 변형에는 늘어나기·줄어들기·층밀리기·휨·비틀림 등이 있다.

3) 소성

버터·마가린·생크림 등은 힘을 주어도 탄성 변형, 점성 유동이 일어나지 않으나 일정한 값 이상의 힘을 주면 처음으로 되돌아가지 않는 것을 소성(plasticity) 또는 가소성이라 한다. 이는 탄성에서 소성으로 변화하는 한계점의 힘을 항복치라 하고, 이를 브링햄 소성이라고 한다. 따라서 버터나 마가린 등에서 요구되는 중요한 물리성이 바로 가소성이다.

4) 점탄성

밀가루에 물을 넣고 반죽한 것을 잡아당기면 늘어나기도 하고 그 모양이 바뀌기도 하는데, 이처럼 탄성 변형과 점성 유동이 동시에 일어나는 복잡한 성질을 점탄성(viscoelasticity)이라고 하며, 이러한 변형을 점탄성 변형이라고 한다.

일반적으로 점탄성은 온도 · 시간 등에 영향을 받는다. 예를 들면 막대기 모양의 엿은 기온이 낮을 때는 구부리면 부러지나 온도가 높아지면 점탄성을 나타낸다.

점탄성체에는 고체상 점탄성체와 유체상 점탄성체가 있는데 이들 점탄성체는 다음과 같은 여러 가지 성질을 가지고 있다.

① 예사성(spinability) 청국장이나 달걀 흰자위 등에 젓가락을 넣어 당겨 올리면 실을 빼는 것과 같이 되는 성질이다.

② 바이센베르그(Weissenberg)의 효과 연유 중에 젓가락을 세워서 회전시키면 연유가 젓가락을 따라 올라가는 성질이다.

③ 경점성(consistency) 점탄성을 나타내는 식품의 경도를 말하며 반죽 또는 떡의 경점성은 파리노그래피(farinography)를 이용하여 각종 밀가루의 파리노그래피를 측정한다.

④ 신전성(extensibility) 국수처럼 늘어나는 성질을 말하며 신전성은 인장시험으로 측정하나, 실제로는 익스텐소그래피(extensography) 등의 장치를 사용하여 각종 밀가루의 익스텐소그램(extensogram)을 측정한다.

⑤ 텐더너스(tenderness) 이는 식품섭취 시 촉감과 관계가 있는 성질로 점탄성과 관계가 있는 것으로 생각되나 복잡한 성질이다. 이는 텐더미터(tendermeter) 등으로 측정한다.

- 각종 밀가루의 파리노그램(farinogram) 및 익스텐소그램이다.

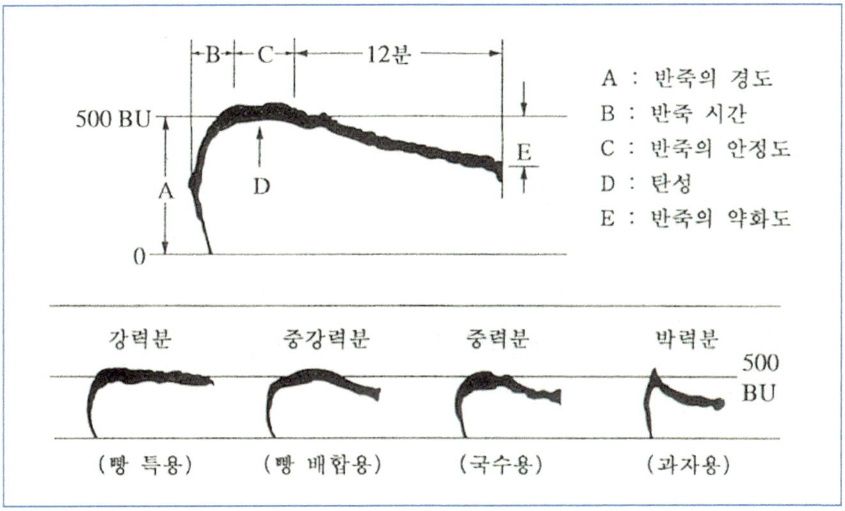

[그림 12-4-1a] 각종 밀가루의 farinogram

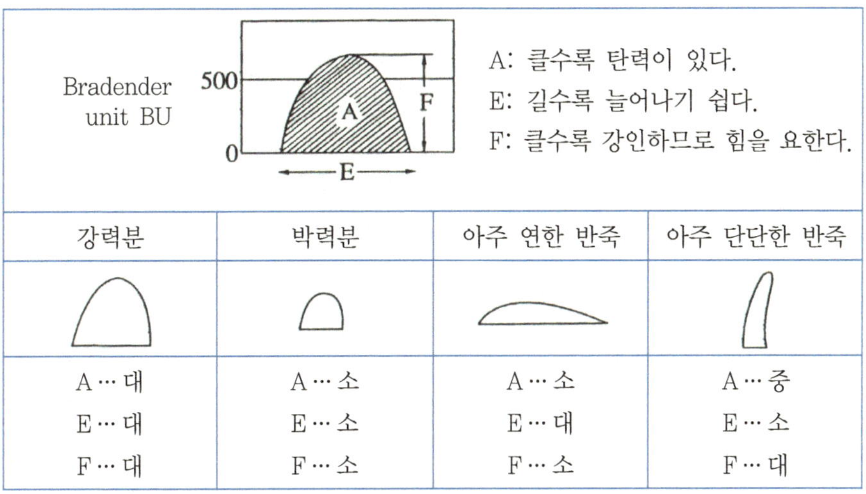

[그림 12-4-1b] 각종 밀가루의 extensogram

12-4-2 리올로지에 관한 측정법

① 곡류나 과일 등의 조직에 대하여 단단함과 부드러움을 조사하려면 외부 압력의 내압한계점을 측정할 수 있도록 만들어진 곡류 강도계나 경도계가 쓰인다.

② 버터 등 반고형물의 경도는, 일정 시간 중에 일정한 무게를 통과하는 길이를 잴 수 있도록 만들어진 페네트로미터(penetrometer)가 쓰인다.

③ 치즈 등의 curd상의 경도는 curd meter가 쓰인다.

④ 식용유·마요네즈 등 유동성 점질물질로서 경점도의 것은 모세관현상을 이용한 오스왈드 비스코미터(Ostwald viscometer), 중점도의 것은 시료 내에 회전하는 원통형의 것을 넣어 내부마찰저항의 크기를 측정하는 점도계가 쓰인다.

⑤ 곡류식품에서 전분의 점도는 호화점도 변화를 조사하는 아밀로그래피(amylograph), 밀가루 반죽의 점탄성은 파리노그래피 등을 이용한다.

단원정리

① 식품의 맛이 있다는 것은 매우 다양한 과정이지만 대체로 영양성이 중요하며, 기호성은 식품의 맛, 냄새, 색 이외에 입안에서 씹을 때 느끼는 경도, 점성, 탄성 등의 물리성도 중요하다.

② 콜로이드 중 솔(sol)은 분산매가 액체이고 분산질의 고체 또는 액체의 교질입자가 분산되어 있어 전체가 액체상태를 띠는 것이고, 겔(gel)은 솔을 가열하였다가 냉각시키거나 물을 증발시키면 반고체의 상태가 되는 것을 말하며, 유화액은 분산질과 분산매가 다 같이 액체인 교질상태를 말한다. 교질은 브라운운동, 응결, 반투성, 흡착 등의 성질을 가지고 있다.

③ 거품은 분산질이 기체이고 분산매가 액체인 교질이다.

④ 리올로지는 물질의 변형과 유동에 관한 과학으로 점성, 탄성, 소성, 점탄성 등으로 구별할 수 있다.

참고문헌

■ 국내문헌

강신주, 식품학, 형설출판사, 1987.

강인수 외 4인, 현대 식품화학, 지구문화사, 1997.

김관우 외 4인, 식품화학, 광문각, 2003.

김동연 외 5인, 농산가공학, 영지문화사, 1993.

김동훈, 식품화학, 탐구당, 1999.

김상순, 최신 식품화학, 수학사, 1994.

김성렬 외 2인, 식품화학 특론, 유한문화사, 1985.

김영수, 식품화학, 수학사, 1993.

남궁석, 도해 식품학, 광문각, 2002.

남궁석 외 4인, 기초식품학, 광문각, 2006.

노완섭 · 허석현, 건강보조식품과 기능성식품, 효일문화사, 2000.

성삼경 외 5인, 축산식품학, 선진문화사, 1990.

신효선 · 이서래, 최신 식품화학, 신광출판사, 1992.

우원식, 천연물화학 연구법, 서울대학교출판부, 1993.

유태종 · 홍문화, 식품사전, 생활한방연구소, 1991.

이규한, 식품화학, 형설출판사, 1998.

장상문, 식품재료학, 광문각, 2005.

정동효, 식품의 생리활성, 선진문화사, 1998.

조신호 외, 식품학, 교문사, 2002.

조재선, 식품재료학, 문우당, 2000.

천연물화학연구회, 천연물화학, 영림사, 2000.

현영희 외 3인, 식품재료학, 형설출판사, 2005.

KBS <생로병사의 비밀> 제작팀, 생로병사의 비밀, 가치창조, 2005.

KBS <생로병사의 비밀> 제작팀, 생로병사의 비밀2, 가치창조, 2005.

KBS <생로병사의 비밀> 제작팀, 생로병사의 비밀3, 가치창조, 2006.

■ 외국문헌

De Man, Principles of Food Chemistry, AVI, 1976.

D. W. Martin Jr., Harper's review of biochemistry, Lange Medical Pub., 1983.

Fennema O. R., Food chemistry, 2nd., Marcel Dekker, 2000.

Lehninger A. T., Principles of biochemistry, 3rd., Worth Pub., 1998.

Pyke M., Food Science and technology, 2nd., John Murray, 1988.

Tressler D. K., Basic food chemistry, AVI, 1985.

William L. S., Nutrition, McGraw-Hill, 1983.

저자소개

강갑석
현재 부산과학기술대학교 호텔조리계열 교수

김덕희
현재 대구보건대학교 호텔외식조리계열 교수

김성옥
현재 동원대학교 호텔관광학부 교수

식품학

2012년 6월 25일 초 판 1쇄 발행
2020년 2월 10일 개정판 2쇄 발행

지은이 강갑석 · 김덕희 · 김성옥
펴낸이 진욱상
펴낸곳 백산출판사
교 정 편집부
본문디자인 오행복
표지디자인 오정은

저자와의 합의하에 인지첩부 생략

등 록 1974년 1월 9일 제406-1974-000001호
주 소 경기도 파주시 회동길 370(백산빌딩 3층)
전 화 02-914-1621(代)
팩 스 031-955-9911
이메일 edit@ibaeksan.kr
홈페이지 www.ibaeksan.kr

ISBN 978-89-6183-604-3 93570
값 20,000원